深入人心

数字产品设计的底层逻辑

林婕 著

机械工业出版社
CHINA MACHINE PRESS

图书在版编目（CIP）数据

深入人心：数字产品设计的底层逻辑/林婕著. —北京：机械工业出版社，2023.5

ISBN 978-7-111-72792-7

Ⅰ. ①深…　Ⅱ. ①林…　Ⅲ. ①电子产品–产品设计　Ⅳ. ①TN602

中国国家版本馆CIP数据核字（2023）第046321号

机械工业出版社（北京市百万庄大街22号　邮政编码100037）
策划编辑：向睿洋　　　　　　责任编辑：向睿洋
责任校对：牟丽英　卢志坚　　责任印制：张　博
北京利丰雅高长城印刷有限公司印刷
2023年7月第1版第1次印刷
185mm×205mm · 14.333印张 · 1插页 · 283千字
标准书号：ISBN 978-7-111-72792-7
定价：109.00元

电话服务
客服电话：010-88361066
010-88379833
010-68326294

网络服务
机　工　官　网：www.cmpbook.com
机　工　官　博：weibo.com/cmp1952
金　书　网：www.golden-book.com
机工教育服务网：www.cmpedu.com

推荐序

相较于国外，国内关于利用人因学（human factors）原理提升用户体验的专业书少之又少，我很高兴我的好朋友林婕能将自己学习到的知识以及多年来宝贵的从业经验沉淀为一本该类型的专业书。林婕是一位经验丰富的设计师，在用户体验和产品设计领域拥有十多年从业经验，先后服务过腾讯、网易旗下多款用户过亿的产品，也有在心理学领域创业和做管理工作的经历，从本书的内容和结构可以看出她对用户体验、人因学的认知和理解之深刻。如果你是一位设计师，或者有意了解如何通过人因学提升用户体验，那么这本书一定是你的不二选择。

作为一名设计师，如果要创造出一系列满足用户需求的产品和体验，仅仅掌握业务逻辑和设计规范是不够的，因为设计是一门综合的艺术，不仅仅涉及对图形进行排列，更需要设计师对用户的心理和行为进行深入了解，而这些知识都和人因学强相关。那么什么是人因学？人因学是一门以心理学、生理学、计算机科学等多学科的原理和方法为基础的综合性交叉学科，致力于研究人 - 机 - 工作环境之间的关系，使得产品的设计符合人的特点和需求，从而使人能高效、舒适地从事各种活动。

设计工作中哪些方面和人因学有关？它对用户体验的影响有哪些？我尝试通过举例说明：通过了解色彩心理学，设计师可以利用颜色来影响用户的情绪，如让用户感到安全、舒适或兴奋，从而使他们更容易产生好的体验；通过了解人们的视觉追踪和注意力分配，设计师在产品设计时可以制订更有效的信息展示方案，帮助用户快速定位和了解重要信息；通过了解认知负荷理论，设计师可以避免让用户在使用产品时面对过多的信息和选择，这有助于减轻用户的认知负担，让他们更容易理解和使用产品。

除此之外，设计师还可以利用人因学原理来设计符合用户习惯和需求的交互方式，让用户在使用产品时不会感到困惑或者不熟悉。例如，通过研究目标用户群体的需求和行为习惯，设计师可以提出合适的用户界面设计和交互设计方案，使用户能够轻松使用产品，而不需要进行额外的学习或训练。另外，人因学还可以帮助设计师判断产品的设计是否能够满足用户的需求，并进行相应的调整。通过人因学的实验方法和工具，设计师可以对产品的设计进行用户测试，并根据测试结果对产品的设计进行完善。这不仅能够确保产品的质量和可用性，而且能够使用户的满意度最大化。

总而言之，通过深入了解人因学，设计师可以在产品设计中加入更多的人性化元素，从而提高产品的用户体验。本书全面概述了理解人因学在设计领域的重要性，同时提供了设计师如何将各种底层逻辑和原理应用到他们的工作中的实用见解和示例，各位设计师读者可以在工作中结合这些知识设计出不仅美观而且实用的产品。

我相信《深入人心：数字产品设计的底层逻辑》这本书一定能帮助更多设计师更好地理解人因学的重要性，并将其原理应用到设计工作中。

薛志荣

著有《写给设计师的技术书》《前瞻交互》《AI 改变设计》

2023 年 2 月 13 日

目录

第1章

数字时代的古典人心

1.1 你好，数字生活

“嘀嘀嘀”。

早上，你被手机闹铃和智能手环的震动同时唤醒，又开始了新一天的数字化生活。

关闭闹铃，手机弹出提醒：“今日多云转阵雨，建议带伞；今日是雾霾天气，已为您开启空气净化器。”这时候你还躺在床上，习惯性打开手机刷热搜，过了一会儿，翻身起床。出门上班前，你有点犹豫要不要打车，于是对手机说：“嘿，Siri，播报上班路线交通状况。”地图弹出导航结果，标记出拥堵路段，显示打车预估需要 64 分钟。“太堵了，还是坐地铁吧。”出门后你打开手机播放音乐，最新的歌单已经根据你的收藏历史、本周上榜新歌、好友的分享等数据动态生成。地铁站里依然是早高峰繁忙的景象，入闸的地方人头攒动。你已经打开手机准备扫码，可是前面的人几次扫码都不成功，真让人着急——离上班时间不到半小时了。出站后你急匆匆地上楼，走进办公室，手机自动打卡成功，“还好没有迟到”。电脑已经按时启动并且恢复到之前的工作界面，昨晚你在家里修改的文档也已经从云端同步过来。电脑和手机同时弹出提醒：“15 分钟后要参加一个视频会议”……

这幅图景你应该不会感到陌生。最近 20 年，人类完成了从物理世界到数字世界的大规模迁移，以手机应用为代表的虚拟数字产品，正在全面渗透并构筑着生活的方方面面。一切似乎来得太突然，有些记忆虽然并不久远，但是已经变得模糊：我们渐渐想不起曾经的纸质杂志大部分是月刊，很多家喻户晓的报纸一周才出一期；不太久以前，我们主要用电话、邮件和短信沟通，写邮件时字斟句酌，要再三检查才发送出去；如果我们打算在网上购物，那可急不来，需要等上一周或更久才能收到快递……**而在今天的数字洪流中，我们盼望一切即时可得。**

好的数字产品的影响到底有多大呢？对我来说最切身的改变是，现在出门不用带钱包了。因为微信支付和支付宝的广泛使用，去银行 ATM 取现金似乎成了很久之前的事，我再也不用担心没带钱、兑换不到零钱、钱包被偷、收到假币……不但省去了用纸币的这些麻烦，我还可以集中在手机上查看账单、收集优惠券、管理会员卡，甚至投资理财。更加让人意想不到的是，最近我连钥匙都不需要带了，因为小区升级了门禁系统，可以刷脸和用 App 开门（如图 1-1 所示），几十年的习惯，一朝被改变。

图 1-1　移动爱家 App

数字产品如何改变了生活？它们是怎样变得如此“深入人心”？想设计有用、好用的数字产品，需要思考些什么、做些什么？这是本书想探讨的问题。

微信、支付宝、Windows 操作系统、Siri 语音助手等，都是大家熟悉的“互联网产品”。为什么这本书使用“数字产品”这个概念呢？我想你一定也注意到，越来越多的实体物品都开始联网，比如电视、汽车。又比如在海底捞的智慧餐厅里，每个餐盘都内置了 RFID 芯片，从中央厨房生产、物流配送到后厨传输，每个环节都有记录，厨师甚至可以用 App 通过智能菜品仓库配菜、用机器人上菜。以后大部分实体物品都会联网。

而这本书想集中讨论那些满足特定人群需求、可交互的数字形式产品。可交互意味着用户使用产品，产品持续响应操作，最终达成用户目标。数字形式意味着可以独立于硬件，在网络上传播、使用、交换、消费，如 Windows、iOS、Android 等平台上的各种应用。所以，像数字音乐专辑这类纯内容产品，并不在本书的讨论范围内，而能够播放数字音乐的软件，例如 Spotify 和网易云音乐，则属于数字产品。那么，数字产品就是软件界面吗？也不完全是。比如语音智能音箱，它并没有可见、可直接操作的界面，但是它提供的功能确实以数字形式存在，而且用户可以与之交互，它属于带有语音交互界面（VUI）的数字产品。总之，数字产品是一套包含数据、内容、交互规则的系统，它可以运行在电脑、手机、手表、汽车、眼镜等硬件上，与用户直接交互。

数字产品大都是数字工具或服务。人选择了工具，工具也塑造了人。人们投入越来越多的时间在数字产品中，也正在将许多生活体验“外包”给它们。数字产品是任劳任怨的助手、考虑周全的管家，也可能是内心打着小算盘的油嘴滑舌的中介，有时候甚至变身为恨不得占有你更多时间和注意力的电子宠物。与这些产品互动的方式影响着我们的生活品质。好产品让人感觉“本应如此”，而糟糕的用户体验可能会导致产品被诟病数十年。当某浏览器退出历史舞台时，它留在用户记忆中的是加载慢、没反应、网络错误等一连串糟糕的体验。被揶揄至离场，可能是一个产品最难堪的结局了。

我们是数字产品的使用者，在面对海量产品时，我们要如何挑选，会如何使用？在一次又一次的互动中，我们形成了什么样的感受？每当连不上网络时，你也许会开始思考人造物和使用者之间形成的微妙关系？

我们更是数字世界的设计者、建设者，一个产品设计的更新迭代，可能会影响成千上万的用户。在确定某个产品功能的方案时，你清楚背后的依据吗？这些依据是否足够可靠？这些改动对不同人群会产生什么样的影响？如何能设计出更好的产品，让我们身处在这个变动不居的时代，能过上一种更丰富而从容不迫的生活呢？

接下来，请继续阅读这本书，和我一起开启深入人心的数字产品之旅吧！

1.2　产品设计的变与不变

十多年前，互联网产品的用户体验设计还是一个新兴的领域。UX、UI、Usability、HCI、UCD、交互设计、信息架构、体验测量、设计准则、响应式……新知识井喷，每做一个产品，对从业者来说几乎都是全新的挑战，他们只能摸着石头过河。

十多年过去了，数字产品的种类得到极大丰富，每一个主流平台的应用都不计其数。互联网产品体验设计的工作也变化很大：曾经陌生的概念和方法已经普及；各垂直领域都有了成熟的产品形态和界面模式；iOS 和 Android 的设计语言和规范不断更迭；设计工具更加丰富、聪明、省力；设备、平台越来越强大，使用环境日益复杂；使用语音交互的设备增多；用户的使用经验更为丰富，产品也积累了海量的数据……

如果回顾过去这些年界面技术和设计风格的变迁，就更令人眼花缭乱，如表 1-1 所示。

表 1-1　过去 20 年设计风格和载体的变迁

时间	设计风格 / 载体
2003～2005 年	Flash，各种颜色
2006～2008 年	拟物化开始流行，移动端
2009～2010 年	Web2.0，H5
2011～2012 年	拟物化盛行，扁平化开始出现
2013～2014 年	拟物化与扁平化
2015～2018 年	Material，长投影，极简，动效，视差效果
2019～2020 年	圆角，大标题，撞色，插画，暗黑模式，XR
2021～2022 年	3D，新拟物，酸性渐变，液体金属，玻璃拟态

就连设计作品网站 Dribbble 上流行的按钮样式，每一年都不一样，如图 1-2 所示。

图 1-2　Dribbble 网站上 2009～2017 年的按钮样式
资料来源：https://www.toptal.com/designers/ui/button-design-dribbble-timeline

界面设计几乎和时尚潮流一样变化无常，技术和审美总是随着环境更替。产品设计者难道只能不断追赶潮流吗？类比美妆，无论怎么变化，其背后始终由“变得更美”所驱动。如果揭开小小按钮上面的形状、色彩、光影的表皮，“点击”仍然是基本行为。拨开云雾，你也许会看到这潮起潮落之间，矗立着岿然不动的礁石——

人的基本需求。

可用性专家雅各布·尼尔森（Jakob Nielsen）曾经总结了网站传达信任的4种方式：设计质量，信息透明，全面、最新的内容，以及与内外部网络的连接。[1]在持续多年的研究中，他和研究团队观察到，这些因素在今天继续影响着用户。尽管互联网今非昔比，设计潮流来了又去，但是人类的行为却没有太多出人意料的改变，用来评估用户行为和偏好的方法，与20年前几乎一样。用户体验研究专家凯特·莫兰（Kate Moran）感叹道：

The more things change, the more they stay the same.

事物越是变化，就越是不变。

技术发展到今天，我们可以如何利用？科技向善，什么是真正的善呢？当几乎所有的产品形态都已经被充分探索过后，要如何继续创新？技术和工具越是强盛，反而越映照出我们对人的理解之匮乏。这些问题的答案，看似变化万千、不可捉摸，但恰好提醒我们应该转变思路——**向那些在变化中始终“不变”的部分发问：人如何感觉、思考、行动？人到底需要什么？**

手机已经成为我们身体的延伸，这个掌上的“数字大脑”，比十年前进化了不知道多少倍，但是使用这些超级工具的人类大脑，却不可能在短短十年内升级换代。我们的身心依然是适应原始野外生活的产物——视觉、运动能力一流而理性不足，我们仍是一群拥有七情六欲的社会性动物。

2020年儿童节，一家把玩具卖给大人的潮玩品牌——泡泡玛特在香港交易所上市。它的估值在短短一年内翻了14倍，让人瞠目结舌。泡泡玛特售卖的产品非常简单：高约4.5厘米的搪胶人偶，它一般是某个爆红的IP形象，可用作摆设或者收藏。吸引无数买家的不只是人偶的造型，更多是拆开这些玩具包装（又称“盲盒”）时的未知和兴奋。盲盒的概念并不新潮，它是几十年前小浣熊水浒卡、遍布日本街头的扭蛋机的新版本，只有当你购买并打开后，才知道获得了什么宝贝。重新换上适应当今潮流、审美偏好的概念和包装，盲盒依然能够征服这一届年轻人。今天的我们，虽然手里握着算力超强的工具，内心深处却依然是受神秘盲盒吸引的天真孩童。世界在变，人也在变，只是人的变化并没有我们想象中那么剧烈。

数字产品的设计者可能会一直处于这样的分裂状态中：一边是日新月异的新名词、新技术、新设备、新平台，一边是我们以为普遍、顽固但又永远琢磨不透的复杂人性。如何在两者之间搭建起桥梁，让变化的技术适应不变的需求，恰恰是从业者的职责所在。资讯、社交、娱乐、健康、教育、办公、购物……无论是为满足哪一种需求而设计，都要一次又一次地回到人的身上，认真地思考和理解用户 / 客户 / 买家 / 玩家 / 学员 / 消费者们身处什么样的环境，受到哪些动机和需求的驱使，有怎样的想法和预期，会如何反应、选择、行动，又会产生哪些情绪和感受，期待什么样的体验和服务。这个过程，是用技术来服务人的开端。

我相信，无论技术如何演变，都会围绕“人”来展开。设计好的产品，离不开对人的观察和理解。在瞬息万变中洞察共性，是我们最重要的课题。数字产品设计中真正不变的，就是：

理解人，构建人和系统的关系。

1.3 好设计的秘密钥匙

不明白各种调料的作用的烹饪，就像蒙着眼睛做烹饪……有时候这样也行得通，但是出了问题你就不得不思考如何去改变……正是理解使我既有创造力又能成功。

——罗丝·利维·贝伦鲍姆（Rose Levy Beranbaum）

在互联网公司工作的这些年，有一个问题总在我的心头萦绕：什么是好的设计？

这关乎产品设计者的价值取向、审美品位，在自我训练过程中需要反复回答。大部分产品都看得见甚至摸得着，任何人都可以发表评价。同一个 App 界面，可能有的用户很喜欢，另一些用户感到挫败，而设计同行交口称赞，工程师嗤之以鼻——所以，这到底是不是一个好设计？类似的问题还有很多：有一款制作精良的游戏，能让人立刻上瘾且欲罢不能，玩家不停地熬夜通关和充值，这个是不是好设计？移动互联网给我们带来了无数便利，但是也以提供服务为目的时刻不停地收集个人隐私信息，这是不是好设计？

你大概已经感受到了，评价一个设计好不好，几乎没有成本但疑点重重。我们既可以凭直觉去评价，也可以继续往下延伸：

- 这个设计的对象是谁？相关的人都考虑在内了吗？这些人可以再分成不同类别吗？
- 这个设计最初目的是什么？是否达成了？设计者会如何衡量？
- 这个设计在空间、时间上会影响哪些人？如何影响？影响会如何变化？
- 不同人会如何评价它，为什么？这些评价会随什么而变化？
- ……

反思自己的设计，思考何为好设计，是设计师一生的课题。很多设计名家都提出过自己的设计准则，比如德国工业设计大师迪特尔·拉姆斯（Dieter Rams）的设计十诫。这些准则来自设计师多年的经验，来自他们深刻的洞察和信仰，经过了现实和时间的双重检验。不过我们经常会忽略这些准则背后所包含的人性洞察。比如“好的设计是诚实的”，诚实意味着什么？什么感觉是诚实的？如何传递诚实的感觉？……这些洞察隐匿在简练的文字背后，让人难以触及本质。每个人都可以提出设计准则，谁的更合理、更有说服力呢？

一个设计的好坏，并不由设计者决定，也无法交给机器来评判，最终还是要回到人的真实体验。这指向了问题的根源：

如何理解人？

最好的办法当然是去直接经历，感同身受。可是我们无法经历一切，对他人的同理心始终是有限的。幸运的是人类从来没有停止过对自己的研究，生物学、神经科学、心理学、社会学、人类学、经济学、文史哲等学科，都以“理解人”为关键课题，产生过大量洞见，等待我们去发掘。

有心的产品设计师可能已经搜索并学习过一些“互联网设计定律”：费茨定律，米勒定律，希克－海曼定律……一开始看到这些名词会让人激动，可是看完文章，更多的疑问会冒出来：

- 为什么是这几大定律？选取的标准是什么？

- 这些定律提出的背景是什么？要解决什么问题？都有哪些学者研究过？发表了哪些成果？
- 相关的理论和实证研究是什么？信度[㊀]和效度[㊁]如何？同行是否认可？
- 不同学科是否都有研究和讨论？结论是一致还是相互冲突？
- 这些定律之间的关系是什么？是否可以放在同一个知识框架下？
- 这些定律可以解决哪些具体的问题？业界有怎样的实践？
- ……

其实，知道一些定律只是探索和实践的开始。更重要的是连接理论和实践，去构建自己的知识结构，当遇到现实问题时，知道有哪些探索的方向，可以向哪些学科挖掘更深层、更系统的知识。

最近数字人民币开始在各大城市试点，试用过 App 的朋友的反馈都不错。同样是“钱包”，为什么数字人民币、iOS 钱包、云闪付（如图 1-3 所示）给人的感受和使用体验差别那么大呢？

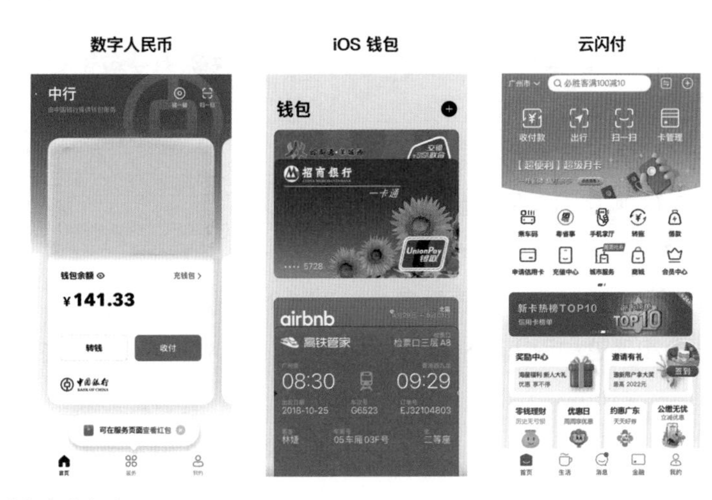

图 1-3　不同的数字钱包应用

㊀ 信度代表数据的可靠性和一致性程度，反映数据的稳定性和集中程度。
㊁ 效度是指测量工具准确测量出事物真实情况的程度，反映数据的准确性。

数字人民币 App 让人感觉权威、清晰、简便，上手很容易。这背后其实有许多心理学原理可以分析。比如在传递“权威”感方面，使用合适的视觉元素（纸币底纹、银行 Logo）可以促进自上而下的加工（详见“所见即所得，还是先入为主”小节）。三个 App 采用了不同的隐喻（详见“隐喻”小节），代表它们对用户所处场景和要完成的任务有不同的理解：数字人民币是“卡证”切换的隐喻，方便用户切换和管理不同银行子钱包；iOS 钱包使用“证件 / 票据夹”隐喻，用户在支付、出行时可以快速出示；云闪付则是“门户卖场”汇集入口的形式，首页并不以操作目标为导向，给用户带来的认知负荷比较高。刚才出现的一些名词（如自上而下的加工、认知负荷）你可能还不熟悉，相信后面的章节可以解答。读完这本书，你可以不再受限于现有的直觉式反应和词汇，掌握更多以人为中心的视角和理论去深入分析数字产品。

数字产品设计要处理人与产品的关系。数字产品并不是一个有形的、不变的物品，承载它的硬件可能形态万千，它可能有人机互动的界面，例如屏幕、鼠标键盘、游戏控制器，也可能没有界面，例如智能音箱。它们都是一个个系统，有着复杂的规则、数据交换和处理过程，可以响应输入并提供可理解的输出。所以，要理解人与数字产品的关系，就需要理解人与机器、人与算法、人与系统、人与关系网络的关系。这种关系首先发生在人类的感知、认知、行为层面，这正是心理学等认知科学的研究重点。而心理学与计算机等学科交汇之处，又产生了人机交互（human-computer interaction）、人因学（human factors）等领域，它们致力于研究人如何与机器、复杂系统互动。从事这些领域的设计工作的人，一般被称为交互设计师、用户体验设计师。

我曾经在知乎上回答过一个问题：做交互设计，最难的地方在哪？

本质上讲，交互设计做的是“翻译”的事情，帮助人和系统、机器、产品流畅地对话。人和机器讲的是两种完全不同的语言，要充当它们之间的翻译，难在哪里？难就难在：**我们既不懂人，也不懂机器**。

我们不懂人：人为什么会思考？智能是怎么回事？人如何认知？人的动机、需求、情绪、行为都是如何产生的？人在不同情境下会有什么样的变化？人怎样接收和理解信息，如何形成观点？不同的情绪如何影响行为？人如何决策？人如何学习？……

我们不懂机器：机器的原理是什么，为什么必须这么运作？机器根据哪些逻辑工作？机器如何感应环境、如何行动？机器可以有自主意识吗？机器所使用的语言是什么？机器可以如何分层，每一层如何影响互动界面？不同情境下，机器的反应由什么要素和条件驱动？机器的灵活性怎样，有多大的自主性应对人的指令？……

我们既不懂人，也不懂机器。而这恰恰也是设计的价值所在：**让机器更懂人**。数字产品设计，以及用户体验设计、交互设计、界面设计等，可以说是设计领域中最年轻的分支，应该从成熟的设计学科例如建筑设计、工业设计、平面设计中汲取经验，但这些年轻的分支也需要处理独特的新课题。比如，人类居住的经验可以追溯到史前，而大规模使用电子产品的历史却只有几十年，人们如何学习并适应不断变化的交互界面？

在方兴未艾的领域做出经典的设计可不容易。而解锁好设计的其中一把秘密钥匙，我认为是**从各学科研究成果中，去学习、发现、增进对人的理解，然后促进人与复杂系统的对话**。心理学自然是一个理想的切入点，它研究人类内在心理过程和外在行为。本书会聚焦于界面设计、交互设计、产品设计与心理学相关的部分。更具体地说，本书将主要参考和梳理表 1-2 中的研究领域在数字产品中的应用。

表 1-2　本书涉及的主要研究领域和代表学者

研究领域	研究对象	代表学者
认知心理学	研究人们如何获得、储存、转换、运用以及沟通信息，包括知觉、注意、回忆、思考、推理、决策等心理活动 [2]	司马贺（Herbert A. Simon）、艾伦·巴德利（Alan Baddeley）、唐纳德·诺曼（Donald Norman）
人因学	研究人与系统其他组成部分之间的交互关系的学科，并应用理论、原理、数据和方法进行设计，以优化系统效能和人的幸福健康之间的关系 [3]	亚瑟·克雷默（Arthur Kramer）

（续）

研究领域	研究对象	代表学者
工程心理学	研究工作场所中人的作业，包括脑的理论、行为的理论、认知的理论，属于应用心理学的一个分支[4]	克里斯托弗·D. 威肯斯（Christopher D. Wickens）
可用性工程	研究并改善人机交互系统的可学习性、效率、可记忆性、出错和满意度等属性[5]	雅各布·尼尔森、艾伦·库伯（Alan Cooper）
行为经济学	研究心理、认知、情感、文化和社会因素对个人和机构在经济活动中的决策的影响	丹尼尔·卡尼曼（Daniel Kahneman）、理查德·塞勒（Richard Thaler）
行为设计	研究设计如何塑造或用于影响人类的行为	B.J. 福格（B.J. Fogg）
社会心理学	研究人们如何看待他人，如何互相影响，如何与他人互相关联的科学[6]	罗宾·邓巴（Robin Dunbar）、戴维·迈尔斯（David Myers）

这些研究领域涉及面广，有数不清的理论积累和研究成果，我尝试尽绵薄之力，查阅一部分较为经典的文献，并结合相关的设计问题、实际案例介绍给大家。

组织研究和管理学大师马奇曾说过，人类善于通过故事和模型来学习[7]。人们渴望厘清因果关系，并用叙事、模型或者理论阐述出来。但因果关系往往是复杂的，模型建造者力求让诠释既贴近现实又容易理解，而这两个目标本来就相互冲突，因此必须选择是建造复杂模型、犯过度拟合㊀错误，还是建造简单模型、犯过度简化错误。

这本书想和你一起探索如何从模型中学习，也就是从学者们关于人的研究中，汲取数字产品设计所需要的养分——甚至找到可以直接使用的理论框架，来提升我们对人这个复杂对象（或群体）的理解，从而做出更好的设计。作为长期在一线工作的产品经理和设计师，你可能不太熟悉学术研究的话语体系、研究方法和论证过程，要理解并掌握这些理论并不容易。但我相信，这是深入“理解人”的重要一步，这个过程甚至能加深我们对自己思维偏误的认识。从我们开始对现象感到好奇，到提出问题，再到搜寻相关的理论研究，查找一手的文献资料，了解到前人对此已

㊀ 过度拟合（overfitting）是指从数据抽象出的模型包含太多参数，使得模型复杂度高于实际问题，难以复用到各种场景。

经有很多思考和实践——这本身就是一个充满未知与收获的过程。如果能引发讨论，让大家真正开始关注和思考“人”这一因素，那就更好了。

这的确不容易，但值得尝试。

1.4 产品设计与三重心智

我们现在已经知道，有很多学科知识值得参考。作为从业者而不是研究者，面对每天都在快速增加的研究和资讯，我们应该如何挑选，又应该以什么线索去组织和呈现呢？

还是先让我们回到起点去思考。如果说设计的基本问题是要处理人和人造物之间的关系，那么设计数字产品则要处理人与数字化系统的关系。但是“整体关系”这一颗粒度太大，需要继续拆分。比如，你也许想到可以按照经典的用户体验五个层次——战略层、范围层、结构层、框架层、表现层来划分，但这个框架并不以“人”为中心，无法串联心理学研究的庞杂内容。

我们依然要回到人与系统的关系，寻找最基本的视角，比如时间和空间。因为数字产品本身就是虚拟的，其空间属性很特殊——更多体现在设备和平台的差异上，所以用空间作为框架并不现实。而时间维度则很适合，人与系统的互动原本就发生在不同的时间尺度之中，我们可以根据互动所传递的信息和完成的目标，将人机互动的层次粗略划分为：

- 10 秒以内，传达瞬时的信息。
- 10 秒～1 天，为达成目标，形成一系列行为流。
- 1 天以上，反复与系统互动而产生持续关系。

第一个层次主要涉及使用者接收信息并做出反应的过程，以视觉感知和认知加工处理为主，是视觉 /UI 设计师、文案作者的工作重心。第二个层次涉及“使用者行为→系统响应→使用者行为”的持续互动过程，一直到阶段性目标达成，这是交互设

计师 / 产品设计师 /UX/UI 设计师的工作内容。第三个层次持续的时间更长，当使用者在不同时间和场景下持续与系统互动，双方之间就建立了一种长期关系，如何促进关系发展，是决策者、产品经理、设计师、运营人员甚至整个团队都需要考虑的。

认知心理学家诺曼曾经提出，产品设计应该解决三个不同的认知和情感处理过程，也就是情感化设计中著名的三个层次：本能、行为和反思层次。[8] 这三个层次所对应的时间周期各不相同。

本能层次先于意识和思维，在与产品深入交互之前，人们会根据看到的和感受到的做出本能反应，迅速判断产品的好坏并形成第一印象。所以本能层次的设计更多强调产品给人的初步印象，着重于外观、触感等。

行为层次与产品的使用体验相关，用户在一定时间内使用产品并完成目标。这一层次的设计需要考虑功能、性能及可用性。如果用户在使用产品的过程中感到迷惑或者沮丧，会产生负面情感。如果产品满足了用户需要，并且让用户在实现预期目标的过程中感到轻松愉悦，用户就容易产生积极的情感。好的行为层次设计，总是以人为本，专注于了解和满足使用产品的人。交互设计和可用性实践，大都是在影响这一层次的认知。

反思层次则涉及意识、情绪及知觉，包含有意识的思考（例如诠释、理解和推理）和对过往经历的反思，能让用户形成对产品意义的解读，产生情感升华。比如，“美”的概念来自有意识的反思和经验，也受到知识、学识和文化的影响。

有趣的是，认知心理学家基思・E. 斯坦诺维奇（Keith E. Stanovich）提出的三重心智模型，也体现了三个不同层次的划分。三重心智模型建立在双系统理论之上。双系统理论曾经是心理学界的主流理论，认为人的大脑存在两个系统：系统 1 的特点是快速、直觉、自动化，通常由情绪驱动，经常被习惯、经验、刻板印象所支配，很难被控制或修正；系统 2 则缓慢、理性、有意识，它耗费资源但不容易出错，并且能够监控系统 1 的活动，纠正其偏误。斯坦诺维奇将双系统理论改良为双过程理论，并提出了三重心智模型，将人类的认知能力分为自主心智、算法心智、反省心智。[9]

- 自主心智：主要通过进化或后天长期训练获得，是自主发生的认知过程。只要触发性刺激出现，不需要过多思考就会强制执行，速度很快，属于自动化过程。例如识别人脸，检测威胁，情绪对行为的调控，以及做饭、演奏乐器等内隐学习过程。
- 算法心智：对事物做出思考与判断的认知过程。加工速度慢，大脑运算的负荷高，是有意识地解决问题的过程，包括工作记忆、执行功能等。
- 反省心智：主要关注个人的整体目标以及与目标相关的信念，能监控、调节自主心智和算法心智，以产生最优的行动。比如观察自己的情绪反应、从错误中学习等。

本书参考三重心智模型和本能、行为、反思三个层次，将认知和设计的三个层次作为全书的总体框架（如表 1-3 所示），对应到互联网公司实际工作中的三个设计领域——视觉设计、交互设计和产品运营设计，然后在认知心理学、人因学、工程心理学、可用性工程、社会心理学等学科中寻找对应的理论和研究进展，介绍给大家。希望能借由这些梳理，搭建起理论研究和实际工作的桥梁，以便大家遇到实际问题时，可以根据线索溯源而上，找到现象背后的原理，获得新的视角和方法来深化理解和优化设计。

准备好了吗？下面就让我们开始探索数字产品设计如何深入人心吧！

表 1-3　本书的框架

心智层次	设计层次	主要的设计对象	章　节	相应岗位
自主心智	本能层次	传递信息的视觉设计	第 2 章	视觉设计师、交互设计师、产品经理
算法心智	行为层次	引导行为的交互设计，辅助决策的功能设计	第 3、4 章	产品设计师、交互设计师、产品经理
反省心智	反思层次	营造关系的产品和运营设计	第 5 章	产品经理、品牌营销、运营

第 2 章

传递信息

人类的视觉很神奇，能够用较少的认知资源来感知周围的环境，并安全、准确地与之互动。数字产品也应该适应并支持视觉感知的特点，提供良好的视觉体验。在这一章，我们将了解人们是如何观察世界的，视觉系统为什么要以这样的方式运作，以及可以怎么改善产品的视觉体验，让用户真正注意到产品想传达的信息。

2.1 人们总是“视而不见”

2.1.1 看，但没看见？

我们先来做一个热身的小游戏。请在图 2-1 的扑克牌中，选择一张记住。

图 2-1 扑克牌小游戏（上）

选好了吗？请在心里默念一遍这张牌的花色。然后，翻到下一页。

图 2-2 的扑克牌里，并**没有**你选的那一张。我说对了吗?

图 2-2　扑克牌小游戏（下）

你可能会觉得奇怪，我怎么能事先知道你会选哪一张，然后把它换掉呢? 确实，我没有这种超能力。真正的答案可能要问问你的记忆：除了你挑选的那一张，你还能记起来其他几张扑克牌的花色吗?

现在，你可以翻回到上一页看看。

没错，这五张扑克牌全部都被换掉了，之前你大概并没有注意到。好了，蹩脚的恶作剧到此为止。透过这个玩笑，我想揭示一个重要的现象：人们真正留意到的信息，远远没有想象中那么多。

每天早上当你醒来睁开眼时，周围的世界映入眼帘，环境中的人、事、物好像一张一张由眼睛捕捉下来的全景照片。但这种印象只是错觉。我们以为自己对所处环境一目了然，只有在走神的时候才会忽略一些信息。实际上，被忽略的信息永远是绝大多数，只有少量信息成功引起了我们的注意。你可能会疑惑：这没有道理啊，我明明都看见了。别着急，这一章我们会慢慢了解这个过程背后都发生了什么。在开始之前，我们再来看一些例子。

下面这个实验很简单，只需要几秒钟。你可以请身边的人试一下。

准备好了吗? 请在图 2-3 的商品分类页面中，找到“炒货”。

图 2-3　淘宝 App 商品分类页

找到以后，请翻到下一页——

现在，你可以回想起来炒货在哪一个分类下面吗？它属于左侧罗列的哪个大类呢？你还留意到其他品类叫什么吗？它们是怎么排列的呢？

这些问题有点为难人了，大部分人肯定都回答不上来。我们确实都在认真地看，但是只看到了很少的一部分。这就是选择性注意的结果。只要我们带着明确目标去搜索信息，就会过滤掉不相关的事物。一方面，我们主观地认为自己洞悉周围发生的每一件事情；另一方面，我们并没有真正“看见”多少。这真是矛盾啊！

可是，一览无余的感觉从何而来呢？心理学家解释说，人在某个特定时刻能看到的东西很少，但是大脑会指挥眼睛反复快速运动，以便抽取视觉环境的任何一部分，再叠加整合到一起。[1] 这个过程如此迅速，我们会以为自己一下子就看到了整体。这个问题，在“视觉聚光灯”小节还会有更详细的介绍。

我们很少会留意自己在看什么、怎么看。比如，你正在阅读这段文字，似乎一眼就能看到一整页的内容。实际上，视觉真正起到关键作用的部分，只有眼睛视网膜中央的一小块区域。至于其他部分，并不能真正看清所感知到的内容。如果你把目光集中在当前这一行，用余光稍微留意书页上下两端，会发现靠近书页顶部或底部的文字，其实是模糊的。你在“看”那些位于边缘的文字，但你没有“看见”它们。

反常识

“视而不见”，大多数时候并不是因为走神，也不是因为阅读能力不足，而是因为它是人类视觉的基本特征。

在使用数字产品的界面时，人们也常常看不见那些近在咫尺的信息，这令设计师很头疼。如图 2-4 所示，在填写网页表单时，错误提示（例如登录密码错误）一般出现在两个位置：表单的顶部，或是输入框的行间。哪个位置的信息容易被忽视呢？

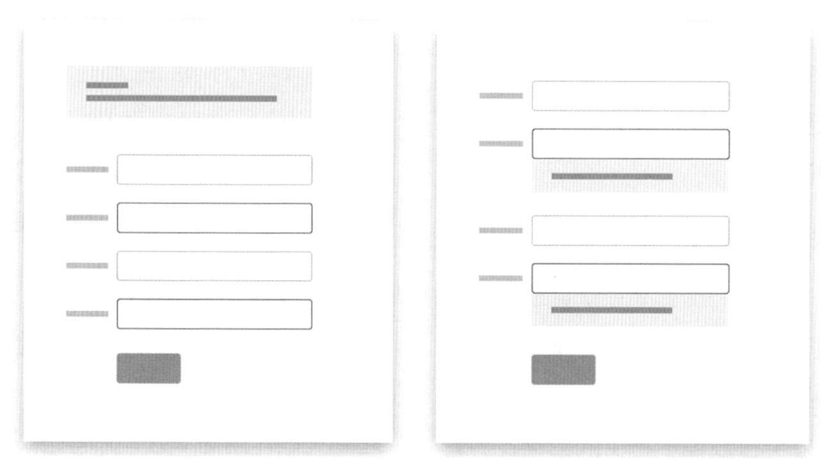

图 2-4　网页表单的错误提示位置
注：图中红色实心方框中的矩形条代表错误提示

没错，在表单顶部的信息容易被忽视，在输入框附近显示错误提示会更好。这是因为填写表单时，人们的注意力高度集中，视觉焦点会停留在当前输入框的位置，就容易看不见那些远离视觉焦点的位置。而且屏幕越大，越容易“视而不见”。

你可能会想，在电脑网页上容易看不见，但是在手机上应该不至于吧？毕竟手机屏幕就只有这么大。

我记得有一次，妈妈拿着手机过来问：“我怎么找不到签到入口了？你帮我看看。”

我接过手机一看，是一个运营商 App 的首页。我问：“你平时都去哪里签到呢？”她点了点首页中部的“会员中心”图标，说：“就是从这里进去，然后就可以签到了。”（如图 2-5 所示。）

“这两天 App 变了，点进会员中心后，我看了好几遍，还是没看到签到入口在哪里。”妈妈在会员中心页面上下滑动，没有找到她熟悉的签到入口。这时我点击返回按钮，回到 App 首页，指着首页左上角的“签到有礼”告诉她：“看来是改版了，签到入口现在放在了这里。”（如图 2-6 所示。）

图 2-5　运营商 App 会员中心

图 2-6　运营商 App 签到入口

妈妈恍然大悟："哦，原来在这里，我就是没看到。"

确实就是没看到。"签到有礼"离"会员中心"只有几厘米的距离，依然被无视了。这是选择性注意的力量，也是习惯的力量：用户已经习以为常地在某个地方做一件事情，一旦改变，他们可能会不知所措。

"视而不见"，可能是无心之失，也可能是有意为之。也许你没有听说过广告盲区（banner blindness）现象，但是这种能力你应该早已用得炉火纯青：在浏览网页时，能够自觉地忽视网页顶部或右侧那些长得像广告的区域，不论它们实际是不是广告。早在十多年前，研究者在眼动研究（用仪器记录使用者视线的轨迹和停留情况的研究）中就发现了这一现象，如图 2-7 所示。

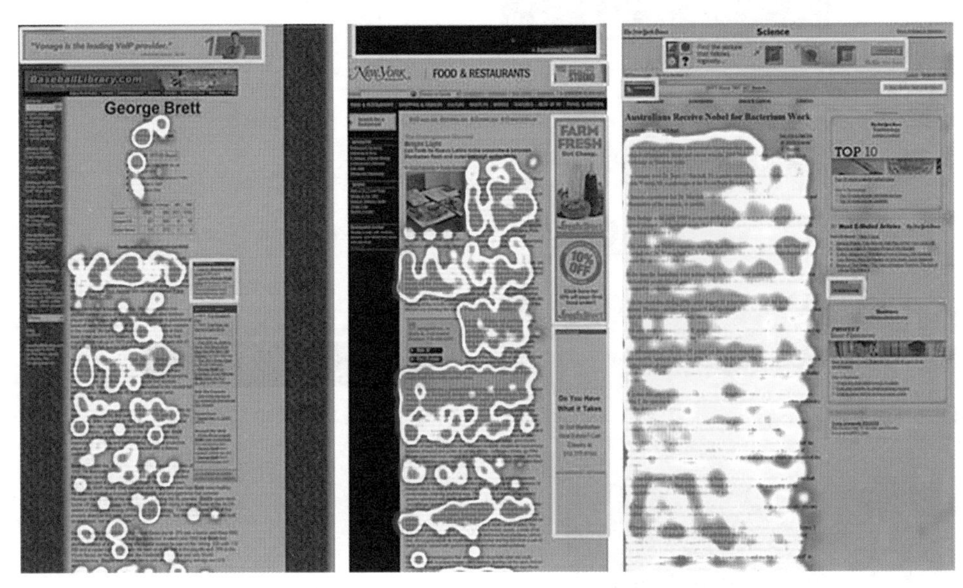

图 2-7　眼动研究中的广告盲区现象

资料来源：https://www.nngroup.com/articles/banner-blindness-original-eyetracking/

图 2-7 是用户在浏览网页时的视觉热力图。视觉聚焦和停留最多的区域用红色表示，黄色次之，蓝色更少，灰色则说明这一区域没有吸引任何注意力。图上还有一些特意标记出的绿色方框，它们是网页上的广告区域，如你所见，那上面根本没有视线停留。这就是广告盲区现象：用户已经习惯性忽视那些网页中经常出现广告的区域。

经过十多年的进化，现在更受广告主青睐的是社交媒体信息流广告，也就是那些插入到信息列表中的广告，展现形式与用户所浏览的普通内容一样（如图 2-8 所示）。这样一来，用户就需要重新学习如何识别广告了。

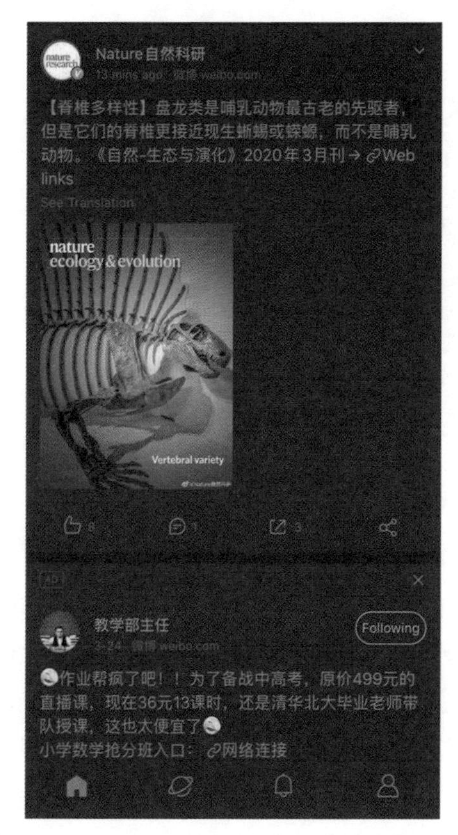

图 2-8　微博 App 的信息流广告

“看”≠“看见”。学习心理学相关原理，能让我们更精细而准确地理解信息获取和处理机制，从而分离“看”和“看见”这两个过程。在设计时，应该为这两个过程搭建桥梁，让信息传递更为顺畅。

2.1.2　阅读，还是扫视

我喜欢在地铁上看别人使用手机，尤其是正在浏览朋友圈或者微博的人：他们单手拿着手机，拇指一下接一下地向上滑动屏幕；当屏幕内容滚动到一定位置时，拇指迅速地按下，让屏幕停留在视线刚好要看的地方；然后眼睛快速浏览，拇指随时准备下一次滑动——这种眼手配合，简直天衣无缝。有时候我在手机上看一篇很长的文章时，突然会意识到自己滑动页面的速度并没有比刷朋友圈慢多少，就忍不住问自己：“我真的在看吗？”

我们确实都在看，只不过用的是扫视，而不是阅读。

早期的网页浏览眼动研究发现，人们打开一个网页后，会非常迅速地判断它是否值得花时间阅读，然后决定继续浏览还是离开。如果用户继续阅读，一般也只会扫视页面，有选择地跳读屏幕上的内容，而不会逐字逐句阅读。图 2-9 是我们已经了解过的眼动研究热力图，如果一个网页以信息内容为主，用户的浏览轨迹大部分都近似字母 F 的形状。

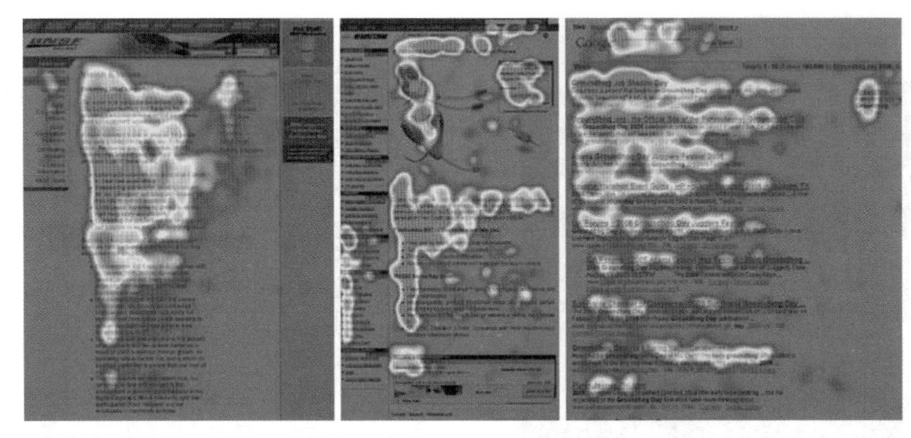

图 2-9 浏览网页内容时的 F 形浏览模式
资料来源：https://www.nngroup.com/articles/f-shaped-pattern-reading-web-content-discovered/

F 形浏览模式有以下特点：

- 在水平方向上从左向右浏览，一般会先阅读顶部的摘要区域。
- 不会阅读整个网页，但会向下移动视线，并再次沿水平方向从左向右浏览。
- 沿着正文区域左侧向下垂直浏览。

距离最初的研究已经过去 16 年了，情况有变化吗？现在我们花费更多时间在手机屏幕上，F 形浏览模式还有效吗？

2016～2019 年，研究团队再次开展了详尽的眼动研究，结果表明，“扫视而非阅读”这一基本行为并没有改变。今天人们在浏览网络上的资讯时，依然不会阅读页面上的所有内容，也不会仔细看大部分的文字。扫视页面的视线并不规整：视线会在页面上跳转，快速扫描一些内容，跳过部分区域，有时候又会回看之前浏览过的部分。相比 2006 年，现在的网站和 App 的布局形式发生了很多变化，出现了 F 形以外的扫视模式，如图 2-10 所示。

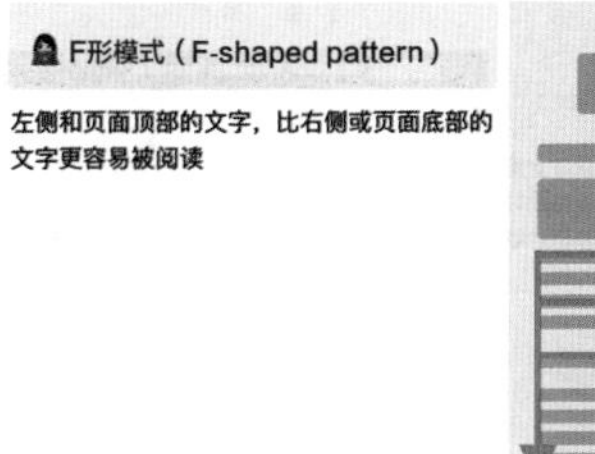

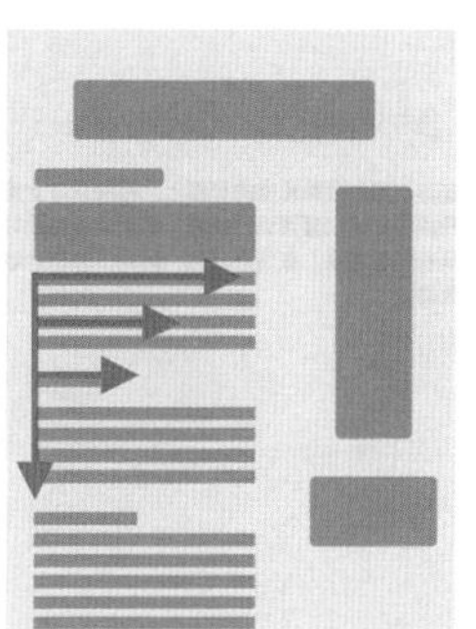

a）F 形模式

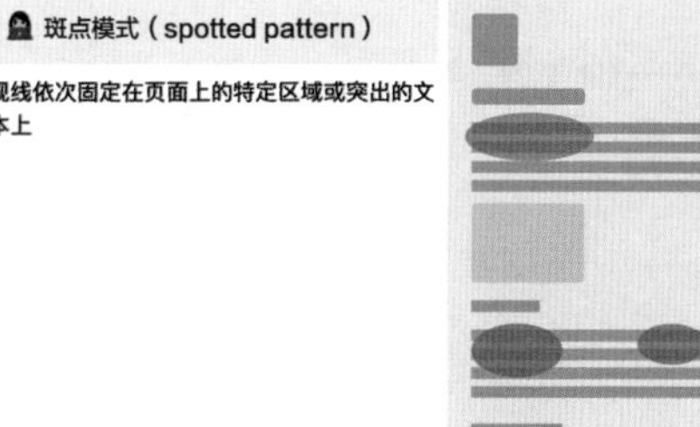

b）斑点模式

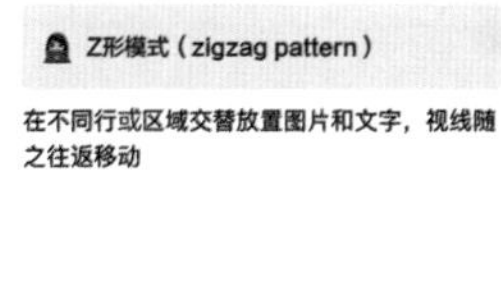

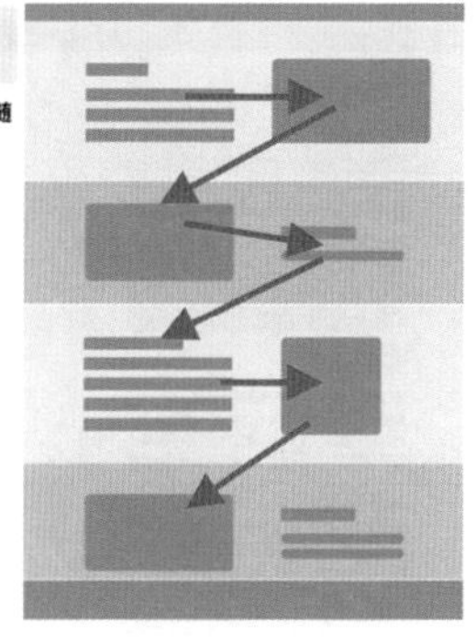

c）Z 形模式

蛋糕模式（layer cake pattern）

眼动轨迹由一组水平条纹和它们之间的空白构成；用户先扫描页面标题和小标题，找到感兴趣的标题后才会阅读下面的正文；这是扫描页面最有效的方式

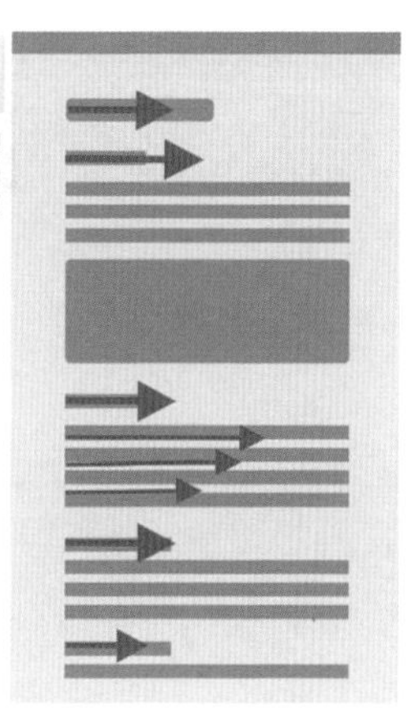

d）蛋糕模式

图 2-10　浏览网页时的扫视模式

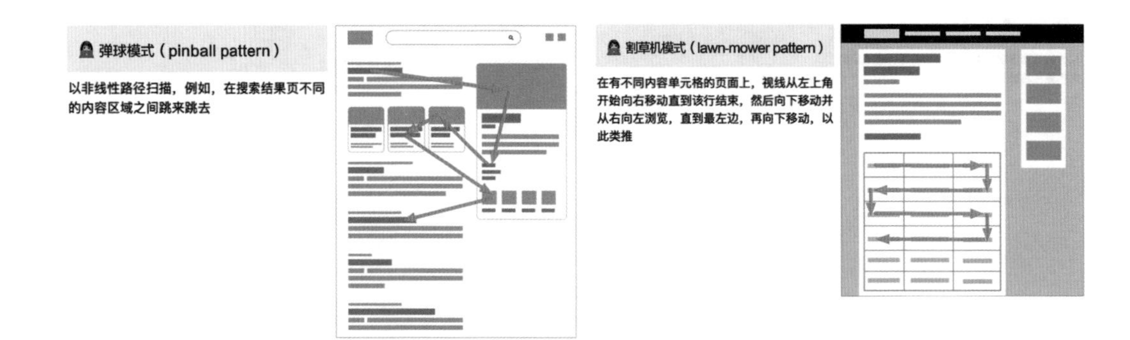

e）弹球模式　　　　f）割草机模式

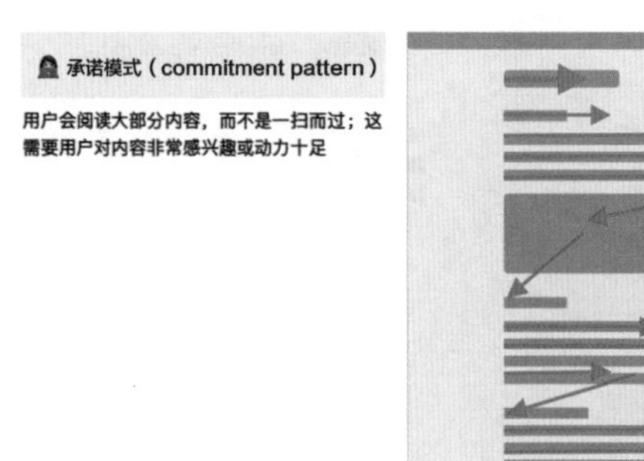

g）承诺模式

图 2-10　浏览网页时的扫视模式（续）

资料来源：https://www.nngroup.com/articles/how-people-read-online/

这些令人眼花缭乱的模式，是用户适应灵活多变的排版设计的结果，而信息搜寻和阅读行为本身，并没有太大变化。和16年前一样，内容创作者需要接受这样一个事实：人们不可能仔细地阅读所有内容，而是只会跳读最符合当前需求的信息。至于用户愿意花多少时间阅读，取决于四个因素：

- 动机：这些信息对用户来说有多重要？
- 任务类型：用户是在寻找特定的事实，还是在浏览新鲜有趣的信息，或者研究一个特定的主题？
- 专注程度：用户在解决眼前的问题时是否容易专注？
- 个人特征：这个用户更喜欢随意扫视，还是在阅读时通常会非常注重细节？

设计小贴士

- 在考虑数字产品的信息呈现时，应该思考用户此时的目标，预测他们会对什么内容感兴趣；
- 为“扫视”这一普遍的习惯去优化设计，假设用户只会留意到界面中一半甚至更少的内容；
- 区分页面信息的优先级（可分为2～4级），并适当增大层级之间的视觉差异，保证最重要的信息即便只通过扫视也能被用户获取。

更多关于眼动研究的内容，可参考《眼动追踪：用户体验优化操作指南》一书。

2.1.3 视力不佳，还是注意力稀缺

图2-11是摄影师埃里克·J. 史密斯（Eric J. Smith）2015年发布在Instagram上的一张有趣的照片，名为“时代印记”。你是不是一眼就看见了那个熟悉的姿势——双手紧握手机，眼睛专心地盯着屏幕，感觉自己与周围环境全然隔开。照片中的人太过沉浸于手机上的内容，竟然没有发现眼前的庞然大物。一旦穿越到数字空间中，我们经常对近在咫尺的事物视而不见。

图 2-11　时代印记
资料来源：https://www.sohu.com/a/281706801_780493

注意力是数字时代的硬通货

在万物互联的时代，信息以数字方式流通，这种方式的流通速度大大超越了过去所有的通信方式。一方面，人需要处理的信息越来越多；另一方面，作为信息的接收和理解者，人又始终受困于时间和认知的瓶颈：一天只有 24 小时，一秒钟也不会多，注意力更是用一点就少一点的有限资源。信息传播得再快，如果人理解不了，又有什么用呢？

身处这个时代，我们的确受益于几乎无穷无尽的产品选择。这些产品承载了海量的、不断更新和积累的信息，它们既服务于我们，同时也在吞噬着所有人的注意力——希望抢占人们更多的时间，这是很多产品或公开或暗藏的野心。2022 年 We Are Social 网站公布了一项统计结果，在全球 16～64 岁人群中，平均每日使用互联网的时长是 6 小时 49 分钟，也就是说，一天中人们有超过 1/4 的时间花在互联网上。[2] 在中国，这个时长是 5 小时 27 分钟。如果你使用 iOS 系统，打开设置中的“屏幕使用时间”，就能看到 App 使用时长的排序（如图 2-12 所示）。你可能会惊讶于自己在这些 App 上所花费的时间，也想不起来到底都用它们干了些什么。

永远在线，是数字时代的奇迹，也是很多人的梦魇。2019 年 Mary Meeker 的互联网趋势报告显示，26% 的成人几乎一直在线，而在 18～29 岁年龄段，这个比例高达 39%。[3]

信息和产品如此丰富，它们不但消耗了人们的注意力，更导致信任成为稀缺品。信任是建立关系的关键，人们一般要在长时间的互动中对他人产生稳定的预期，信任才会出现。因此，建立关系需要时间和投入，一个人所能建立的关系数量有限，这又进一步加剧了产品对用户时间的抢夺。

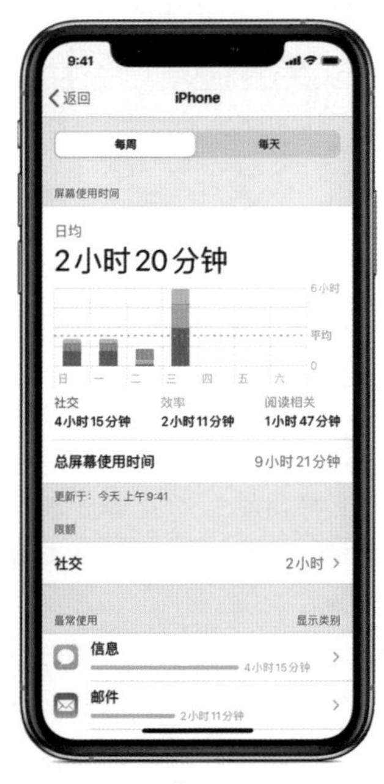

图 2-12　iOS 系统屏幕使用时间

> **反常识**
>
> 注意力和信任稀缺，才是互联网流量的瓶颈。

注意力，逐渐成为一种价值衡量。

注意力，就是数字时代的硬通货。

注意你的注意

> 在一个信息丰富的世界里，信息的丰富意味着其他东西的匮乏：只要是信息所消耗的东西就会匮乏。信息消耗的东西是显而易见的：它消耗了接收者的注意力。因此，丰富的信息造成注意力贫乏，人们需要有效地将注意力分配给过度丰富的信息来源。
>
> ——司马贺

诺贝尔奖和图灵奖得主、人工智能和认知心理学领域的先驱司马贺，早在 1971 年就阐述了他对“信息过载”的理解。他认为，许多信息系统设计者都在解决信息稀缺的问题，这是错误的，这样设计出来的系统总是向人们提供越来越多的信息。实际上，真正稀缺的是注意力，人们需要善于挑选重要信息的系统。[4]

在任何时刻，人只能接收、解释一定数量的信息，并据此采取行动。注意力是帮助我们筛选信息的过滤器。那么，注意力有什么作用？是什么在影响注意力？思考这些问题有助于理解我们如何与环境互动。对于数字产品设计师来说，熟知注意力的特征，以及注意力与思维、行动的关系，才能做到围绕人的感知、决策和行为去设计。

注意力是日常生活中的常用词，心理学则使用术语“注意”（attention）。注意属于认知过程的一部分，我们常说的认知资源就像一个蓄水池，里面存放着有限的注意资源，要提供给其他认知过程如记忆、决策等来使用。请注意，这里的关键词是“有限的”，如果我们同时做几件事情，在其中一项任务上投入较多，其他并行的任务可能会受到干扰，所以我们很难“一心二用”，一般只关注那些需要关注的信息。[5]

反常识

用户并不是什么都不懂的“小白”，他们只是不会把足够的注意资源用在理解数字产品上面。

今天，司马贺所预言的信息过载、需要注意力频繁切换的数字世界已经成真。新技术、新平台、新应用仍然层出不穷，大脑的认知功能也随着频繁使用新技术而发生变化。我们无疑将面对越来越复杂的世界。产品设计师们必须试着理解复杂对人意味着什么，背后的机制是什么，然后学会“管理”复杂，帮助人们更从容地生活和应对新的挑战。

复杂是世界的一部分，但它不该令人困惑。好的设计能够帮助我们驯服复杂：不是让事物变得简单，而是去管理复杂。

——唐纳德·诺曼

设计并不只是把不好看的东西变得好看，它的核心是要处理人与人造物的关系。如果不理解这一点，在设计数字产品时，就容易受困于细枝末节而远离设计的本质。

良好的信息系统和界面设计，是开启人和新技术对话的途径。数字产品需要在眨眼之间吸引人的注意，并且正确传递信息。下一节，我们就来探讨这个过程背后的心理机制。

2.2 眨眼之间的视觉加工

2.2.1 视觉聚光灯

现在，我想请你在图 2-13 中找到中文词语“框架”所在的位置，然后将视觉焦点集中在上面，保持 5 秒钟。

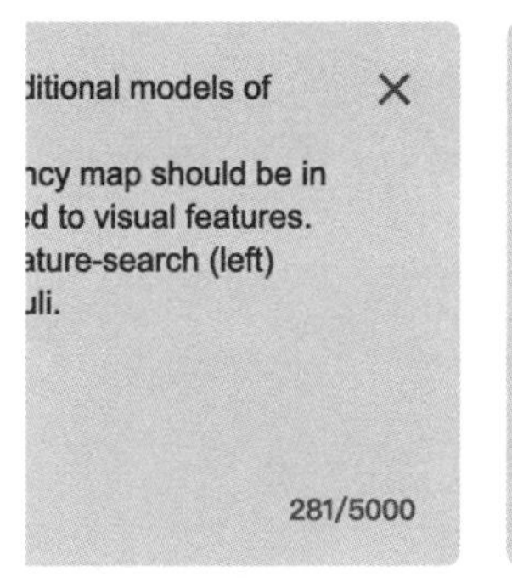

图 2-13 寻找词语“框架”

当你的视线聚焦并且保持焦点不移动的时候，眼睛里的成像更加接近图 2-14 呈现的样子。

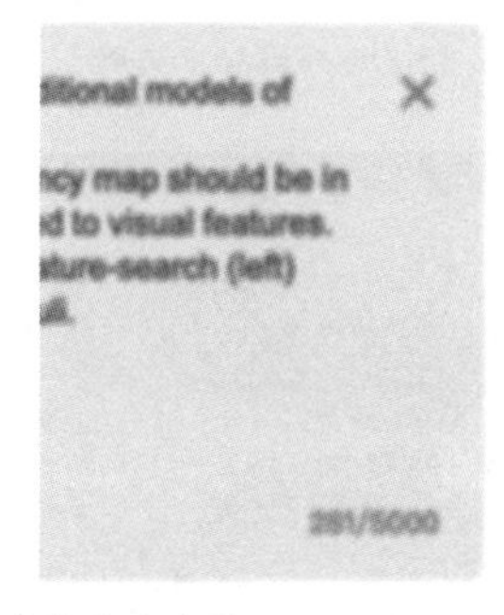
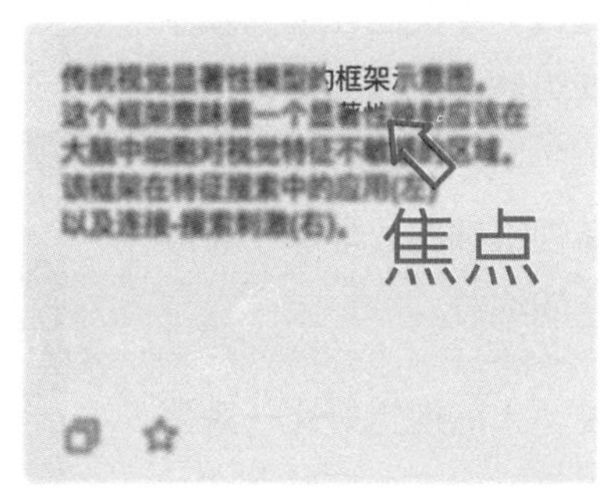

图 2-14 模拟视线聚焦的效果

在视觉焦点范围里能看到清晰的文字，但是在焦点以外，看到的东西则模糊不清。

反常识

人类的视力并不是平均分布的。视觉焦点的分辨率，要远远高于焦点以外的区域。

这是一个违反直觉的现象，它能帮助我们理解为什么人们“视而不见”，以及在扫视网页时眼睛是如何工作的。

细节都在焦点上

视觉焦点看到的东西远比边缘要清晰，这是怎么回事呢？

人的每只眼球大约有 600 万～800 万个视锥细胞，[6] 从视网膜中央向边缘递减分布。如图 2-15 所示，在视网膜表面有两个不同的视觉信号接收区域：中央凹（fovea）和外围区域。中央凹在视网膜中心附近，仅占视网膜约 1% 的面积，覆盖约 2°～3° 的视角。中央凹虽然只有针孔般大小，却密布着视锥细胞，能够十分准确地检测颜色和空间细节。

用浅显的比喻来说，人的视觉好比一束聚光灯，只有在聚光灯照射下的区域才会一清二楚，而光线照射不到的地方就显得暗淡、模糊（如图 2-16 所示）。所以在视野中心，我们的视力相当好，眼睛可以分辨出一只手臂远处大头针顶端的上百个点。但是在视野的边缘，视力则一落千丈，只能分辨出人头大小的东西。[7]

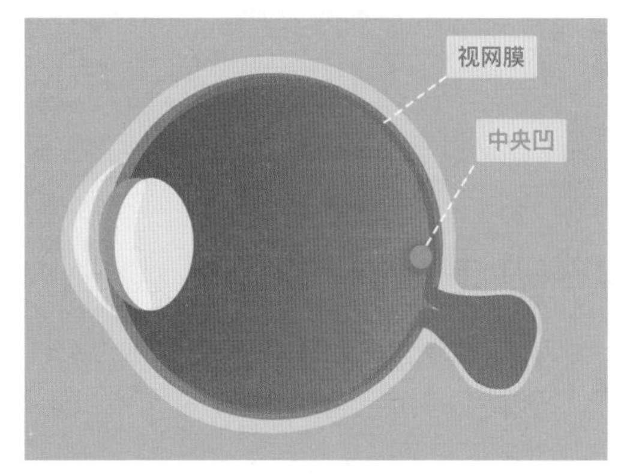

图 2-15 视网膜和中央凹

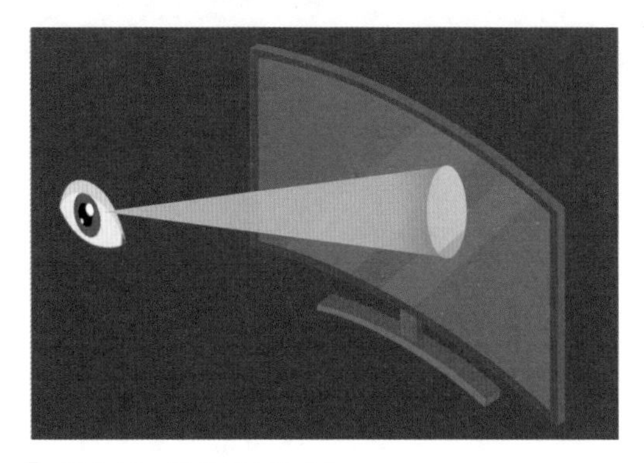
图 2-16 视觉好比聚光灯

中央凹是识别对象的关键，因此视觉注意力通常都在处理中央凹所接收的信息。我们总是有选择地让视觉焦点落在目标物体上，去感知细节、识别物体，视觉焦点决定了我们将看见什么。视觉这束聚光灯能照亮的地方很有限，只要是聚光灯没有经过，或者快速经过却没有停留的地方，我们都可能“视而不见”。

如果人类视野的分辨率是中央高而边缘低，那为什么人眼看到的东西，并不是中央清楚、边缘模糊的图像呢？

眼睛运动的一瞬间，只能看清非常狭小的区域，确实无法一次就获得整个环境的信息。不过勤能补拙，多注视几次就可以看完整了。就好比摄影师要拍摄一个花瓶，如果固定站在一个位置，就只能拍到花瓶的一个面。花瓶不会动，但是摄影师可以动，只要多从几个不同角度拍摄，就能看到花瓶的各个面了。

我们的眼球上附着了很多强壮的眼肌，可以带动眼球快速旋转，也就是扫视。一次眼球运动可以在 1/10 秒内完成，难怪我们根本意识不到。[7] 眼球不断快速移动，中央凹依次对准那些环境中值得注意的对象，持续获得高分辨率的成像。[8]

让我们回到前面聚光灯的比喻：如果聚光灯静止不动，它照射的区域就很小。现在来想象一下，如果聚光灯背后有一位灯光师在控制，他眼疾手快，能够在一秒钟以内快速调整聚光灯的角度，让它照亮舞台的每一个角落，那么舞台看起来是不是就像开了全局灯光一样呢？眼睛这位灯光师，时刻都在调整聚光灯照射的位置，于是在我们的知觉经验中，会认为自己一下子就看到了整体，如图 2-17 所示。

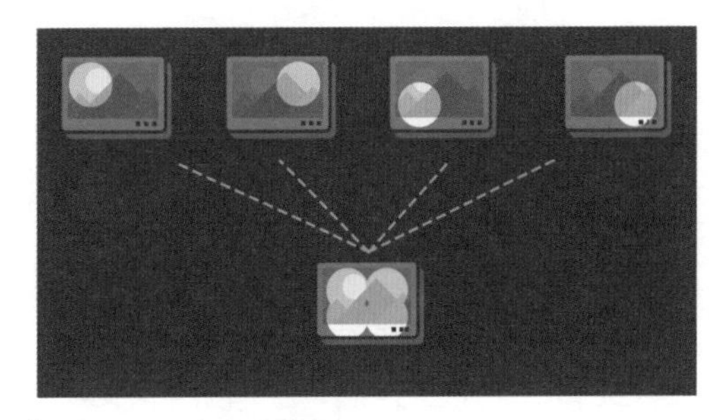

图 2-17 聚光灯聚合

你可能会想，既然中央凹的识别能力那么强，为什么还需要外围区域来提供边缘视觉呢？因为它的任务是处理大量低分辨率的空间线索，负责感知方向，帮助大脑计划该往哪里移动眼睛，比如，视野中突然出现一个会移动的物体，身体马上会调度资源来集中处理这个信息，判断是否有危险。多亏了中央和边缘视觉各司其职，大千世界才能尽收眼底。

选择性注意

大脑非常消耗能量，如果要在大脑中保存整个世界的视觉图像，需要很多认知资源，这完全没有必要。所以进化选择了更经济实惠的方案：按需所“见”。也就是只针对当前需要，快速地获取信息。我们会注意那些可以立即获得有用信息的区域，而不是关注整个周围环境。可以说，**视觉思维的本质就是一个注意力的分配过程**，[7] 人们根据需要，主动选择注意什么、忽略什么。

选择性注意（selective attention）指的是把注意集中于某些对象，而不是同时关注许多对象。这是我们与生俱来的强大过滤器。即便身处陌生、嘈杂的环境，只需要简单扫视，我们便知道该往哪里走，接下来要做什么。这种快速感知周围世界、人、物体、模式的能力，我们并不会觉得有多了不起。但是，尝试创造人工智能系统的科学家却发现这个过程无比复杂。选择性注意包含 6 种不同的任务类型：[9]

- 大范围定向与场景扫描：比如在浏览网页的过程中打开新的网页。
- 监控：观察或扫描某些动态变化，如果超出一定范围，就执行某个行动。比如在秒杀商品开卖之前盯着倒计时，随时准备按下购买按钮。
- 觉察：对预料之外事件的监控及应对。比如当你在会议上对着 PPT 讲解时，需要时不时留意 PPT 是否正常显示。
- 搜索：找寻预先确定的目标物。比如找到网站的登录入口。
- 阅读：处理文字、图片等符号化的信息。比如查看商品介绍。
- 确认：确认某些结果已经发生。比如下载已经完成。

不同产品的使用场景不同，在整个使用过程中往往涉及多种选择性注意任务，比如在手机上阅读电子书的时候收到来电提醒，接听完电话后继续阅读，其中就包括了阅读、觉察、搜索等任务。设计师们需要仔细考虑不同任务的注意力重点，以及注意切换时需要提供哪些辅助提示。

设计小贴士

针对不同的选择性注意任务，可以优化页面的关键元素：

- 扫描任务：减少信息，放大最高优先级的内容，并尽量放在屏幕中间
- 监控任务：突出监控区域与其他区域的明暗对比，例如使用遮罩层
- 觉察任务：出现异常时可考虑使用其他形式的提示，例如声音
- 搜索任务：提供与目标相关的视觉线索，例如标签、形状、分类颜色等
- 阅读任务：区分内容层级，突出显示摘要等关键信息
- 确认任务：使用符合惯例、辨识度高的图形和图标表示任务的状态

2.2.2 视觉搜索

地图是我最喜爱的视觉工具。不仅因为我曾经学习相关的专业，而且因为本人是个“路痴”——查看地图是日常功课（也是爱好）。这天，我和一位朋友约在广州一个名叫小北的片区见面，我需要从琶洲地铁站出发，找到去小北站的路线。要在日益复杂的广州地铁线路网（如图 2-18 所示）中完成这个任务，可不简单。

能有多复杂呢，不就是几秒钟的事情吗？如果你这样想，那可就小看感知觉和大脑了，如果把这发生在一瞬间的视觉搜索过程展开，我们很快就会认知过载。

要在杂乱的视觉环境中找到特定的物体，大致包含几个步骤：眼球运动 - 获取信息 - 解释信息并计划下一次眼球运动，即视觉搜索研究中的三层嵌套循环。[7]

1）在外层循环中，大脑构建一系列解决问题的步骤，然后执行。例如我们进房间找眼镜，大脑给出的搜索策略大概是：确定头部的方向、获得最佳视角，开始连续的特征搜索；如果没有找到目标，就转移到新的位置继续搜索。

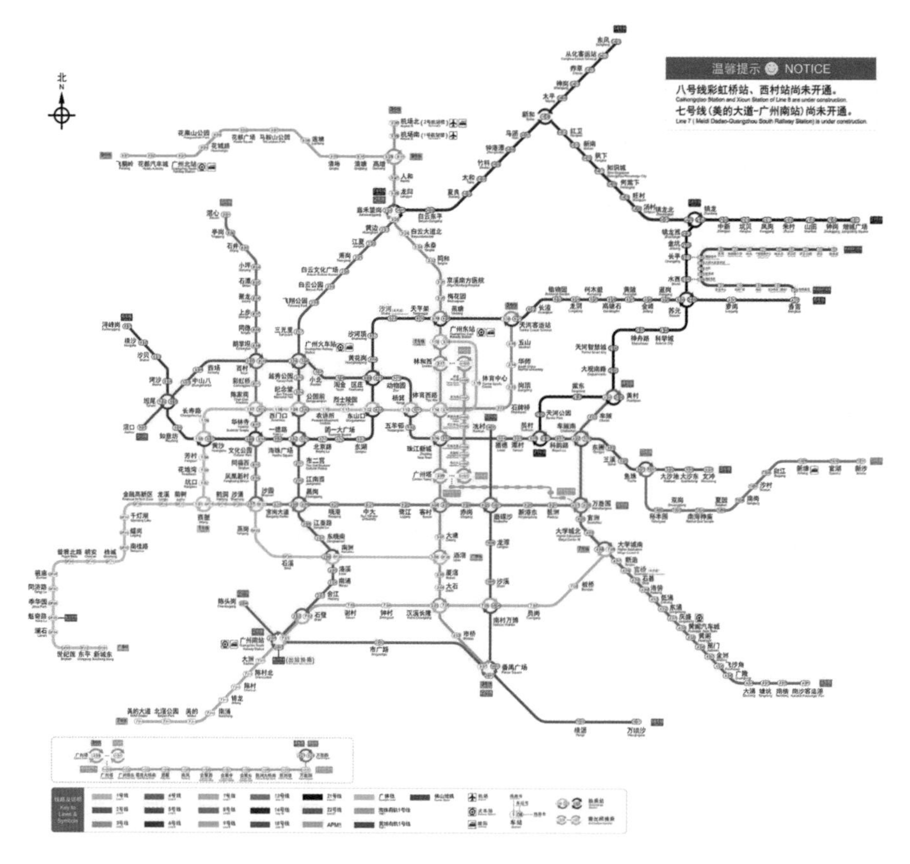

图 2-18　广州地铁线路网示意图
资料来源：广州地铁官方网站

如图 2-19 所示，在查找地铁路线的任务中，实际上我采用的视觉策略是：圈定区域，寻找起点和终点车站。这是无意识的反应，因为视觉系统已经演练过无数次了。

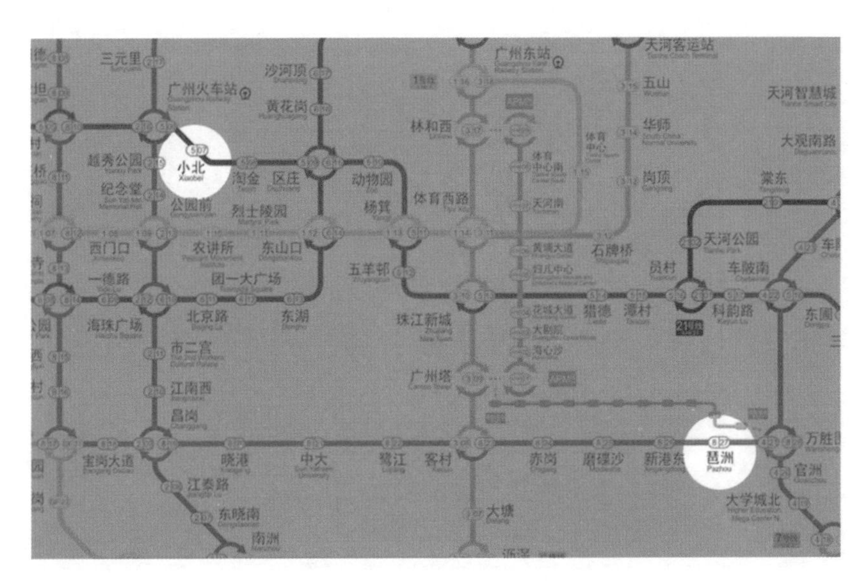

图 2-19　视觉搜索任务中的外层循环：圈定区域，找到起点和终点车站

2）中间循环是视觉搜索。这个阶段眼睛会寻找视觉查询的目标图案，以每秒 1～3 次的频率转动眼球，并根据目标的形状特征（例如大小、颜色和方向）来确定它们是否成为新的候选目标。

如图 2-20 所示，在寻找地铁路线时，我主要靠不同颜色的线段来查询：从起点车站开始，沿着线段图案完成视觉追踪。我发现有两条路线可以到达小北，其中一条是由青色和蓝色组成的路线，另一条则是青色 - 橙色 - 红色路线。

3）内层循环是图案检测。当视觉焦点落在可能的目标区域中，内层循环的视觉检测过程就会开始。眼睛快速判断视野中心区域的图案是不是搜索目标，判断一次即完成了一次内层循环。尽管眼睛在某个关注点上的停留时间还不足 0.2 秒，但是每次停留时可以判断 1～4 个简单的图案。

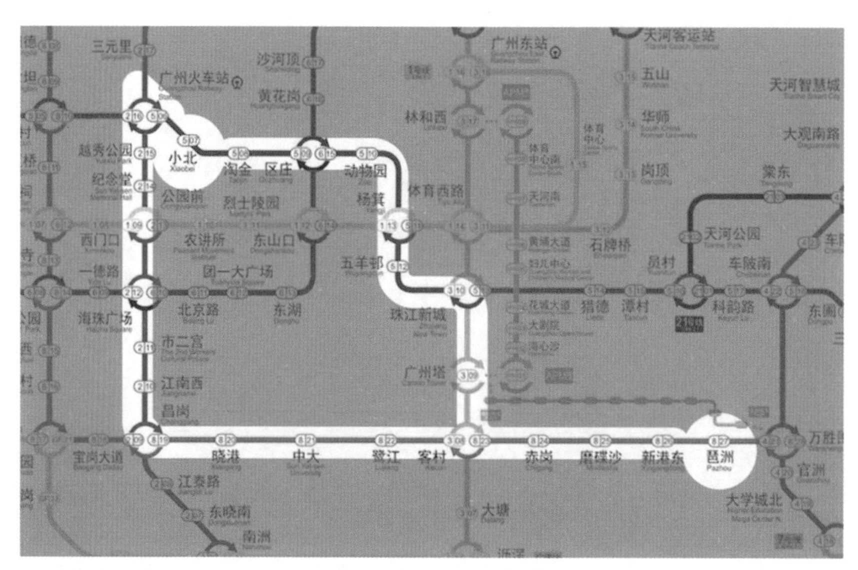

图 2-20　视觉搜索任务中的中间循环：按颜色搜索代表地铁线路的线段

在选择了路线后，需要确定换乘车站，这属于图案检测的任务。如图 2-21 所示，我根据两个特征来确定换乘站：路线颜色是否改变，以及换乘站应该是一个循环符号的标识。最后终于确定了出行的路线以及换乘地点。

原来发生在几秒之内的视觉搜索过程竟然如此复杂。每天我们都要完成无数次视觉搜索任务，无论是从人群中认出熟人，在炒菜时从一堆瓶瓶罐罐中拿起调味盒，还是在手机上找到点赞按钮。这些任务都与注意相关，它们引导眼睛运动，调整图案发现的路径，找出对完成当前工作最有帮助的图案。这个过程可以总结为三个循环：[7]

- 外层问题解决循环：查找视觉问题的备选解决方案。
- 中层模式搜索循环：由眼球运动带来的视觉模式搜索。
- 内层图案检测循环：检测图案是否为目标图案。

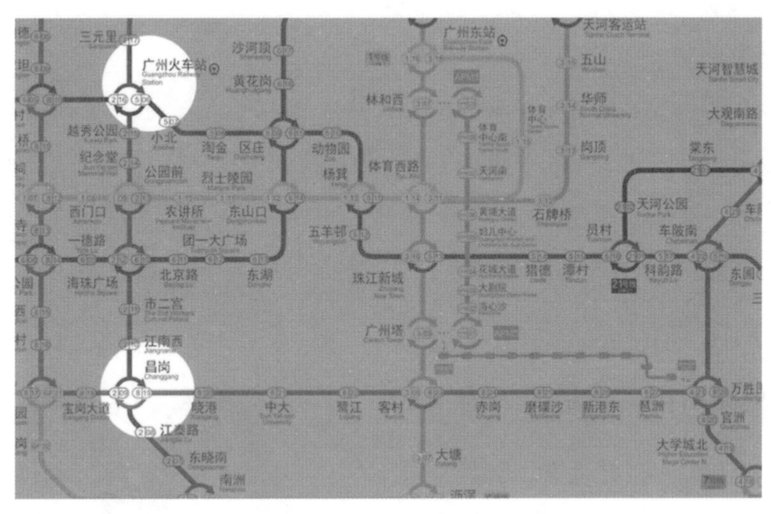

图 2-21　视觉搜索任务中的内层循环：检测代表换乘站的图案

视觉搜索如此高效，得益于感知觉系统采用的两种识别和加工策略：自下而上和自上而下的加工。我们将在下一节详细展开。

预测视觉搜索路径

当人们在寻找目标的时候，有没有办法可以更准确地预测他们会看哪里、忽略哪里呢？有关监控任务中视觉注意的研究指出，有四个因素决定了视觉注意会集中在哪里：[10]

- 显著性（salience）：指兴趣区因为其大小、颜色、强度或对比，从背景中凸显出来的程度。
- 努力（effort）：指注意从一个兴趣区转移到另一个兴趣区所需要付出的代价。
- 期望（expectancy）：我们更倾向于关注那些有许多变化的地方，这些变化将影响后续行为。
- 价值（value）：信息的有用程度或重要程度。

SEEV 模型就是这四个因素的组合，它能够解释和预测人会如何进行视觉搜索。

运用到数字产品的设计中，我们可以这样做：

设计小贴士

- 梳理清楚哪些信息和元素更重要，它们的权重应该如何分配；
- 价值更高的信息，应该突出呈现，与其他信息形成明确对比；
- 信息较多时，合理安排顺序，减少视线转移所需付出的努力；
- 减少不必要的元素变化，将变化集中在重要信息上。

2.2.3 所见即所得，还是先入为主

前面的章节中我们一直在强调，“看”并不总等于“看见”，一览无余是日常体验带来的错觉。“看”和“看见”都是人类知觉处理的过程。“看”是视觉从周边环境获取信息，它是感觉（sensation）的一部分。而“看见”是信息处理的环节，它是知觉（perception）的一部分。

- 感觉：眼睛、耳朵等器官，把物理能量转换成大脑能够识别的神经编码的过程。
- 知觉：一系列组织并解释外界产生的感觉信息的加工过程。

举个例子，你肯定一眼就认出了图 2-22 中的标识：

图 2-22 金拱门标识

如果用低倍速回放这一视觉加工过程，我们首先在“看”的阶段，从白色背景中识别出黄色曲线围成的形状，这是感觉的输入；然后我们判断出这两段黄色曲线是对称的，而且自己曾经见过这个形状，这是知觉加工的结果。现在，这个图形激活了存储在记忆中的模式——“看见”了金拱门的标识。

两种加工方式

影响视觉信息加工的因素，既包括客观外界条件的刺激，也包括主观经验的影响。**当知觉去处理来自感觉的信息时，就发生自下而上的加工。当知觉受个体的经验、动机、期望和其他心智过程影响时，就发生自上而下的加工。**

两种知觉加工类型的区别如表 2-1 所示。

表 2-1　自下而上加工和自上而下加工

类　型	驱动因素	功　能	说　明
自下而上加工	刺激 / 特征驱动	“那儿有什么？”	由外界刺激的特征决定是否、如何进行加工
自上而下加工	知识 / 语境驱动	“那儿应该有什么？”	基于目标或已有的知识和预期去选择注意什么，期望在某些地方出现某些事物

具体到视觉加工：自下而上的过程源自呈现在视网膜上的图案信息，我把它称为**所见即所得**；自上而下的过程则出自注意力的需要，由目标来决定关注点，会受到先前经验的影响，我把它称为**先入为主**。下面这个例子，能帮助我们理解这两种加工过程。

请分别在图 2-23 的两张图片中找出三角形。

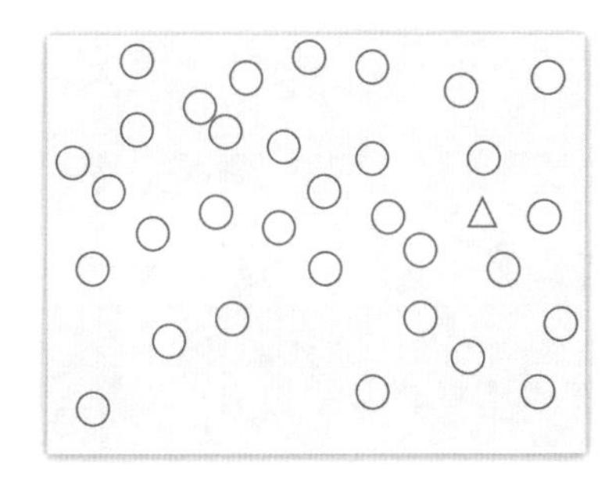

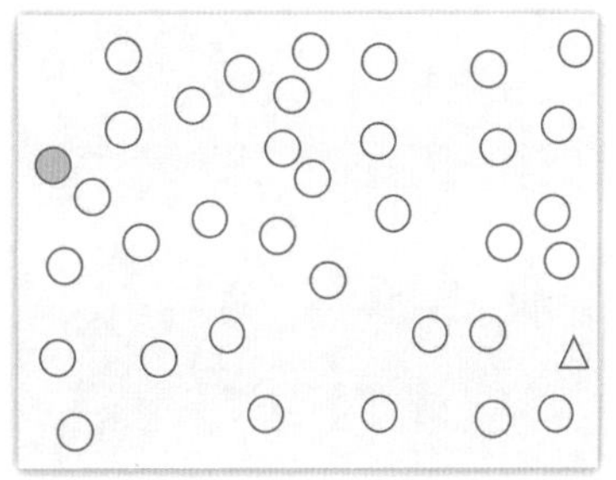

图 2-23　寻找三角形

找出三角形一点都不难，有意思的是你会发现，在右侧图片中找到三角形，比左侧要慢一些。因为看到右侧图片时，我们第一眼会注意到黄色圆形这个凸显的刺激源，随后下意识地迅速感知并开始知觉加工，这是自下而上的过程。不过，很快我们又会进入自上而下的加工过程，毕竟目标是要找到三角形，所以我们预期在图中会有一个三角形，这个预期将引导视觉快速搜索并找到目标。

自下而上：基于特征的视觉加工

自下而上的视觉加工，是一个从局部到整体的组合过程：视网膜成像→特征→图案→物体。在这个过程中，信息会经过连续的选择和过滤。如图 2-24 所示，视觉加工的第一阶段是处理无规律的低层特征，这些特征在第二阶段组合成了图案，然后在第三阶段组合成有意义的物体。[11]

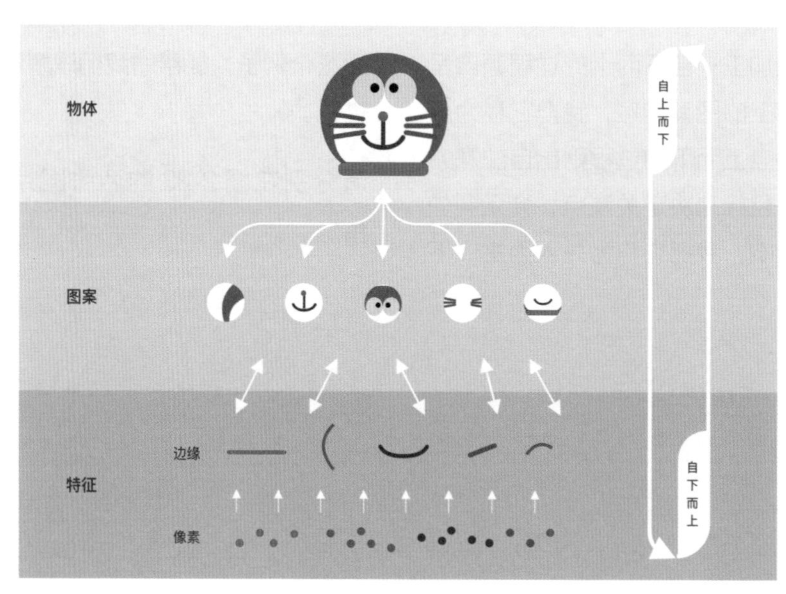

图 2-24 视觉加工三阶段

- 在特征处理阶段，不同类型的视觉处理器一起获取各种细节特征：有的处理尺寸和方向信息，产生边缘或轮廓；有的处理红绿色差和黄蓝色差；还有一些会处理运动和立体深度要素。

- 在视觉处理的中间层，视觉空间被划分为纹理区域和颜色区域。许多特征在这一层连接起来形成了连续的轮廓，并构建出复杂的图案，[7] 比如哆啦 A 梦的眼睛和胡须。理解这一过程对于设计很关键，因为视觉从这一层开始变得有组织。
- 在视觉加工的最上层，特征形成的图案再一次经过简化和提取，最后综合得到了几个视觉目标。视觉系统大约能保持对三个目标的注意力，这是认知的主要瓶颈。

视觉搜索并不会随机发生。寻找比较小的东西时，我们只有去看，才能看到它。但是还没有看见之前，如何引导眼睛看向正确的位置呢？视觉有一个预处理过程来引导注意力，但首先我们要了解什么样的东西容易看得到。当我们在寻找某件物品的时候，大脑能预先启动感知觉通道，对要寻找的东西变得非常敏感。例如，在图 2-25 中找红色竖线时，视觉对红色更为敏感。

视觉搜索的效率取决于干扰物的数量，以及所选取的搜索特征是否有效。如果只有一个特征（红色）需要激活时，视觉搜索效率最高。随着特征增多，视觉加工的复杂性也逐渐增加。例如，在图 2-26 中找到红色的竖线就没有那么容易了。

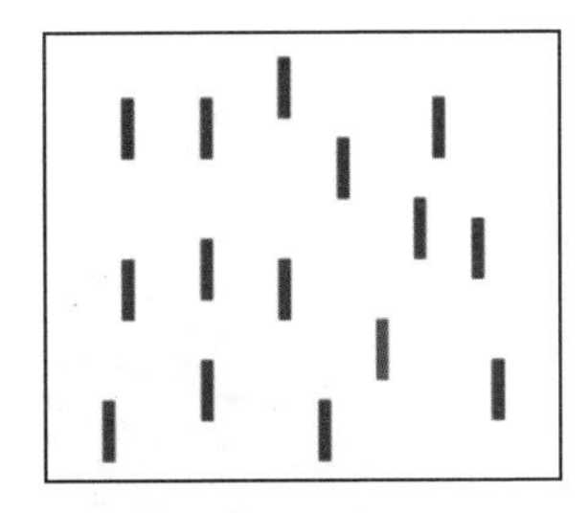

图 2-25　找出红色竖线非常容易

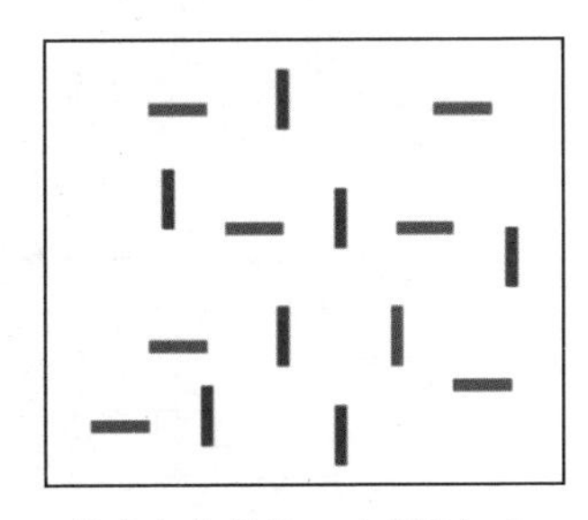

图 2-26　找出红色竖线，难度增加了

自上而下：指向目标的视觉加工

如果说自下而上的加工好比从局部到整体的拼图，那么自上而下就像拿着榔头找钉子，即它由需求驱动。自上而下产生的注意，会激活人们捕获到的正在寻找的信号。比如要找一个红色圆点，那么视觉红点检测器捕获的信号就会变强。[7]

1967年，苏联心理学家阿尔弗雷德·L.雅布斯（Alfred·L.Yarbus）做了一个早期的眼动实验：他用附在眼球上的微小吸盘连接着镜子，将光线反射到相纸上，然后记录下眼球的运动。他向被试展示一幅名为《不速之客》的画作，让被试猜测画中人物的年龄。这时候被试的眼动轨迹如图2-27所示。

图 2-27　雅布斯眼动实验结果 1
资料来源：http://www.cabinetmagazine.org/issues/30/archibald.php

当估计人物年龄时，被试的搜索策略是看人的脸部，画的其他部分则没有多少注视停留的轨迹。

接下来，被试要猜测在这位客人到来之前这个家庭正在做什么。这一次眼动轨迹则大不相同，被试的视线更多停留在人物的姿态动作和餐桌上（如图2-28所示），这反映了被试搜索策略的变化。

图 2-28　雅布斯眼动实验结果 2
资料来源：http://www.cabinetmagazine.org/issues/30/archibald.php

然后当被试要记住画中人们所穿的衣服时，眼动轨迹的视觉焦点大部分停留在人物的衣服上面，如图 2-29 所示。

这个实验再次生动地展示了“视而不见”的根源：**我们只在需要时才看到所需要的信息**。提前设定目标，会过滤掉感知收集到的无关信息，大大提高视觉搜索效率。

在设计数字产品时，可以充分利用自下而上和自上而下两种视觉搜索的特点。无论用户采用哪种加工方式，都要安排好视觉的“游览路径”，让用户带着需要的信息离开。

图 2-29 雅布斯眼动实验结果 3
资料来源：http://www.cabinetmagazine.org/issues/30/archibald.php

设计小贴士

基于特征去搜索，是进行高效视觉处理的秘密。

自上而下：明确用户在当前情境下的视觉任务是什么，最终想要找到什么信息，会根据什么视觉特征来搜索。比如在看一幅图表时，用户是在寻找关键数据例如月活跃用户数，还是想了解数据变化的趋势？对此用户有什么经验，形成了哪些习惯？他会去哪里寻找到这些信息？比如，在阅读新闻时，我们一般会习惯先看一下大标题和题图。

自下而上：视觉搜索从哪里开始？哪些低

层的视觉特征最重要、最有效？应该如何呈现这些特征？它们足够显著、易于区分和识别吗？现有的元素中，最突出的是什么，是否干扰了搜索目标？减少非目标物的干扰，加强有效的搜索特征，能让重要信息更容易识别和理解。

2.3 视觉的偏好

2.3.1 视觉讨厌杂乱

在日本的设计教育纪录片《啊！设计》中，有一个十分吸引人目光的小栏目，叫作“拆解”（如图 2-30 所示）。节目组以定格动画的方式，把日常物品完全拆开，并且分门别类整理好，把整个过程拍成了动画视频，让人感觉很舒适。

a）拆解前

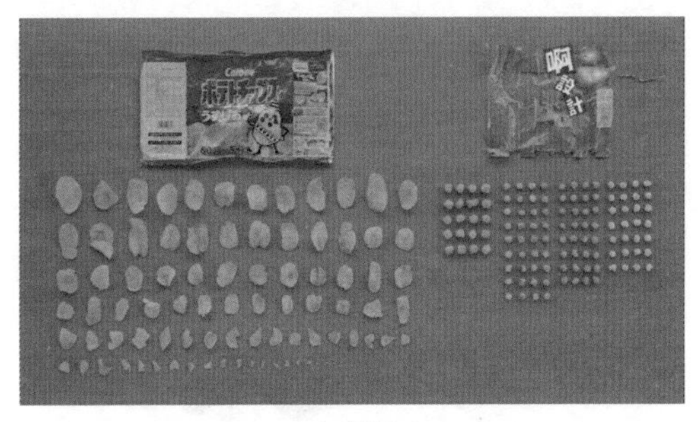

b）拆解后

图 2-30 《啊！设计》纪录片中的拆解栏目

有序的环境让视觉更加放松，因为视线很容易知道接下来“该往哪里去”。

视觉焦点好比是个执行侦察任务的跳伞兵，每次执行任务时，他从飞机上跳出，打开降落伞着陆。偏差不可避免，这个侦察员无法精确地落在预定目标点，他甚至有可能完全不清楚自己降落在了哪里。这和我们第一次打开某个网站 /App 页面时的状况很相像：我是谁，我在哪，我要去哪里？

如果侦察兵着陆后，发现周围是荒无人烟的海滩，抬头就能通过日月星辰判断方向，那么他很快就能知道该往哪里走。如果运气不好落在了一片热带丛林中，藤蔓密布，大树参天，四下是乱窜的奇珍异兽，他怎么知道自己下一步要朝哪里迈呢？

无论视觉焦点最初降落在哪里，都要让它尽快找到出路。杂乱的视觉环境就像让眼睛身处热带丛林，不利于信息识别和提取，更容易看不见就在眼前的事物。视觉不喜欢杂乱，这是人人都有的直观感受。但什么是杂乱，哪些因素造成了杂乱，如何判断杂乱的程度？这些问题还真有学者研究过。

杂乱是指过多的物品（或者展示方式）导致处理视觉任务的效率下降的状态，杂乱程度可以用以下指标来衡量：[12]

- 数量杂乱：会妨碍选择性注意。如图 2-31 所示。
- 易混淆杂乱：在目标附近大约 1° 视角内的干扰物会妨碍集中性注意。如图 2-32 所示。

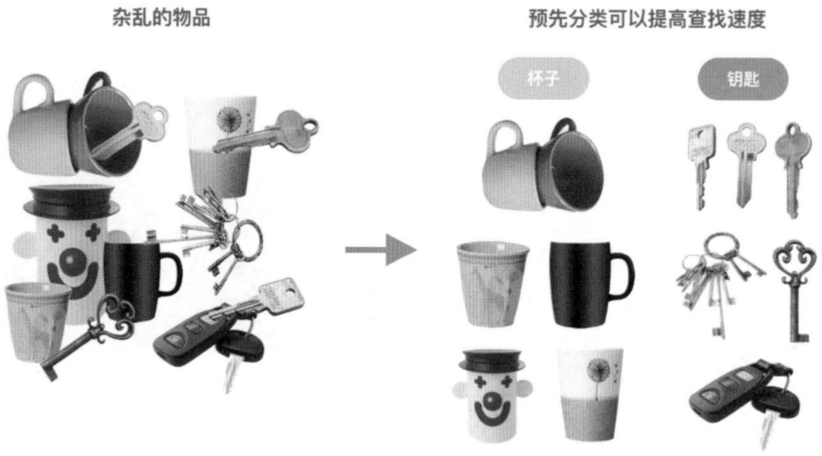

图 2-31　给杂乱的物品赋予秩序

图 2-32 杂乱的地图

- 无结构杂乱：干扰物在搜索区域内位置随机、无结构。如图 2-33 所示。
- 异质杂乱：非目标物的背景特征如颜色、大小等存在差异，会妨碍视觉搜索。如图 2-34 所示。

杂乱不仅影响美观，更重要的是严重阻碍了感知觉加工。如果设计师没有梳理、安排好视觉元素，那么面对乱糟糟的界面，用户的视知觉会自动把任何刺激形式以尽可能简单的结构组织起来。

知觉心理学家和美学家鲁道夫·阿恩海姆（Rudolf Arnheim）做过一个实验，向被试展示一个图形符号，然后让他们重绘出来。

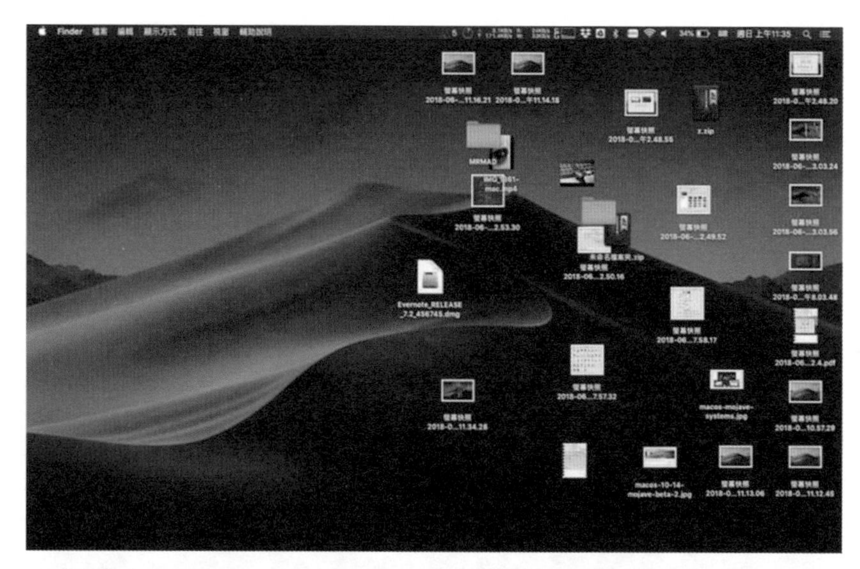

图 2-33　无结构杂乱

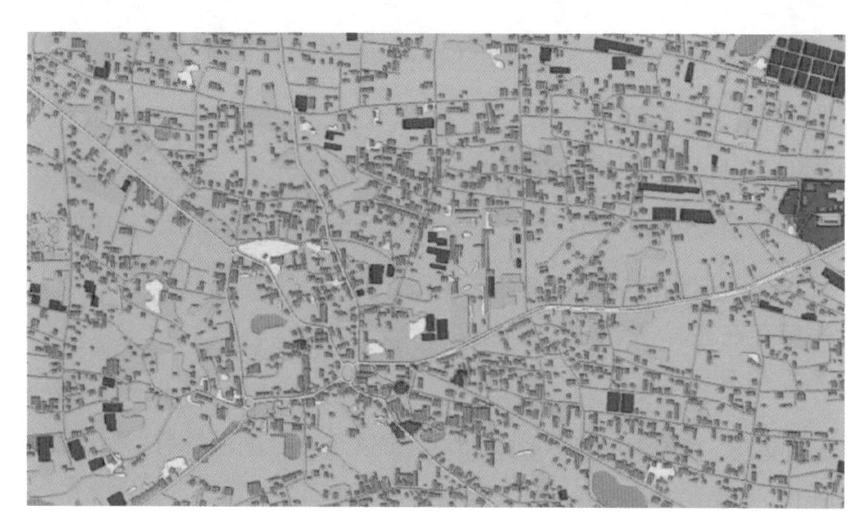

图 2-34　异质杂乱
资料来源：https://visicomdata.com/

从图 2-35 中可以看到，虽然被试重绘的图形各式各样，但他们基本都对原图做了简化。人们的视觉活动包含创造秩序的下意识反应。只不过这种视觉活动越多，相当于视知觉和大脑的加工工作也越多，人就越容易感觉到费力。

图 2-35 阿恩海姆实验
资料来源：阿恩海姆 . 艺术与视知觉 [M]. 滕守尧，译 . 成都：四川人民出版社，2019。根据原图重绘

在设计数字产品的视觉界面时，“整齐”可以说是最基本的要求，设计师需要帮助用户做好必要的简化，包括对齐、去除冗余内容、减少不必要的装饰等。例如，图 2-36 展示了元素对齐的例子。

一个整洁的界面，就好像一个收拾得井井有条的屋子，总是能让人更加放松和愉悦，而不是说需要自己先收拾一番，才能舒心地坐下来休息。所以，在迎接客人之前，好好地“收拾”一下吧！

2.3.2 视觉依赖结构

在前面的章节中，我们已经了解到视觉信息获取和加工过程之复杂。试想一下，如果不能有效组织来自数百万个视网膜感受器输出的信息，我们将面对一个多么混乱嘈杂的世界。

对知觉组织过程早期的研究探索，可以追溯到 20 世纪初在德国兴起的格式塔学派。格式塔在德语中表示“模式、形状、形式”的意思。格式塔学派试图解释人类视觉如何工作，其基本思想是：**人们倾向于先认知一个图像的整体，然后才**

认知组成整体的各个部分。格式塔心理学认为，我们感知的事物大于所见到的事物，整体并不取决于个别元素。人们在观察时，倾向于将视觉感知内容看成简单的、相连的、对称的或有序的结构，总是先从整体视角看待事物。[13] 如今，认知心理学家视格式塔原理为描述性框架，而不是解释性或预测性理论。

样本数据上报

样本来源 请选择
样本类型 请填写
样本采集人 请填写
标签编码 已选择100项
样本规格 请选择
样本状态 已采集

图 2-36　表单页面的元素对齐

格式塔原则

接近性（proximity）原则

视觉元素距离相近时，容易被视为一组，而距离较远的元素则被划到组外。如图 2-37 所示，联合利华的 Logo 利用了接近性原则，将多个距离接近的图形组合成字母 U 的形状。

现在 App 界面越来越倾向于去除边框和多余的视觉元素，用留白来区分模块。这也是接近性原则的运用：拉近某些对象之间的距离，增大它们与其他对象的距离，形成视觉上的分组。如图 2-38 所示，微信读书 App 的图书列表界面。

图 2-37　联合利华的 Logo

图 2-38　微信读书 App 的图书列表界面

相似性（similarity）原则

根据事物的相似性分组，例如将形状、颜色、光照等特征相同的事物视为一组。俗话说：“物以类聚，人以群分。”例如，看到图 2-39 时，会倾向于将颜色相同的圆视为一组。

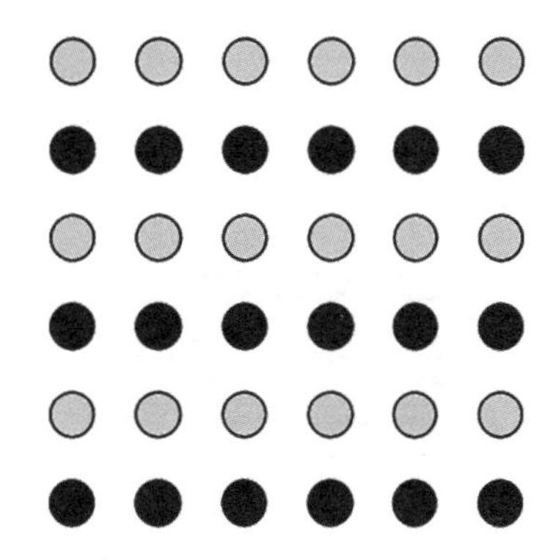

图 2-39　相似性原则

连续性（continuity）原则

人们倾向于沿着物体的边界，将非连续的物体视为连续的。如图 2-40 所示。

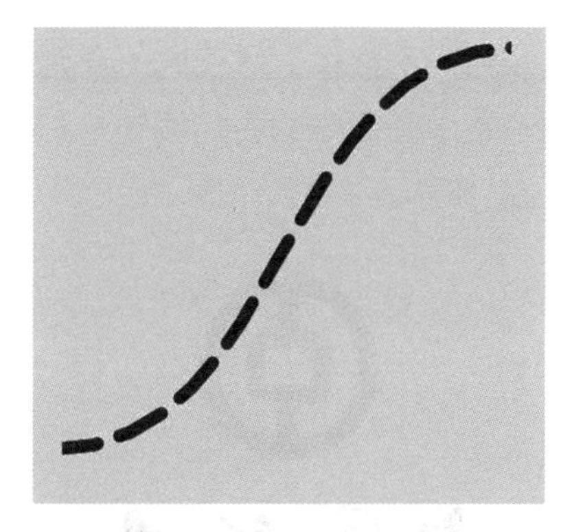

图 2-40　连续性原则

闭合（closure）原则

人们会自动尝试闭合不完整的图形，将其感知为完整而不是破碎的形状。体现这一原则最著名的例子，应该要数保罗·兰德（Paul Rand）为IBM设计的Logo了，如图2-41所示。

图 2-41　IBM 的 Logo

对称性（symmetry）原则

人们会倾向于沿点或轴将物体识别为对称的形状。把物体分成偶数个对称的部分，在感觉上令人愉快。对称的部分减少了视觉加工的需要，使得物体更容易被感知为一个整体。体现这一原则的一个例子是中国银行的古代铜钱标识，如图2-42所示。

图 2-42　中国银行的 Logo

好图（good figure）原则

人们喜欢按照简单、规则、有序的元素排列方式来识别事物，即倾向于用最简化的形式来消除复杂性。例如，我们会将奥运五环视为一个整体，如图2-43所示。

图 2-43　奥运五环

而不会优先解读成更复杂的版本，如图2-44所示。

图 2-44　奥运五环的复杂版本

共势（common fate）原则

如果一组物体排列模式相似，或者沿着相似路径运动，它们会被识别为同一类物体，如图2-45所示。

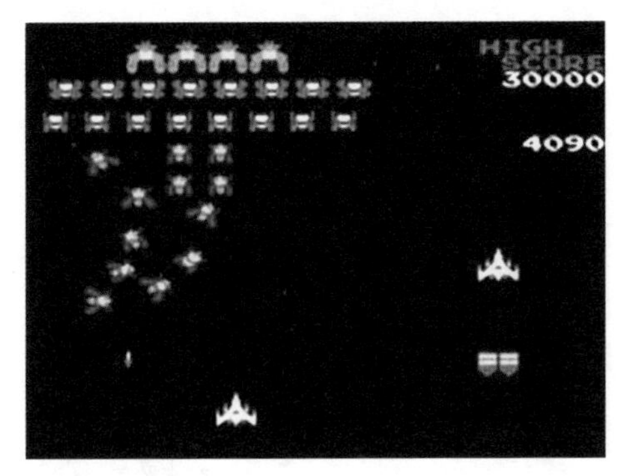

图 2-45 《FC 小蜜蜂》游戏

经验（past experience）原则

视觉感知在某些情形下与过去的经验有关。图 2-46 中央的数字，是“13”还是“B”呢？

图 2-46 经验原则

大多数格式塔原则可以归入一个更为一般的法则中，即完形法则（Law of Prägnanz）：**在所有解释图形的可能方式中，人们倾向于选择能产生最简单和稳定图形的方式。**可以说，视觉一直在寻找一个简单的结构，然后据此简化信息。即便这个结构不存在，人们也会想象出来。

了解完格式塔原理，你可能也会感叹：“视觉感知系统和大脑真是会偷懒啊。”

视觉组块

有一次，我请家政阿姨到家里大扫除。阿姨刚到，我在客厅找不到眼镜，就让阿姨帮我一起找。没想到阿姨四下看了几眼就告诉我，眼镜在书架上面。我非常吃惊，问阿姨怎么做到的。阿姨说：“这没啥，眼镜不是一般都放在一些桌面上吗？我先看了餐桌和书桌的桌面，没有，墙边的柜子又有点高，不像能放眼镜的，然后就开始看书架，一层没有就看另外一层，这不就看到了。”

这就是我们在寻找东西时惯用的策略。想从复杂的视觉环境中搜寻和获取信息时，我们会遵循先大后小的原则：先划分几个大的搜索区块，然后判断哪个大区块包含目标物体的可能性更大，就优先在那个区块内部搜索。

划分视觉区域的搜索策略，可以与组块理

论结合起来理解。在认知心理学领域，组块（chunk）是大脑记忆中的一个组织单元，一个信息组块可以是任何有意义的单位，例如数字、单词、象棋位置或者人脸，这些内容总是被打包，再一起储存到记忆中。心理学家乔治·米勒（George Miller）提出了短时记忆只能容纳 5～9（7±2）个信息组块的观点，也就是“神奇数字 7”的理论。[14]

相比独立的单元，我们更容易识别、检索和记忆组合在一起的多个单元。在数字产品界面设计中，组块通常指拆分视觉内容，分块处理不同的信息单元。一大块内容经过有意义的拆分，形成小的组块，这样浏览起来就没那么费力，并且可以提高理解和记忆的效果。

文本组块

拆分长而复杂的文本组块，有助于信息识别、编码和记忆。比如说，有一个包含 20 个项目的列表（如图 2-47 所示），怎样可以让它更加易读呢？

首先，将原料根据性质分为四组，如图 2-48 所示。

做比萨需要的原料

- 蔬菜
- 鳄梨
- 酸豆
- 生菜
- 红豆
- 葱
- 坚果
- 杏仁
- 松子
- 核桃
- 辛香料
- 香菜
- 大蒜
- 牛至
- 罗勒
- 奶酪
- 帕尔马干酪
- 马苏里拉奶酪
- 羊乳酪
- 罗马诺干酪

图 2-47　做比萨需要的原料

做比萨需要的原料

蔬菜
- 鳄梨
- 酸豆
- 生菜
- 红豆
- 葱

坚果
- 杏仁
- 松子
- 核桃

辛香料
- 香菜
- 大蒜
- 牛至
- 罗勒

奶酪
- 帕尔马干酪
- 马苏里拉奶酪
- 羊乳酪
- 罗马诺干酪

图 2-48　做比萨需要的原料分类

然后每一组统一样式，进一步合并视觉组块，如图 2-49 所示。

做比萨需要的原料

蔬菜	辛香料	坚果	奶酪
• 鳄梨	• 香菜	• 杏仁	• 帕尔马干酪
• 酸豆	• 大蒜	• 松子	• 马苏里拉奶酪
• 生菜	• 牛至	• 核桃	• 羊乳酪
• 红豆	• 罗勒		• 罗马诺干酪
• 葱			

图 2-49　做比萨需要的原料组块化

这样看起来是不是清晰多了？而且要从列表中查找某一个原料的时候，速度会更快。

设计小贴士

在设计中，常用的文本内容分块技巧包括：

- 拆分长段落为若干较短的段落，保证段间距足够大
- 一行不要显示太多文字
- 分门别类，提供清晰的视觉层次结构
- 长字母或数字串可内部分组，例如电话号码 188-1234-4321

除了分块，还需要提供快速识别分块的线索，帮助用户快速扫视：

- 提供清晰的标题，与其余文本的样式形成明显对比
- 突出显示关键字
- 使用项目符号或编号
- 对长文本提供摘要

TED 网站视频下面提供的字幕，是文本分块的范例，如图 2-50 所示。

- 拆分段落，保证每一段不会太长。
- 行间距和段间距合理，容易区分出不

同的段落。

- 每行宽度合理，文字内容不会过多。
- 每个段落前面有对应的时间作为扫视和定位线索。

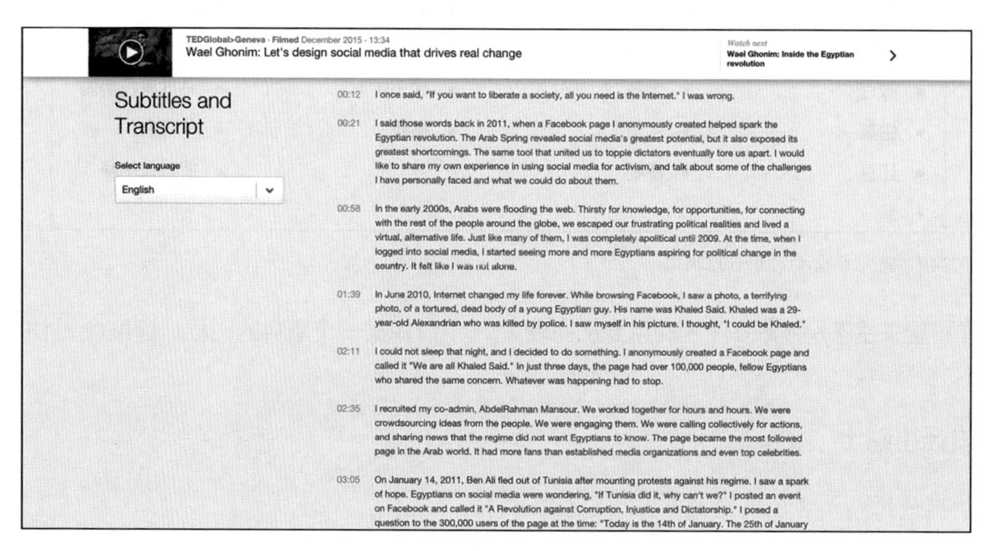

图 2-50　TED 网站的字幕

多媒体组块

多媒体内容形式多样，包括文本、图像、图形、图标、视频等。想要提供合理的视觉结构，首先应该尽量按形式或其他线索，将内容分门别类整理好。多媒体分块的关键，是让相关内容在距离和形式上保持联系，如图 2-51 所示。

图 2-51　Keynote 工具栏中的图标分组

设计师常使用背景颜色、形状和空白等方式，区分相关或不相关的元素，从而形成清晰易辨的视觉组块。

组块的迷思

在用户体验设计领域，米勒的“神奇数字 7”的理论经常被误解为：在任何时刻，人只能处理 7 个组块。很多人会错把数字 7 当作改进可读性的依据，带来一些不必要的设计限制，例如导航栏上的选项应限制为 5 或 6 个，PPT 中的项目符号最好是 6 个，不要将 5 个以上的单选按钮放在一起……

最常见的迷思是：不能在全局导航中展示超过 7 个选项。其实，导航菜单的重点在于显示所有选项以供选择，用户并不需要记住所有选项。菜单项数量少于 7 个，并不能提高可用性。相反，只要提供有意义的结构（例如分类），选项的数量可以有很多。如图 2-52 所示，网易严选网站顶部导航的二级类目虽然项目很多，但是每个子分类前面有代表性的商品图片作为线索，用户依然可以快速找到目标品类。

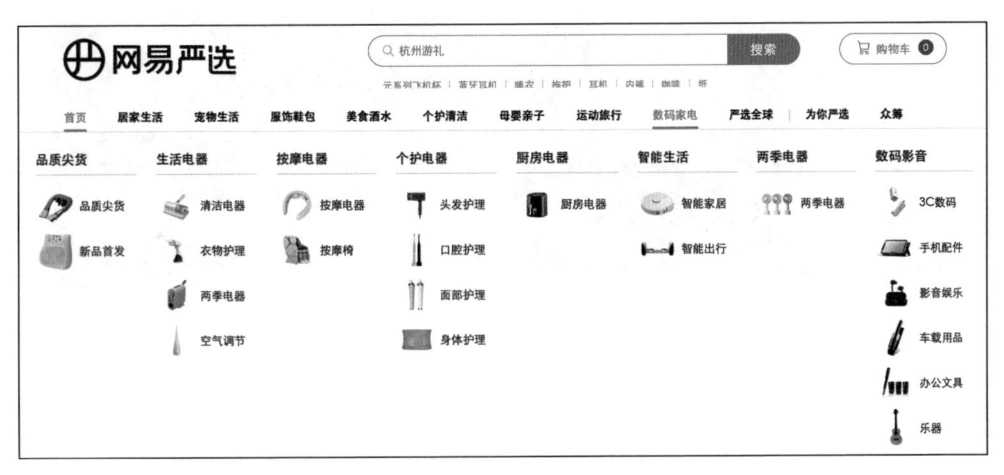

图 2-52　网易严选网站顶部导航

组块理论对设计的指导意义，并不在于神奇数字是多少，真正的关键是：**人类的短时记忆容量非常有限，如果想让用户处理并记住更多内容，应该拆分大段信息，重新打包成有意义、易消化的小组块。**不必纠结于数字 7，每个人的组块容量其实并不相同，多数普通人的组块容量一般是 3～5 个，[15] 这意味着人们很难记住刚看到的几乎任何东西。何况，记忆还会受到情境的影响：用户在哪里，以及他们使用产品时，周围发生了什么。

如果你认为这仅仅是一种延长记忆时长的记忆技巧，那么你就会错过几乎所有这些记忆技巧中隐含的要点。重点是，想要增加我们所能处理的信息量，重新编码（recoding）是一个极其强大的武器。

——米勒

现在，在心理学与认知研究领域，短时记忆已经被工作记忆所取代，我们会在“有限的内存：工作记忆”小节详细介绍。

2.3.3 视觉喜欢平衡

黄金比例是不同尺寸的元素之间的数学比例，被认为是人类眼里最美观的元素比例。例如，图 2-53 中的三张图片均体现了黄金分割率。

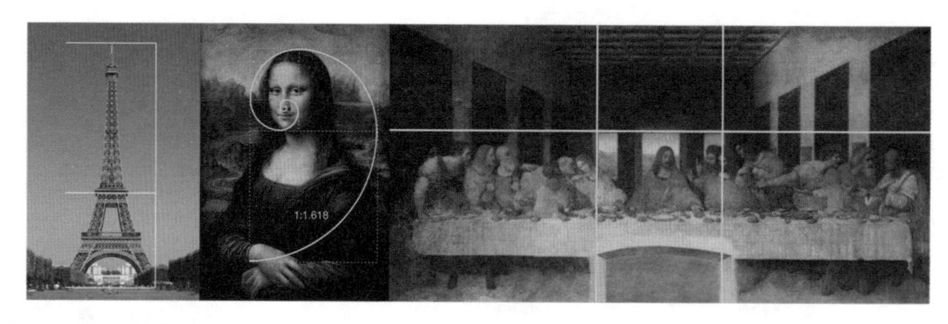

图 2-53　黄金分割例子
资料来源：https://ucps.instructure.com/courses/191828/assignments/1887129

在数学中，如果两个数的比值，等于它们之和与其中较大数的比值，那么这两个数之比就是黄金比例。用等式可以表示为：

$$\frac{a+b}{a}=\frac{a}{b}\stackrel{\text{def}}{=}\varphi$$

其中希腊字母 φ 代表一个无理数，即我们熟悉的黄金比例：1.618。

$$\varphi=\frac{1+\sqrt{5}}{2}=1.6180339887\cdots$$

19 世纪德国心理学家古斯塔夫·费希纳（Gustav Fechner）和查尔斯·劳罗（Charles Lalo）先后通过实验，验证了绝大多数人对于矩形的比例偏好接近于黄金比例，实验结果如图 2-54 所示。

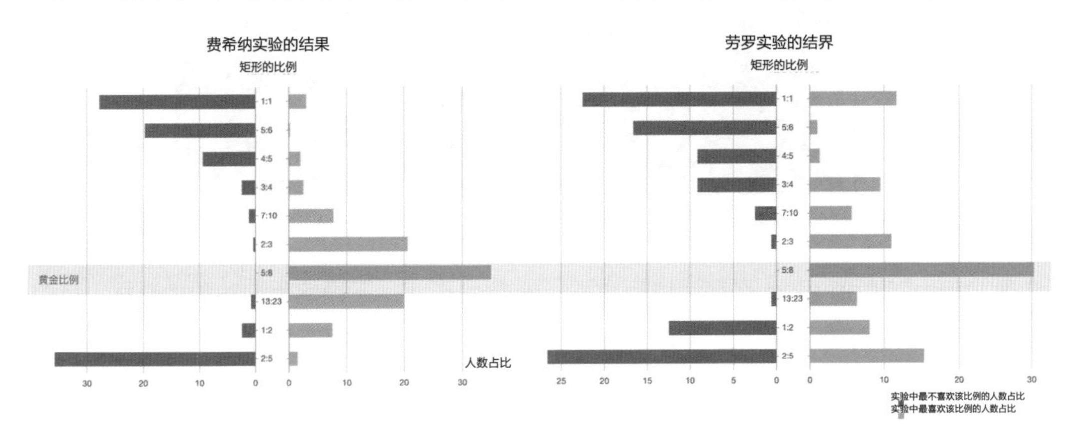

图 2-54　人们对矩形比例的偏好
资料来源：伊拉姆 . 设计几何学 [M]. 沈亦楠，赵志勇，译 . 上海：上海人民美术出版社，2018。图片由作者根据资料内容绘制而成

黄金分割实际上反映的是人类的一种视觉比例偏好。

金伯利・伊拉姆（Kimberly Elam）在《设计几何学》一书中分析了很多设计作品的几何构成。伊拉姆认为，几何分析背后的理念是，比例系统和辅助线构成了艺术作品、建筑、产品和平面设计作品中构图的整体性，它们是构图的关键，能引导设计方向，有助于人们理解作品背后艺术家、建筑师和设计师的设计理念和原则。[16]

黄金分割也广泛运用在 Logo 设计和界面设计中。例如，在网页或平面设计布局中，黄金比例可以用来定义面板的宽度、边栏或视图的高度。如图 2-55 所示，宽度为 960px[㊀]的布局，除以 1.618 大约得到 594px。于是可以将页面划分为两个独立的部分，宽度分别为 594px 和 366px。

㊀ px，即像素。该图分辨率为 72，即每英寸像素为 72，1 英寸＝2.54 厘米，故图中 1 像素≈0.04 厘米。

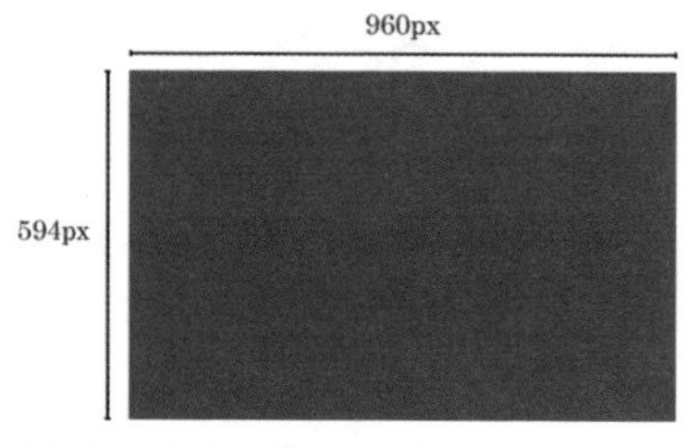

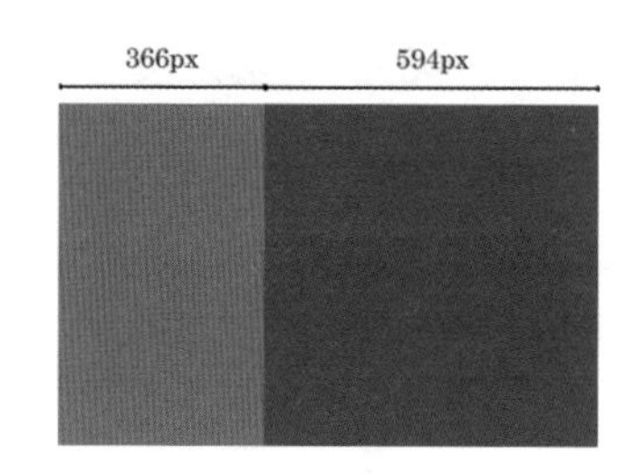

图 2-55　网页设计布局中的黄金比例

许多 Logo 或 App icon 的设计模板也都运用了黄金分割的原理。三角形、正方形、圆形和螺旋形是品牌符号中很常见的黄金形状。正确使用这些黄金形状，可以在视觉上产生平衡优雅的效果。

设计小贴士

可以使用 Goldie App（macOS 系统）来分析界面的黄金分割点和分割比例。以下为 App 下载链接：

https://apps.apple.com/us/app/goldie-app/id1375037046。

文字的层级大小也可以借助黄金比例来确定。假设正文文本为 10px，乘以 1.618 为 16.18，因此可以设置标题文字大小为 16px。依据这一比例设计出来的文字排版，会让人感觉更加精致，阅读起来也更为舒适。

黄金比例也许是视觉设计中最出名的定律，不过它并不是万能的。建筑大师勒・柯布西耶（Le Corbusier）的这段话，指出了黄金分割比例法则的实质：

原则上，辅助线不是一个预先设定的规划；在一个特定形体中选择它们，依据的是形体自身的结构，这些结构已经被事先阐明了，事先已经完全真实地存在了。辅助线仅仅在几何平衡的意义上建立了顺序和明晰的关系，以获得一种真正的纯正关系。各种辅助线不会带来任何诗意的和抒情诗调的想法；它们不激发作品主题；它们不是创造性的；它们仅仅**建立起一种平衡关系**，一件灵活、单纯和简单的事情。

——柯布西耶

2.3.4 视觉寻找新异

视觉总是容易被与众不同的东西吸引。如果某个物体具有非同一般的特征，而它周围的其他物体都很相似时，我们一眼就能识别出来。所谓“万绿丛中一点红”，它就像从背景中“跳出来”一样，让人无法忽视。当你想突出某个特征，就让它在形状、尺寸、方向、颜色等方面和周围环境形成鲜明对比，如图 2-56 所示。

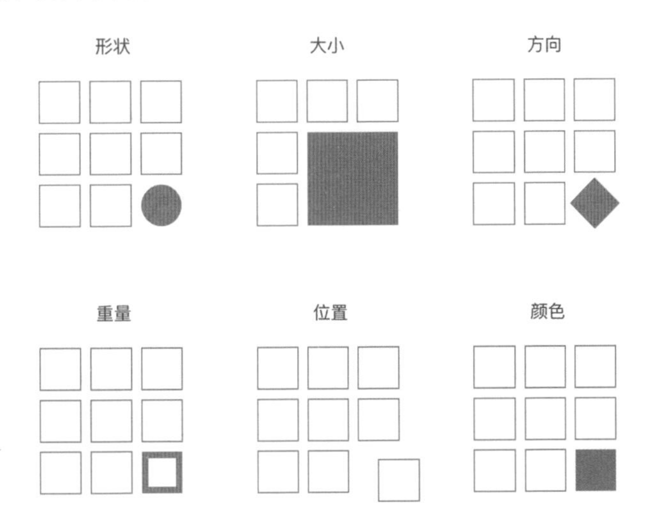

图 2-56 突出视觉特征

在图 2-57 中，有的目标容易发现，有的则比较困难。易于发现的目标能够由初级视觉皮层的神经元辨别出来，而其他目标需要由内容处理通道部分的神经元来辨别。[7]

- a）倒转的 T 与头朝下的 T 特征相同，所以难以辨认。而粗体却非常突出。
- b）向左的 L 与其他物体特征相同，难以辨认。而绿色三角非常突出。

- c）一个点的颜色如果与其他颜色相近，就难以发现。
- d）线段被其他方向相似的线段包围起来，就不那么引人注目了。

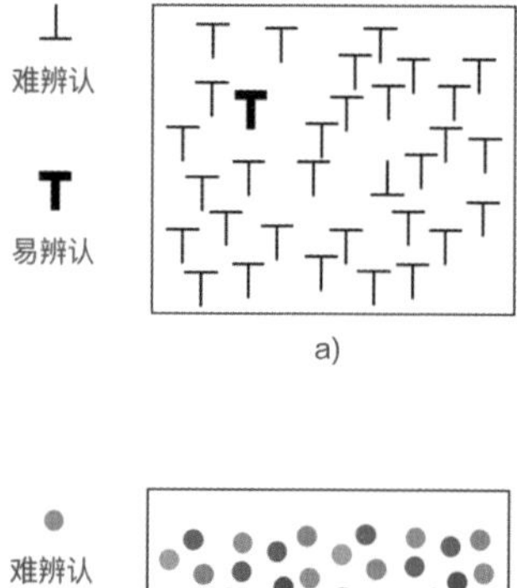

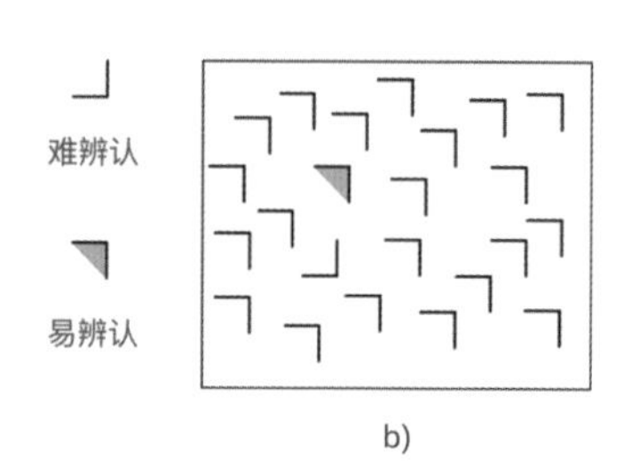

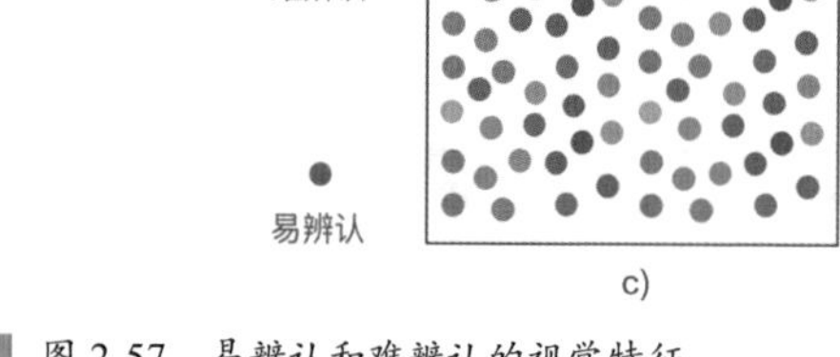

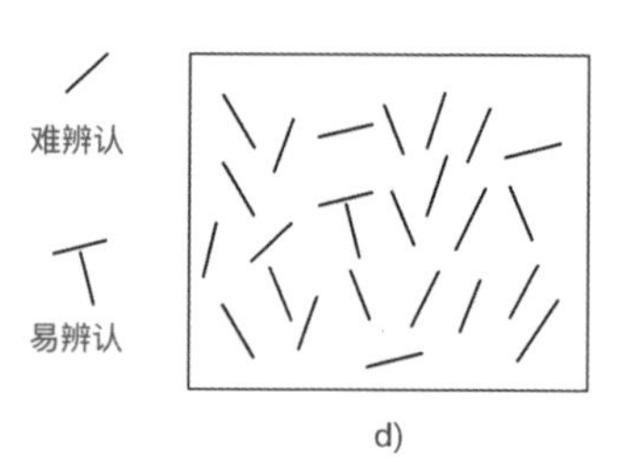

图 2-57　易辨认和难辨认的视觉特征

不过，只有低级特征差别还不够，这种差别还要足够大，根据研究者的经验，30°的方向差异才足够明显。[7] 另外，背景的变化程度也很重要。

反常识

图形和文字不是放得足够大就容易辨识。

新奇事物也容易吸引人们的注意。如果某个视觉环境很和谐，但是出现了一个和环境格格不入的对象，人们就会努力从认知上去解决这个冲突。比如，在一堆旧纸箱中，出现了一个金光灿灿、镶满钻石的宝箱。

还有一种独特的视觉增强方法：运动。人类视网膜的中心视力好，但边缘视力弱，对静态细节的敏感程度从中心向边缘快速下降，可是对运动物体的敏感度下降并不明显。所以即使我们看不清物体的形状，仍然能够看见物体在视线内移动。最能唤起视觉响应的并不是简单移动着的物体，而是那些突然出现在视野中的物体。运动本身是正常现象，在室外，飘移的云彩、摇晃的树叶、路过的行人并不会让我们心乱如麻，只有高频和快速的运动或闪烁才会带来不适。为了抢夺注意力而被滥用的动画和动态元素，是数字产品视觉污染的主要来源。

人类视觉就像一个好奇宝宝，容易被新奇好玩、与众不同的对象吸引。由视觉结构、视觉平衡节省下来的认知资源，很多都被用来处理这些新异的特性。这是一把双刃剑，设计师们需要小心处理视觉元素的差异，巧妙地引导注意力。

2.4 数字界面的视觉语言

2.4.1 视觉通道

人的视觉感知系统，是迄今为止人类所知的处理带宽最高的生物系统。[13] 视觉接收原始数据的速率，高达 10^9 比特㊀/ 秒。

人类视觉的模式识别能力很强，从符号中获取信息的效率远高于文本和数字。有时候只要基于某些视觉特征，就能启动下意识的快速眼动搜索。从上一小节我们知道，想让某个物体“鹤立鸡群”，就要突出它的一些视觉通道特征，例如使用不一样的颜色。那么，如果要让多个物体都易于识别，该怎么办呢？初级视觉皮层中的各层，又分为许多小的区域，分别处理形状、颜色和运动等视觉通道特征，如果想要在众多目标中快速识别，最有效的方法就是使用不同的视觉通道。

设计小贴士

合理利用不同的视觉通道，是在信息量大时提高信息获取效率的关键。

㊀ 比特（bit）。二进制数系统中，每个 0 或 1 就是一个位（bit），位是数据存储的最小单位。

视觉通道是可视化中的重要概念。可视化编码由标记和视觉通道组成，如图 2-58 所示。

- 标记通常是一些抽象的几何图形元素，如点、线、面、体。
- 视觉通道为标记提供视觉特征，包括位置、大小、形状、颜色、运动方向、色调、亮度等。

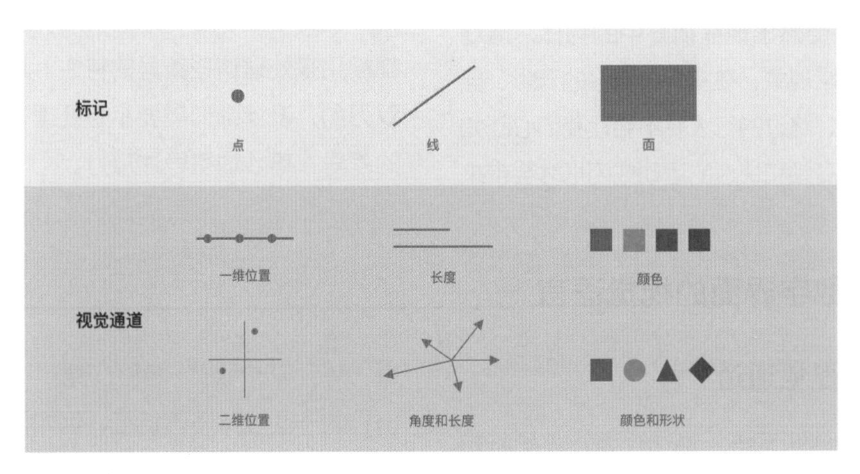

图 2-58　可视化编码

感知系统接收视觉信号时，有两种基本的识别模式：

- 类别模式：获得关于对象本身特征和位置等信息，描述对象是什么或在哪里。
- 次序模式：获得关于对象某一属性在数值上的程度信息，描述对象具体有多少。

对应这两种识别模式，可以将视觉通道划分为定性（类别）和定量（连续、有序）两种。例如，用不同色调表现定性的类别数据，用同一颜色的不同亮度表示定量的次序数据。合理地选择视觉通道是信息传达的前提，对数据这种抽象信息尤为重要。

在数字产品的界面设计中，**设计师就是在和各种视觉通道要素打交道：**决定文字、符号、图像等视觉元素的位置，选择合适的形状表示一定的含义，赋予元素特定的长度、大小、颜色，在元素之间形成各种关系，等等。

视觉通道的表现力和有效性可以由这几个维度来衡量：[13]

- 准确性：是否能够准确地表达视觉数据之间的变化。
- 可辨认性：同一个视觉通道能够编码的分类个数，即可辨识的分类个数上限
- 可分离性：不同视觉通道的编码对象放置到一起，是否容易分辨。
- 视觉突出：重要的信息，是否用更加突出的视觉通道进行编码。

如果从这几个方面来衡量，哪些视觉通道的表现力和有效性更好呢？图 2-59 直观地呈现了结果。

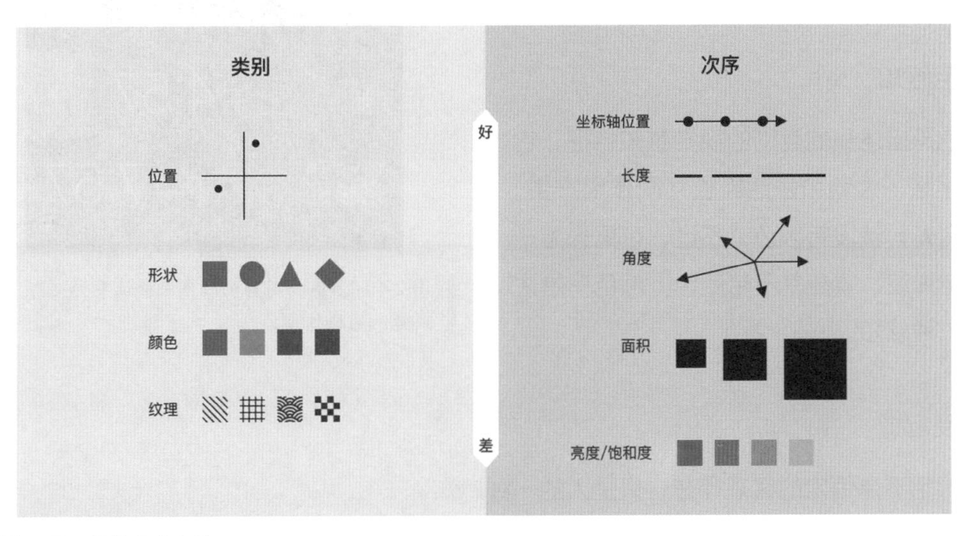

图 2-59　视觉通道比较

设计小贴士

对数据这类抽象信息而言，位置、长度、颜色、形状的视觉通道表现力较好，在设计时应优先选择用这些形式来映射设计对象的特征。

想进一步了解如何衡量视觉通道的效果，可以查看这个视频：https://www.coursera.org/lecture/information-visualization-applied-perception/effectiveness-of-visual-channelspMYnG。

2.4.2 颜色

颜色是最重要的视觉通道和视觉语言之一。设计师可以用颜色来强化或突出一个想法，引起情绪反应，或者吸引用户注意一些信息，如图 2-60 所示。

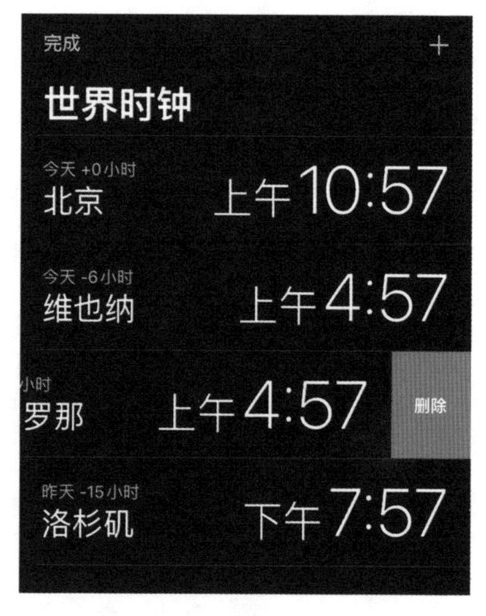

图 2-60 iOS 用醒目的红色来标记某些重要或危险的操作

颜色感知

颜色是描述光的类别的视觉感知特征，它由眼睛、大脑和生活经验共同作用产生。没有光，就没有颜色。不过，可见光是一种电磁波，本身并不带颜色，颜色只是人的一种感知。

反常识

颜色不是恒定的客观存在，只是人的一种感知。

那么人是怎么“看见”颜色的呢？这要归功于眼睛视网膜里感知红、蓝、绿三色的视锥细胞，它们对不同频率的光的敏感程度不同。当人眼识别可见光，并在大脑中编码加工光源中的信息，便产生了颜色感知。狗没有能感知红色的视锥细胞，所以狗看不见红色；而皮皮虾有十多种视锥细胞，能看到紫外线和红外线，它的世界大概是五彩缤纷的吧！

关于颜色视觉，有两个主流的理论：三原色理论（trichromatic theory）与对立过程理论（opponent-process theory）。[17]

三原色理论认为，人眼的三种视锥细胞分别优先捕获相应波长区域光信号的刺激，最终进行合成从而产生颜色感知。不同视锥细胞对不同波段颜色的吸光率不同，总体而言视锥细胞对波长较长的颜色更为敏感，这也是暖色调更引人注意的原因。

对立过程理论则认为，视网膜上存在三对（红－绿、黑－白、黄－蓝）视素，受到某种颜色的光刺激时，它们表现为对抗的过程，即同化和异化作用。这两种作用在单色光照射下不会同时存在，比如在黄光作用下，黄－蓝视素异化会产生黄色经验，而在蓝光作用下，黄－蓝视素则同化产生蓝色经验。[18]在生活中你可能有过这样的经验：如果盯着红色看一段时间，然后把目光移开，就会在别的地方看到红色的补色，即绿色。

人会在环境中根据一些视觉特征来快速搜索目标，颜色就是最常用的特征之一。不过，基于颜色的视觉搜索效率，也取决于环境中一共有多少种颜色。如果整个环境都是单一色调，一小块鲜艳的颜色就会跃然而出；如果环境是五光十色的，那么针对某个颜色的视觉搜索就困难多了。

颜色理论和颜色心理学是很庞大的话题，这一节只能作为一个小小的引子。如果大家感兴趣，推荐阅读这两本专业的论著：《信息可视化：对设计的感知》（*Information Visualization: Perception for Design*）和《颜色心理学手册》（*Handbook of Color Psychology*）。

色彩空间

色彩空间是人们组织和命名成千上万种色彩的方法。比如，设计师在工作中除了说“蓝色”，还会用几个数字准确定义是哪一种蓝——用 RGB 表示为 (0,0,255)，用 HSL 表示为 (240,100,50)。表 2-2 列出了目前广泛使用的色彩空间。

表 2-2　目前广泛使用的色彩空间

色彩空间	主参数	应用领域
RGB	红色（Red）、绿色（Green）、蓝色（Blue）	最通用的硬件色彩模型
CMYK	青色（Cyan）、品红色（Magenta）、黄色（Yellow）、黑色（Black）	工业印刷

（续）

色彩空间	主参数	应用领域
HSL（或 HSV）	色相（Hue）、饱和度（Saturation）、亮度（Lightness 或 Value）	数字化图像处理
L*a*b*	L 为亮度；+a 为红色，–a 为绿色；+b 为黄色，–b 为蓝色	与设备显示限制无关的场景如照明

从使用广泛的 HSV/HSL/HSB 色彩空间来看，目前的共识是，人眼主要用三个维度来组织颜色：**色相、饱和度和亮度。**

- 色相告诉我们使用色轮（如图 2-61 所示）上的哪个角度，比如红色或紫色。
- 饱和度描述颜色看起来有多鲜艳或是呈中性（接近灰色）——颜色离色彩空间的中心越远，色彩越鲜艳。
- 亮度则描述该颜色与白色或黑色的接近程度。

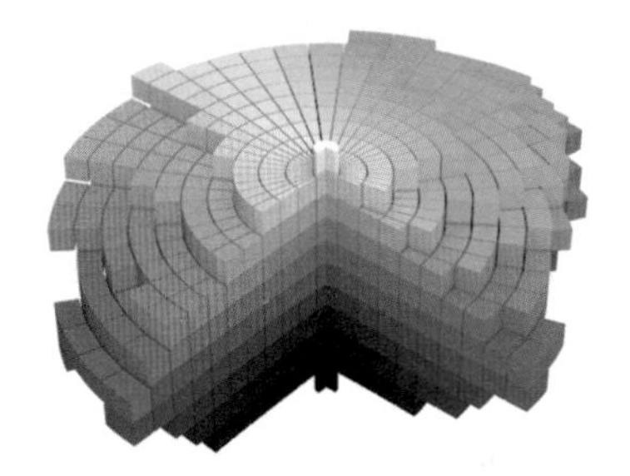

图 2-61　色轮
资料来源：Copyright © SharkD，derivative work of Datumizer（CC BY-SA 3.0）

现有的色彩空间，大都是用公式 / 数值表达颜色之间的关系，也就是说，以机器可理解、易呈现的方式来构筑色彩空间。可是，当设计师在挑选颜色或者设计一套适用于产品的色系时，常常会发现，按照线性关系取出的颜色（无论是邻近色、对比色，还是互补色），总是需要调整，有的颜色虽然在算法取色的系列中，但怎么都用不出手。我们来具体看看 HSL 在表达色彩亮度时存在的问题。

图 2-62 中有四种颜色，左侧黄色给人很明亮甚至有点刺眼的感觉，右侧蓝色则亮度较低。这些颜色经过灰度化处理后，亮度的差别就一目了然了，从左到右亮度依次降低。但是在 HSL 中，它们的亮度值都为 50！这说明 HSL 包括其他色彩空间，并没有基于人的感知而优化，所以它们的色彩表达与人的感官所接收解读的色彩感觉存在偏差。

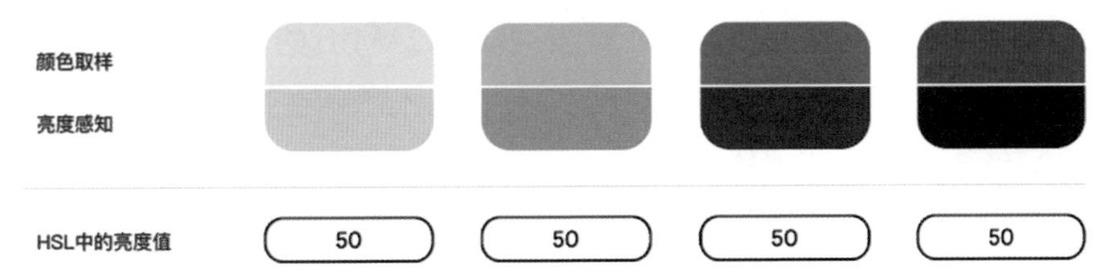

图 2-62　HSL 亮度值对比

Google 新研制的**色彩空间 HCT** 尝试解决这个问题。HCT 是“Hue、Chroma、Tone”这三个单词首字母的缩写，这一套新的色彩模型主要由色相、色度和色调来定义，如图 2-63 所示。

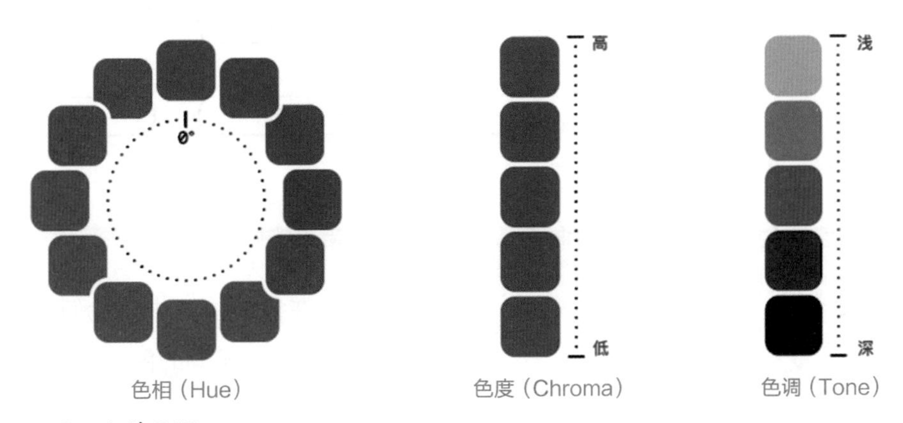

图 2-63　Google 的 HCT
资料来源：https://material.io/blog/dynamic-color-harmony

它参照了两种色彩空间方案：L*a*b*（也称为 LCH）[㊀]和 CAM16。

- HCT 的 T（亮度测量），与 L*a*b* 亮度计算方法类似。使用这种亮度测量以及一些数学技巧，HCT 可以测量对比度，直接集成对比度检查器算法，

㊀ 1976 年，国际照明委员会提出 CIE L*a*b*（CIELAB）色彩模型，旨在提供一个感知上统一的空间，其中给定的数字变化对应于相似的感知颜色变化，而与设备无关（device-independent）。它是用来描述人眼可见的所有颜色相对完备的色彩空间。

满足易用性要求。相比 HSL，HCT 测量的亮度范围为 33~96，更准确地反映了人对色彩的感知。如图 2-64 所示。

- HCT 的 H 和 C（色相和色度测量），与 CAM16 的色相和色度相同，能解决 L*a*b* 在感知上不一致的问题。对比 LCH 和 HCT 颜色空间的投影，HCT 的一致性更佳。

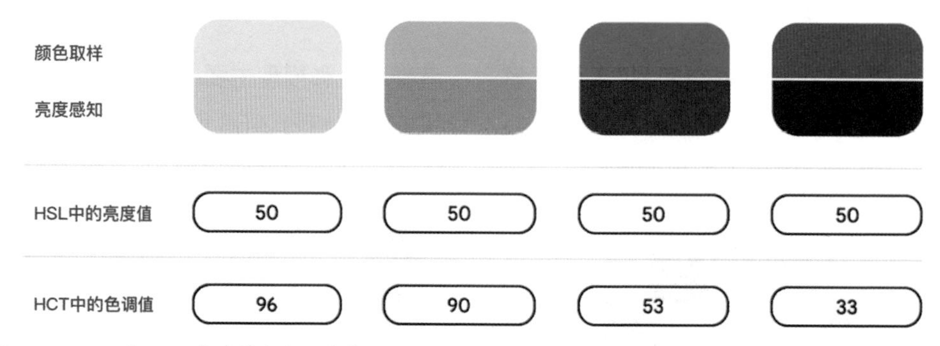

图 2-64 HSL 和 HCT 亮度值和色调值对比

提出 HCT 这一色彩空间的 Google 色彩科学家认为，设计师第一次真正有了一套反映用户所见的色彩系统。HCT 基于当今显示设备和人类色彩感知的原理，优化了色彩的表达，这样能够减少颜色带来的可读性问题，帮助设计师更高效合理地用色。更多详情可到 Material Design 网站了解。

色彩感觉

大脑对颜色的感知很多都是通过对比得到的，在用色时，既要注意保证不同颜色的差异，达到颜色区分的效果，又要注意颜色对比带来的心理感知。

远 - 近。在日常生活中，我们时不时会有这样的体验：不同的色彩，让人感觉距离它们的远近有所不同。看起来比实际空间距离更近的颜色，称为前进色，反之为后退色（如图 2-65 所示）。这是由于单色光的折射角不同，人眼产生了某种调节所致。[19] 一般而言，**波长较长的颜色，比波长短的颜色更有前进的感觉。**两种颜色放在一起时，亮度和饱和度高的色彩会更突出。

轻 - 重。人通过肌肉的紧张程度来感知

物体的重量，但是心理过程也会影响色彩感知，产生与物体实际轻重不一样的感觉。一般我们会觉得**明度高的颜色比较轻，明度低的颜色比较重。**如果界面要给人厚重、坚固的感觉，大都会选用深色。

图 2-65　前进色和后退色

扩张 - 收缩。在面积相等的情况下，看起来比实际面积更大的颜色，称为扩张色，反之为收缩色（如图 2-66 所示）。同样面积的暖色比冷色看起来面积更大；饱和度高的颜色，比饱和度低的颜色看起来面积更大；处于背景的颜色明度越高，前景的颜色看起来面积就越小；在黑暗背景上，高明度的颜色看起来比实际面积更大。

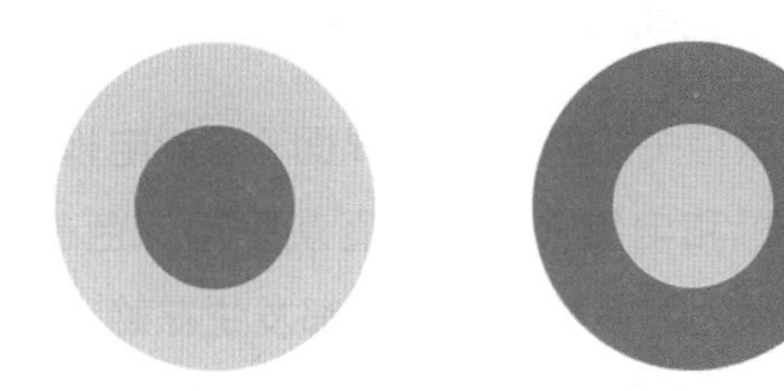

图 2-66　扩张色和收缩色

清晰 - 模糊。决定视觉辨识度的关键因素之一，是视觉主体和背景的明度差异。如果整体配色过浅，用户可能无法很好分辨色彩和聚焦。背景色是白色时，黑色的视觉辨识度最高，反之亦然。

冷 - 暖。设计中常用不同色温的暖色、冷色和中性色唤起人们的情绪反应。暖色是指黄色和红色等，冷色包括蓝色、绿色和紫色，中性色包括黑白灰。不同的颜色会让人产生不同的感受，例如，鲜艳的色彩给人以活力、直接或紧迫的感受，明亮的色调让人感觉有更多的能量和积极的情绪，可以唤起用户对产品、服务或重要信息的关注。不过，颜色带来的情感体验也会受到性别、经历、文化关联和其他个人因素的影响。

深色模式

随着人们使用数字产品的时间越来越长，深色模式界面近几年来很受欢迎，Apple、Google 等手机平台和应用纷纷提供了这一功能。为什么深色模式趋于流行呢？直接的原因是电子设备的显示技术不断进步，各大厂商都开始使用无须背光的 OLED 屏。深色界面在 OLED 设备中能耗更少，可以提升设备的续航能力。值得注意的是，环境中的光照量不仅会影响能耗，也会影响我们的感知。

人的瞳孔对光照量很敏感。光线由瞳孔到达视网膜，瞳孔会根据环境中的光照量而改变大小：当光线充足时，瞳孔会收缩并变窄，而当光线较暗时，瞳孔会扩张，让更多的光线进入。瞳孔较小时，不容易产生球面像差（即图像看起来不对焦），同时也增加了景深，眼睛就不容易疲劳。不过，瞳孔太小也意味着进入眼睛的光线很少，会影响阅读，尤其是在光线暗淡的地方。老年人的视力下降也和瞳孔变小有关：随着年龄的增长，瞳孔会逐渐变小。

虽然有研究表明，深色模式可能有利于一些视力不佳的使用者，[20] 但发布在《人体工程学》（*Ergonomics*）杂志的另一项研究则不建议普及深色模式。这一研究考察了文字大小与颜色对比度对人们完成校对任务的影响：对于视力正常的用户来说，浅色模式在大多数情况下带来的阅读效果更好，即使字体很小，用户也比较容易看清楚文字。[21] 为什么浅色模式对阅读更加有利呢？这是因为整体光照更多时，瞳孔收缩得更小。因此，球面像差更少，景深更大，用户就容易聚焦于细节而不累眼睛。

当然，深色模式的流行，是考虑综合设备、情境、活动、习惯、内容、使用体验等多种因素的结果。很多时候，为了烘托氛围，设计师会选择深色背景。如图 2-67 所示，Apple TV 的介绍页在深色模式下视觉效果更富戏剧性，让人一下子进入夜间影院的情境当中。

与娱乐相关的数字产品界面（智能电视、游戏机和电影应用）都喜欢采用深色主题。因为大多数娱乐活动都发生在晚上，人们在光线较暗的房间内观看，所以深色主题与环境更匹配。此外，丰富多彩的图像内容例如电影海报和宣传片等，在深色界面上会非常突出。总的来说，深色模式的优势包括：

- 实现鲜明的、强烈的、戏剧性的视觉效果。
- 给人以时尚、优雅、豪华、尊贵的感觉。
- 营造出一种神秘的氛围。
- 有助于集中和引导用户的注意力，减少分心。
- 支持可视化的层次结构和信息架构。

图 2-67　Apple TV 的介绍页

但是，深色模式在内容较多时就不是一个好的选择，比如包含图文、视频、数据表、下拉菜单的页面。深色背景能让大图片和简约的页面显得优雅而戏剧化，但它会让小图标和内容密集的页面看起来杂乱无章和不专业。总的来说，所有颜色在白色背景下都显示良好。而在深色背景下，颜色的可用范围会缩小，如果内容很多又要保持足够的对比度，就会影响可读性。[22]

可以对比图 2-68 中的两个页面，你认为哪个看起来更舒适？

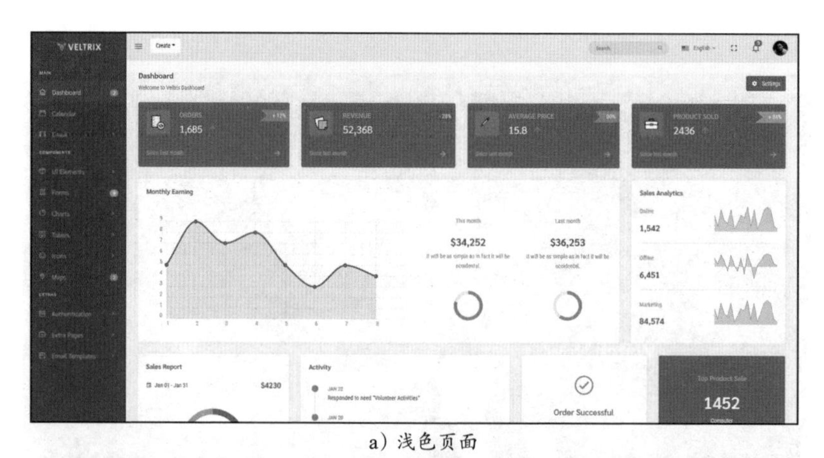

a）浅色页面

b）深色页面

图 2-68　浅色和深色背景的仪表盘页面对比
资料来源：https://themesbrand.com/veltrix/layouts/vertical/index.html

设计小贴士

深色模式并不一定优于浅色模式。最好是提供选项供用户切换，对于需要长时间阅读的应用（如图书、杂志阅读器等）更是如此。

不同模式下还应注意保证文字和颜色的可读性，请参考 W3C 的标准《Web 内容无障碍指南》(见网页 https://www.w3.org/Translations/WCAG21-zh/)。

2.4.3 界面的词汇和语法

语言是思想的载体，是沟通的主要工具。我们使用与他人共享的词汇、语法来表达含义，用语音、文字或符号向他人传递信息。视觉也可以类比为一门语言，有其独特的内在属性，可以拆分为一系列可识别、可处理的元素——视觉的“词汇”。和语言不同，视觉思维的基础是图案感知，而不是人们具有共识的表征符号。构成视觉系统的逻辑，主要是空间结构和关系。[7]

计算机至今还没有学会人类的自然语言，于是需要预先设定一组双方都能理解的语言来辅助沟通。数字产品中几乎所有的图形设计，都包含视觉表达和语言表达的部分。如果需要传递的内容语义清晰，可以用词汇或语句准确描述，那么文字表达就比较合适，例如用户的兴趣标签。如果内容涉及复杂的关系，尤其是空间的、情境相关的、整体的、结构的，则用图像或图表更加适合，例如地图，又比如金融系统资金流关系图。

视觉词汇和语法

在自然语言中，词汇是承载含义的基本单位。那么在数字产品中，视觉语言中的词汇又代表什么呢？视觉语言中的词汇大致可以分为两类。

第一类是**属性**词汇：描述对象的属性——这是什么。包括形式（文字、图形、图片、表格、视频）、形状、大小、颜色、材质、位置、运动等。用户感知这些属性的能力大部分都是天生的。

第二类是**行为**词汇：描述行为属性——我要让它干什么。理解、记忆和使用这些属性，往往需要学习。表 2-3 抽象地总结了人在使用数字产品时的主要行为，机器如何响应这些行为，以及可以使用哪些形式（表现为界面上的控件）来表达这些行为。

表 2-3 人的操作行为对应的界面控件

人的行为	机器的响应	控 件
浏览或阅读	展示	文本区、图片、视频
选择	询问和执行	按钮、菜单
输入	询问	文本框、语音输入
提供指令	询问和执行	按钮、命令行、功能键
等待	正在处理	提示、进度条
直接操控	即时变化	操作指示器

有了词汇之后，还需要用语法来组织。语法即语言的组织规则和逻辑。视觉表达也包含一定的逻辑，主要用来定义物体、空间、图像之间的关系。换句话说，视觉语法要处理的是“A 比 B 更突出”“A 在 B 里面”“A 属于 B 同时又属于 C”这类视觉元素之间的关系。

下面将简单介绍业内最成熟的两套设计规范，有助于大家学习用哪些“词汇”和“语法”构建出视觉界面。这两套规范，设计师一定不会陌生：其中一套是移动端的人机界面准则，由苹果公司开发；另一套是桌面应用的 Fluent 设计系统，由微软公司开发。

iOS 设计规范

苹果公司的人机界面指南（Human Interface Guidelines）是 UI 设计师必须熟知的文档。从该指南的目录，可以看到 iOS 平台提炼的设计语言。其中与视觉最为相关的有两部分：视觉设计和界面组件。表 2-4 整理了每个类别里涉及的项目，它们其实就是 iOS 平台的设计“词汇”。

表 2-4 iOS 设计规范涉及的内容

类 别	项 目
视觉设计	布局和适配，动画、品牌、颜色、启动屏、材质、术语、文字排版、视频
图标和图片	图片尺寸和分辨率，App 图标、自定义图标、系统图标
条栏	导航栏、搜索栏、状态栏、标签栏、工具栏
视图	操作选项卡、活动视图、通知、合集、图像视图、页数、弹出层、分视图、表格、文字视图、网页浏览
控件	按钮、情境菜单、编辑菜单、标签、页面控件、选择器、进度条、刷新控件、分段控件、滑块、步进器、开关、文本字段

例如，图 2-69 展示的滑块（slider）控件是 iOS 视觉设计这门“语言”中属于“控件”类别的一个重要的词。一旦界面上出现滑块，意味着用户可以用手指按住白色圆形块状物，沿水平方向拖动，滑块位置所关联的值会相应发生变化。如果用户是第一次使用 iOS 系统，可能需要一些时间去理解和试验这个控件。熟练之后用户就掌握了这个词，能够很快理解界面元素，知道可以做哪些操作。

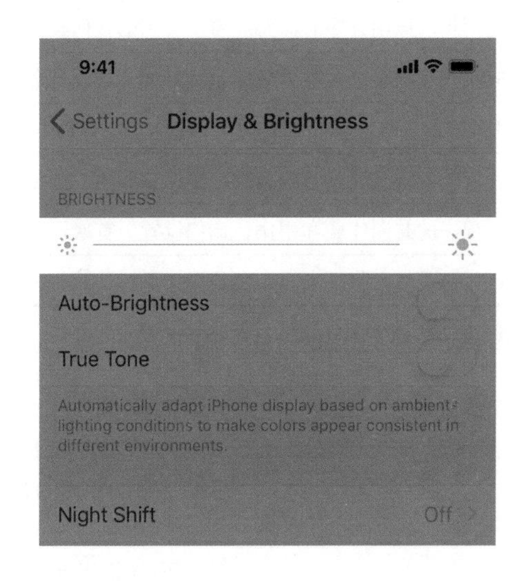

图 2-69　iOS 的滑块控件

苹果公司在 2022 年 6 月大幅度更新了多个终端的设计指南，建议大家仔细品读这些界面的“词汇”和“语法”，并且在日常使用 iOS 系统时，有意识地观察和思考这些视觉语言对用户的影响。

Fluent 设计系统

Fluent 设计系统是微软于 2017 年开发的设计语言。它包含所有面向 Windows 设备和终端的设计和交互指导原则，例如设计理念、布局、控件、样式、移动、设备、可用性、设计素材，以及输入和交互等部分。这些“界面语言”的组件，决定了用户和应用程序之间如何“对话”，如表 2-5 所示。

表 2-5　Fluent 设计系统涉及的内容

主　题	描　述
控件	用户在应用程序主窗口区域进行交互的 UI 元素
命令	用户在使用应用程序时可以采取的行动
文字	包括用户可以在你的应用程序中看到的任何文本
信息	用户在使用你的应用程序时需要或希望看到的任何类型的消息
互动	用户与应用程序交互的多种方式，包括触摸，使用键盘、鼠标等
视窗	桌面应用程序的主要“画布”或 UI 界面，包括主窗口本身，弹出窗口、对话框和向导
视觉效果	包括控件以外的视觉元素，如布局、字体、颜色、图标等
体验	所有应用程序的共同体验和用例，比如设置、首次运行和打印
Windows 环境	屏幕工作区，类似于物理桌面，也是操作系统的核心扩展点

资料来源：https://docs.microsoft.com/zh-cn/windows/win32/uxguide/guidelines

下面简单介绍与视觉设计最相关的布局、控件和样式部分。

布局（Layout）

桌面端应用的特点之一是，平面展示空间比较大，界面布局也就更加丰富、灵活、复杂，这部分的设计语言涵盖了详尽的内容，如图 2-70 所示。

例如，Fluent 设计系统总结了页面内容的几种常见模式，如图 2-71 所示。

这些总结能让设计师快速掌握设计模式，使用符合惯例的界面布局。

控件（Controls）

Windows 平台提供的基础控件多达 60 余种（如图 2-72 所示），它们是设计 Windows 应用最基本、最重要的“词汇”，使用这些控件，几乎可以构建出任意功能和形式的应用程序：

例如，我们熟悉的按钮、单选框、复选框等，都是最常见的 UI 控件。

布局

项目 • 2022/04/03 • 3 个参与者

这些文章将帮助你创建在不同的屏幕大小、窗口大小、分辨率和方向上外观良好的灵活 UI。

屏幕大小和断点

了解整个 Windows 10 生态系统中的屏幕大小以及如何设计断点。

响应式设计技术

了解针对断点优化应用布局的响应式设计技术。

使用 XAML 的布局

通过自适应或定制布局，使用 XAML 实现响应式 UI。

多个视图

在单独的窗口中显示应用的独立部分。

对齐、边距和填充

使用对齐、边距和填充来影响布局行为。

布局面板

了解每种类型的布局面板，以及如何使用它们排列 UI 元素。

转换

使用转换来旋转、倾斜和缩放元素。

附加的布局

了解 XAML 中的高级布局概念，以及如何创建自定义虚拟化布局。

图 2-70　Fluent 布局规范涉及的内容

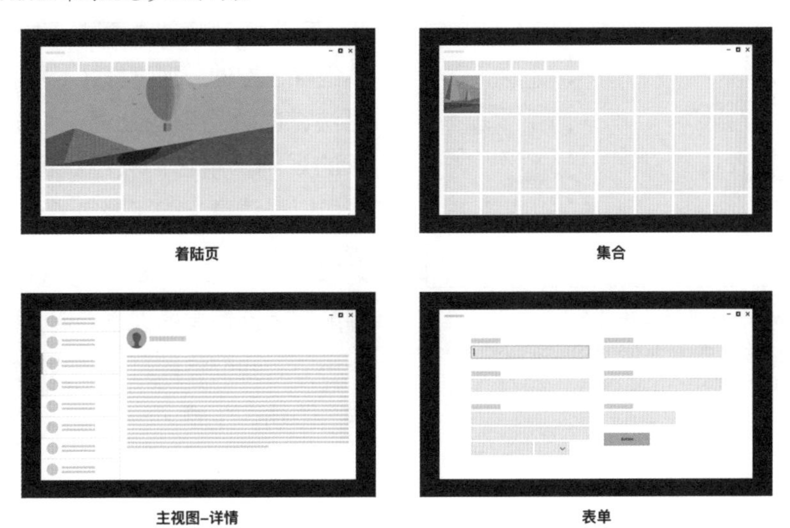

图 2-71　内容页面常见模式

Alphabetical index

Detailed information about specific controls and patterns.

- Animated icon (New)
- Animated visual player (see Lottie)
- Auto-suggest box
- Breadcrumb bar (New)
- Button
- Calendar date picker
- Calendar view
- Checkbox
- Color picker
- Combo box
- Command bar
- Command bar flyout
- Contact card
- Content dialog
- Content link
- Context menu
- Date picker
- Dialogs and flyouts
- Drop down button
- Expander (New)
- Flip view
- Flyout
- Forms (pattern)
- Grid view
- Hyperlink
- Hyperlink button
- Images and image brushes
- Info bar (New)
- Inking controls
- List/details (pattern)
- List view
- Map control
- Media playback
- Menu bar
- Menu flyout
- Navigation view
- Number box
- Parallax view
- Password box
- Person picture
- Pips pager (New)
- Progress bar
- Progress ring
- Radio button
- Rating control
- Repeat button
- Rich edit box
- Rich text block
- Scroll viewer
- Semantic zoom
- Shapes
- Slider
- Split button
- Split view
- Swipe control
- Tab view
- Teaching tip
- Text block
- Text box
- Time picker
- Toggle switch
- Toggle button
- Toggle split button
- Tooltips
- Tree view
- Two-pane view
- Web view

图 2-72　Windows 基础控件列表
资料来源：https://docs.microsoft.com/en-us/windows/apps/design/controls/

样式（Style）

样式部分包含：颜色、文字排版、图标、质感深度、展示焦点、声音等。例如，针对文字排版部分，Fluent 设计系统给出了一系列字号（如图 2-73 所示），它们可以满足大部分情况下展示不同层级文字的需要：

组织视觉词汇

设计数字产品界面的视觉表现，就是灵活组织各种视觉词汇，以传递系统要表达的信息，并且与用户持续交互，帮助他们完成目标。

和学习语言一样，记忆基本的词汇是第一步，所以设计师首先要熟悉这个平台的基本组件、控件、视觉样式。接着才能运用语法，也就是那些让词汇形成有意义关系的规则，用它们去组织词汇，最终形成可以表达意义的完整句子——人机交互界面。

理解了界面语言的视觉词汇，接下来的三个小节，我们将探讨重要的视觉语法：结构、隐喻、美感。

Type	Weight	Size	Line height
Header	Light	46px	56px
Subheader	Light	34px	40px
Title	Semilight	24px	28px
Subtitle	Regular	20px	24px
Base	**Semibold**	**14px**	**20px**
Body	Regular	14px	20px
Caption	Regular	12px	14px

图 2-73 Windows 部分文字样式

2.4.4 结构

视觉依赖结构来简化信息。**结构是不同对象之间的关系**。格式塔原理告诉我们，视觉甚至会主动“创造”结构以减轻信息加工的负担。如果想高效地传递信息，就必须为视觉提供一个清晰、符合直觉的视觉结构，就如同为要去高处的人搭出一级一级的台阶。

让我们来复习一下“视觉搜索”小节讲过的内容。我们知道，视网膜的分辨率从中心向边缘递减，视觉边缘无法分辨细微的物体。视网膜中央能够检测特定目标的区域叫作探测域。如果一个细小的目标不在探测域内，要怎么才能看到它呢？秘诀在于快速眼动，如果一次聚焦没有找到目标，眼球就会移动，在探测域附近继续搜索，直到确定目标。

在设计数字产品的界面布局时，应该考虑眼动检测目标的特点，按层级、位置、焦点、时间等不同维度优化页面的结构。

层级

设计良好的页面层级结构，往往不只是“好看”，它们其实在为视觉搜索提供线索，暗示眼睛可以先看哪里、再看哪里，而不必茫然扫视。如果信息较多，则需要提供不同的层级结构，**引导用户先搜索大的结构，找到感兴趣的模块，再进一步寻找位于细节层次中的信息**，如图 2-74 所示。如果用户对结构之间的关联理解正确，就能提高视觉搜索的效率。

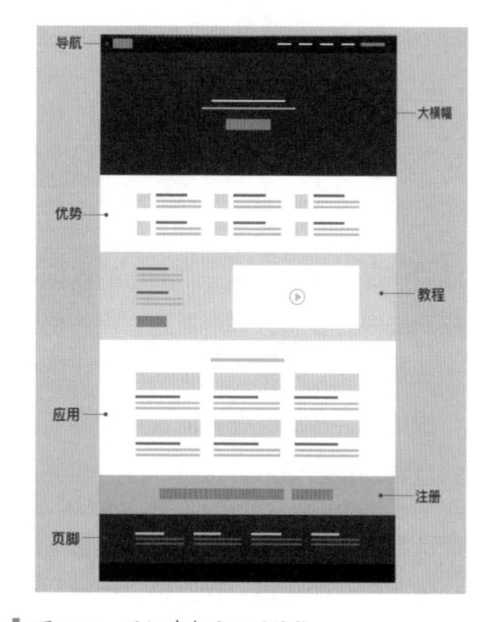

图 2-74　层级清晰的网页结构

这个过程与使用电子地图类似。首先，定位到一个大的兴趣范围，然后放大这个区域；水平移动让这个区域位于屏幕中央；继续寻找兴趣范围，放大、平移。在数字设备中的视觉搜索，就是"框定范围 - 聚焦 - 搜索"的层层嵌套的过程。

位置

当视觉层级中有多个对象时，它们分别处在什么位置？A 在 B 的上面还是下面？关系紧密的对象之间的距离远近？它们有内在的顺序吗？我们一般习惯先看到哪个再看到哪个？让元素之间的位置结构不言自明，也是引导视线的关键。

焦点

这些对象中哪个是主要的？哪个处于靠近中心的位置？还有什么特征表示出它的重要性？如果想提高信息传递的效率，必须仔细思考哪些元素是重点，如何确保它们获得足够的、优先的关注。"阅读，还是扫视"小节总结了一些常见的扫视模式，比如 Z 形模式是用图片和文字作为焦点，当它们交替摆放时，用户的视觉焦点就会来回摆动，形成 Z 字形。

时间

呈现元素的时间关系，表示一系列事件或者变化，也是提供视觉结构的方法。

顺序关系：正念冥想应用 Headspace App 的课程，按照一天早晨 - 下午 - 晚上的时间顺序排列。如图 2-75 所示。

图 2-75 Headspace App 课程列表

因果关系：京东 App 在用户完成某个任务后，弹出浮层提示任务已完成。如图 2-76 所示。

图 2-76 京东 App 任务完成提示

变化或动画：打开 Gmail 时，页面动画与进度条的变化告诉用户当前状态为“正在进入”。如图 2-77 所示。

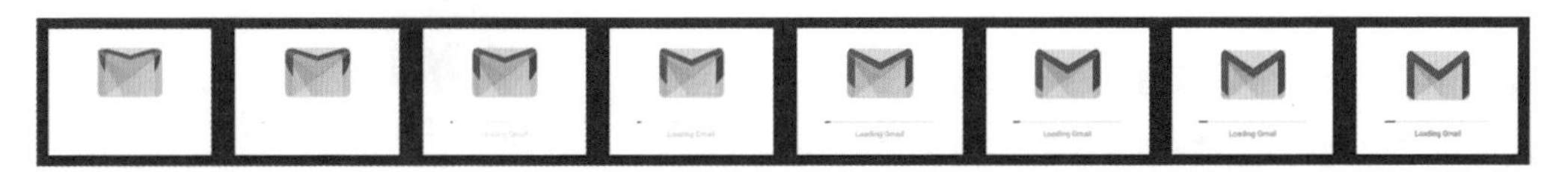

图 2-77 Gmail 加载动画

变量关系：使用货币转换应用 iMoney 时，输入任意一种货币的数值，其他货币对应的数值就会实时变化。如图 2-78 所示。

无论是空间结构还是时间结构，结构表达了元素之间的关系。重复与交错、节奏与韵律、对称与均衡、对比与调和、比例与适度、变异与秩序、虚实与留白、变化与统一等形式，都是规划版面的关系法则。

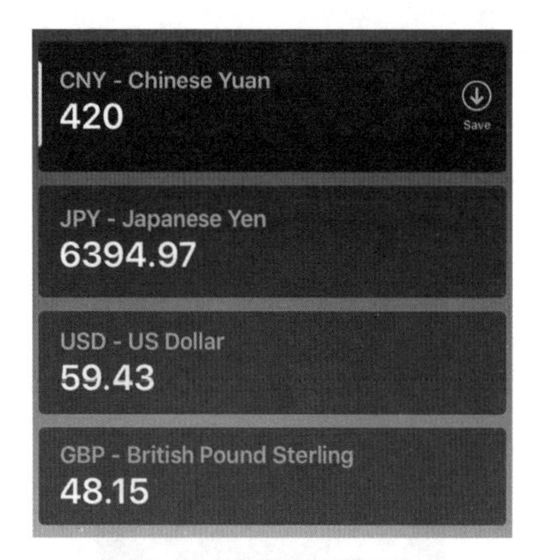

图 2-78　iMoney App 汇率列表

下面是两个网站的首页设计，我们一起来看看设计师如何处理结构，而结构又是如何影响感知和视觉搜索的。

如图 2-79 所示，第一个页面设计很大方，但是整体结构不太合理。虽然只有四个主要的内容区域（不包含顶部导航和页脚），但是每一个区域都没有形成一个闭合的视觉层级。整体扫视下来，有多达数十个相对独立的视觉元素。层级关系不明确，会干扰视线快速浏览和集中，也就容易产生认知上的负荷。它处理得比较好的部分，是每一个部分都有一个焦点，在区域内搜索时，容易聚焦到重点内容上。

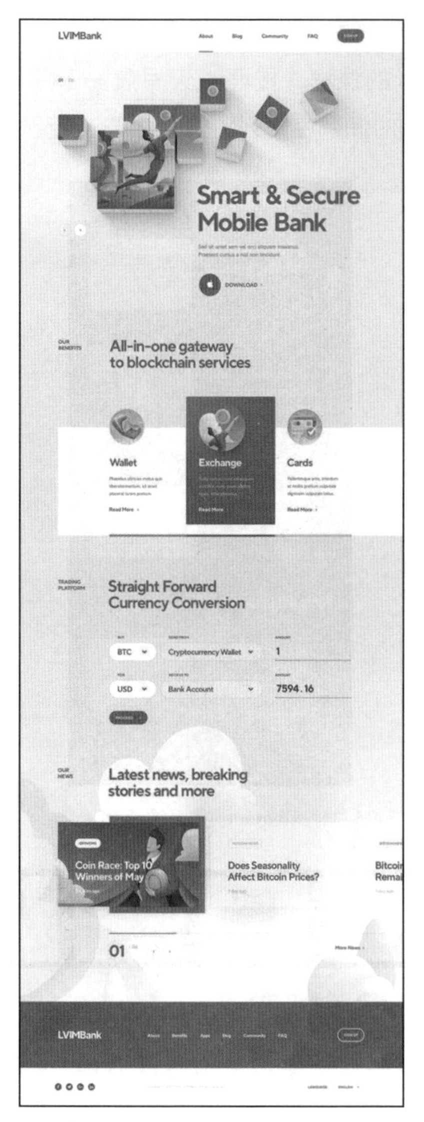

图 2-79　网页设计 1
资料来源：https://dribbble.com/shots/4702906-LVIM-Bank-Crypto

图 2-80 是第二个网站首页。

图 2-80 网页设计 2
资料来源：https://themeforest.net/item/kons-construction-psd-template/20953871

一眼扫视下来，整个页面只有两个大的组块：处于背景的标题、页脚内容，和处于前景的主要内容。在主要内容这个大的组块中，又非常明确地区分出了四部分内容，只要简单扫视，就可以定位到感兴趣的组块。在各组块内，基本都遵循了“先从左至右，再从上到下”的顺序和优先级，方便用户以相同的模式搜索组块内的内容，进一步确定视觉焦点。组块内的焦点也很明确、突出，以图片和数字为主。

设计小贴士

所有的视觉结构，都是为了呈现元素之间的关系。

下一次使用数字产品时，不妨留意一下，它如何提供视觉层级，你是否容易发现自己感兴趣的内容。

2.4.5 隐喻

隐喻是借助已经熟悉的事物来理解新事物的方法。

人类的概念系统是通过隐喻性来构成和界定的。隐喻允许我们依据一个经验领域去理解另一个经验领域。

——《我们赖以生存的隐喻》

我们的概念系统建立于真实世界中的各种经验之上。借助现成的隐喻，可以快速传达复杂的含义。在计算机问世的早期，人并没有与计算机对话的经验。为了跨越机器与人的沟通鸿沟，数字产品一直都有使用隐喻的传统。

桌面就是最经典的人机交互界面隐喻。早在 1970 年，施乐帕洛阿尔托研究中心的艾伦 · 凯（Alan Kay）就在计算机系统中引入桌面隐喻。苹果公司在 1984 年推出图形用户界面 Macintosh 系统，这是计算机系统首次提供一整套桌面办公的隐喻，包含现实生活中的物品图标（例如垃圾箱），如图 2-81 所示。这让那些熟悉日常办公室环境的用户，能够直观地理解如何操作电脑。

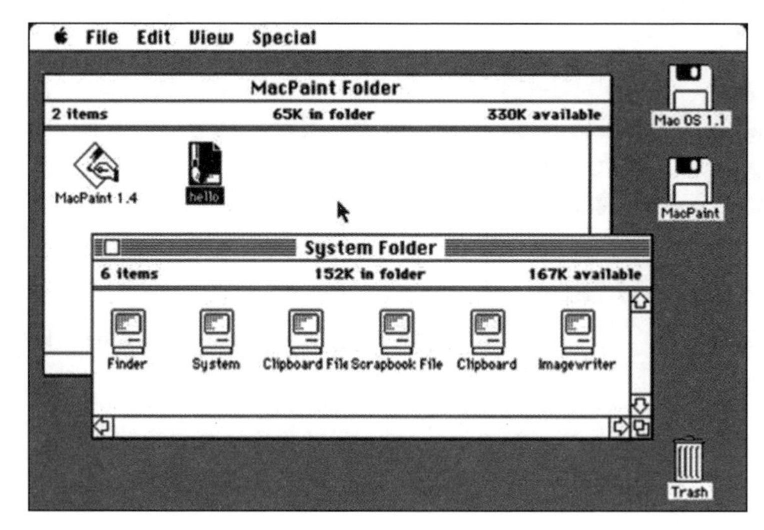

图 2-81　早期的 Macintosh 系统界面
资料来源：https://www.oreilly.com/library/view/running-mac-os/0596009135/ch01.html

50 年过去了，桌面隐喻已经进化到 VR 的版本，如图 2-82 所示。

图 2-82　VR 系统桌面
资料来源：https://developer.oculus.com/

设计小贴士

善用隐喻是 UI 界面设计的重要能力。隐喻可以帮助设计师：

- 引起用户注意
- 解释抽象或复杂的概念
- 触发用户的情绪
- 营造熟悉和信任感
- 激励用户采取行动

概念隐喻

大规模的概念迁移和隐喻产生，往往出现在技术发展的早期，因为有太多陌生的概念等待人们去了解和学习。

把生活中人们所熟知的概念，迁移到难以简单描述的数字产品和服务中，是很多革命性产品早期成功的关键。如图 2-83 所示。Facebook 早期使用学生档案的类比，开始在常青藤学校内推广。这对学生们来说既熟悉又自然。很快，这个概念就在学生群体中扩散开来。

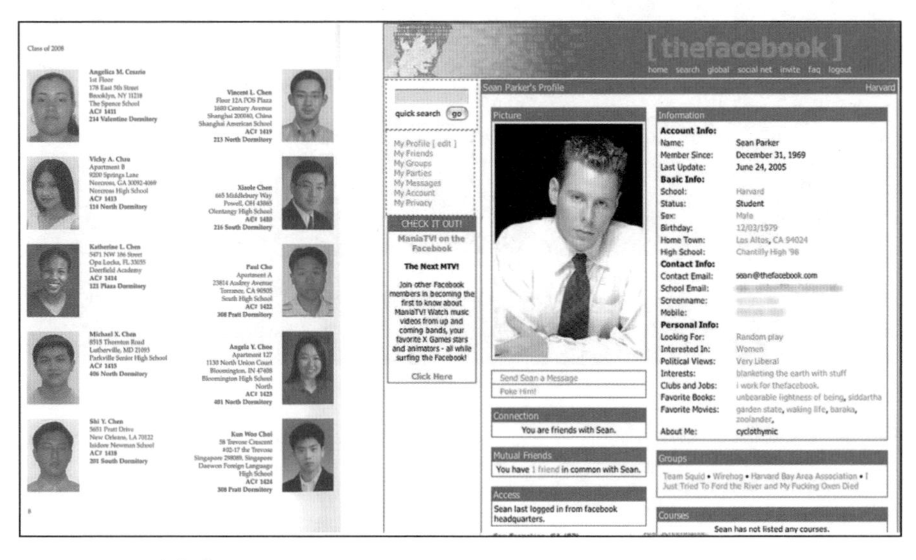

图 2-83 Facebook 早期界面
资料来源：https://www.sohu.com/a/489869757_121118710

隐喻之所以有用而且高效，是因为它在经验之间构建起了桥梁——过去的某个领域的经验，与未来的另外一个领域的经验部分相通。而经验来自人与真实世界的互动。如果想要构建出好的隐喻，就需要先深入观察人在特定情境中的需要、想法、行为、反应，知道他们有哪些熟知的概念和经验。在理解经验的基础之上，再去抽象出旧经验可以用于新经验的部分，并且以生动形象的方式表达出来。

做出好类比的秘诀就是做出更抽象的类比，就是那些在编码方式或是概念框架之间的类比。

——侯世达（Douglas Richard Hofstadter）

形式隐喻：拟物化

数字产品中的所有内容都是数字——没

有体量，无法触摸，怎么能让人一看就懂并且知道该怎么操作呢？互联网早期的界面设计，大量借用了物理世界中的物品来表示虚拟世界中的对象：文件夹、垃圾桶、书架、指南针……在移动互联网爆发早期，更是兴起了拟物化设计风潮（如图 2-84 所示），其目的是帮助人们在陌生的交互平台上，快速建立起熟悉的认知。

图 2-84　iBooks 早期的拟物化界面
资料来源：https://www.wired.com/2010/07/ibooks-updated-with-image-zoom-audio-and-video-support/

设计是否需要拟物，并不由审美偏好决定，而是**由用户对数字产品的经验和期望决定**。如果用户在物理世界中有丰富的经验，但是没有使用过对应的复杂的数字产品，拟物化就是降低人们理解成本的必然选择。从物理世界迁移过来的复杂数字产品，总是倚重于还原物理对象的外表，来帮助人们理解和使用。比如，很早就开始了数字化浪潮的音乐产业。如图 2-85 展示的 Logic Pro 软件，有大量模拟物理硬件的界面设计，例如各种合成器、音效器、乐器等，其目的是让已经熟悉了物理硬件的音乐创作者们，能将软件功能与硬件一一对应起来，快速学会使用软件的功能。

图 2-85　数字音乐工作站软件 Logic Pro 界面
资料来源：https://9to5mac.com/2019/08/11/logic-plug-in-link/

符号图标

符号是包含了一定意义共识的图形化表达。数字产品使用大量符号来表示抽象的概念，例如各式各样的图标。

图标往往是对真实世界中物体或概念的抽象表达，例如用四五根线条就可以组合成一个垃圾桶的形状。真实的垃圾桶很复杂，为什么人们依然能够轻松识别垃圾桶图标呢？在前面的章节中，我们知道在视觉搜索时，眼睛会识别物体的边缘，再将其和其他特征组合成熟悉的模式，也会利用物体的大小、颜色、方向等特征来加速搜索过程。图标的设计就是利用了人的注意和视觉加工机制，来强化人们对特定图形的识别。如果说文字和概念隐喻是整体经验的迁移，那么图标的隐喻，则更多利用了人类经验中相对固定的图形记忆。

用图标代表物体、概念或功能，依赖于我们基于过往经验学习图标意义的能力。比如说，一个从来没有了解和使用过 Snapchat 的人，看见 Snapchat 的 Logo 可能会完全摸不着头脑，如图 2-86 所示。

好的图标能够替代复杂的语义和上下文信息，让人一眼就识别出来。影响图标识别的因素包括：[23]

图 2-86 Snapchat 的 Logo

- 具体性：描绘现实生活中物体或人的具体程度。
- 视觉复杂性：图标的细节程度和复杂程度。
- 语义距离：图标本身和它所代表意义之间的关系是否接近。
- 熟悉度：用户对图标本身或对图标指代的对象有多熟悉。

随着人们使用数字产品的经验越来越丰富，数字产品的图标也变得越来越简单、抽象。现在主流的 UI 设计，基本以简洁的线形或基本几何图形组合而成的图标为主。

虽然图标可以用精简的形式表达较复杂的含义，但还是要留意用户对图标所传递的概念是否熟悉，尽量缩小图标和意义之间的语义距离。如果语义距离太大，或者同时出现多个不易区分的图标，就应该考虑增加辅助的识别方式，例如图标文字、帮助提示等。

图 2-87 是 iOS 和 Snapseed 分享照片的两个功能弹窗，请比较一下它们如何处理多个图标同时展示时的识别问题，以及为什么要这么处理，可以如何优化？

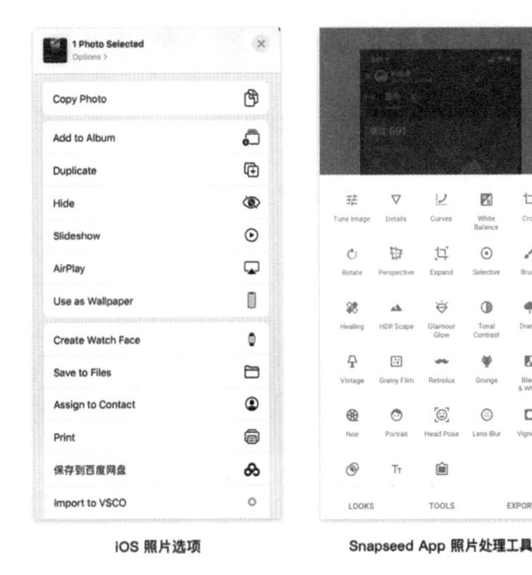

图 2-87 iOS 照片选项和 Snapseed 照片处理工具选项

2.4.6 美感

美感也是一种视觉语法吗？如果说语法是一种规则的话，那么美感确实是处理视觉要素的重要准则，它强调精炼、统一、和谐、平衡。

苹果的人机交互设计准则有六条设计原则：

- 统一的美感（Aesthetic Integrity）

- 一致性（Consistency）
- 直接操作（Direct Manipulation）
- 反馈（Feedback）
- 隐喻（Metaphors）
- 用户控制（User Control）

原则的第一条便强调了美感：

> 统一的美感代表了应用的外观和行为，与其功能的整合程度。

美感是一种整体的体验和感受，它不仅来自视觉的平衡和愉悦，而且来自人与数字产品互动的整个过程。诺曼在《情感化设计》一书中提出的观点是：有吸引力的东西更好用。有美感的事物更容易吸引人，使人感觉愉悦，人们在愉悦状态下也更容易克服所碰到的问题。[24]

美感体验模型

感受到美，究竟是一个怎样的过程？研究美学心理过程的学者，曾经提出过一个美感体验模型（model of aesthetic experience），如图 2-88 所示。

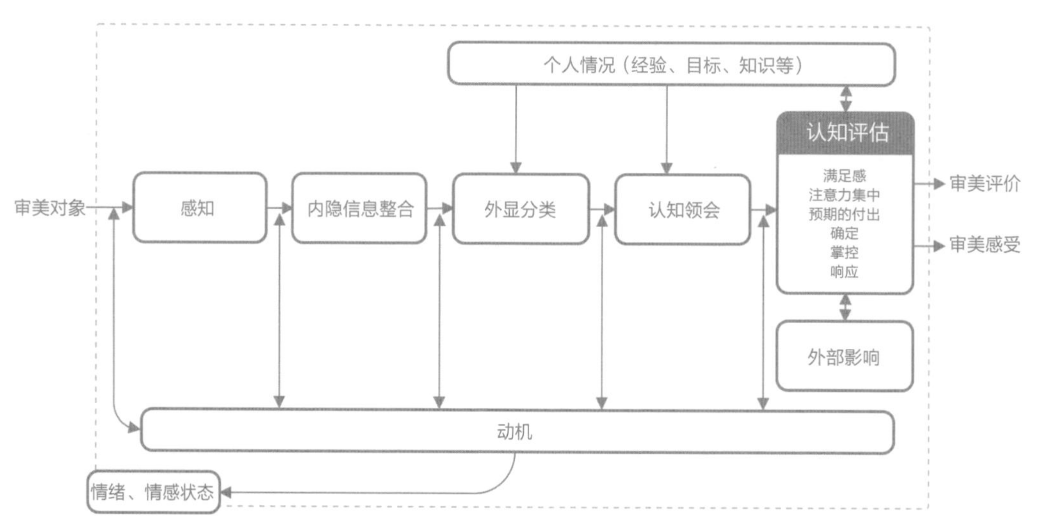

图 2-88　美感体验模型

资料来源：LEDER H，BELKE B，OEBERST A. A model of aesthetic appreciation and aesthetic judgments[J]. British journal of psychology，2004，95(4)：489-508。根据原图重绘

该模型包含五个维度：

- 感知（Perceptual）
- 内隐信息整合（Implicit Information Intergration）
- 外显分类（Explicit Classification）
- 认知领会（Cognitive Mastering）
- 评估（Evaluation）

在审美体验中，感知和内隐信息整合最先启动。**感知对复杂度、清晰度对比、颜色对比、对称以及组合关系非常敏感**。内隐信息存在于内隐记忆中，很难用语言表达。内隐记忆会迅速调动观察者基于个人的审美经验。（与内隐记忆对应的是外显记忆，它容易用语言表达处理。）接下来，进入到外显分类和认知领会两个阶段，它们受个人专业知识、品味及兴趣的影响。评估则体现在认知和情感两个层面，综合了前四个阶段，最终得出审美上的评价和个体感受。

审美体验不仅仅是视觉上的美好感受，它是受文化、个人经验、知识、情境影响的复杂认知过程。在本书第 4、第 5 章，会有更多这方面的讨论。

沉浸感

视觉的美感并不是视觉设计的终点，美的感受经常指向一个更大的目标：沉浸感。当人们沉浸在某个情境、某项任务中时，会出现几种感受：

- 专注：只做一件事，不容易受到打扰和被中断。
- 流畅：符合预期，不停顿。
- 愉悦：不费力，感官享受。

> **反常识**
>
> 提高沉浸感的第一步，不是精致、美化、视觉平衡，而是找准焦点。

注意力稀缺的时代，人们总是专注于目标，而很少注意正在使用的工具。随着内容爆炸式增加，承载内容的“容器”需要更简洁、高效，更好地为展示内容而服务。营造沉浸感不可或缺的一个步骤，是去掉可有可无的元素，如图 2-89 所示。

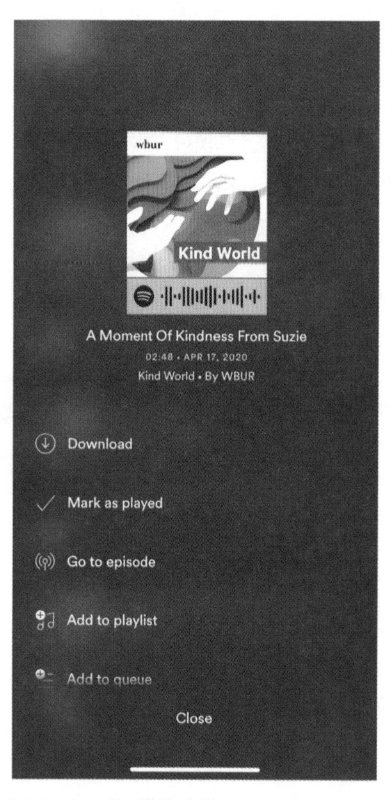

图 2-89 Spotify 简洁的界面

流畅是沉浸状态的另一个特征，它描述的是行为和情绪的流动状态。想要保持流动，就需要减少各种让人"出戏"的可能，不要频繁提醒用户"有情况，请马上处理"。

设计小贴士

在设计中，应该避免出现这些容易打断沉浸状态的元素：

- 冗长的文字
- 模糊的图像
- 过小的字体
- 容易干扰阅读的背景
- 不必要的提示、对话框等提醒
- 不必要的闪烁或者运动

另外，尽可能提供高分辨率图像，让用户的感官保持愉悦，如图 2-90 所示。

最后，我想用一个隐喻来总结这一节。

使用数字产品的理想体验，就如同我们进入剧场中，全身心地欣赏一场表演。

产品的整个数字空间好比剧场，人们带着期待进入其中。界面是舞台，内容如演员。舞台是演员自我展现的空间，是所有戏剧张力的容器。如果舞台没有灯光，观众就无法看清楚；如果没有聚光灯，则没有办法引导观众的视线聚焦到演员或场景中的关键之处。舞台上会呈现让人目不暇接的要素：演员、道具、对白、剧情、舞蹈、音乐……它们共同构成了戏剧的语言，例如，“幕”和“场”提供了剧本的基本层级结构。

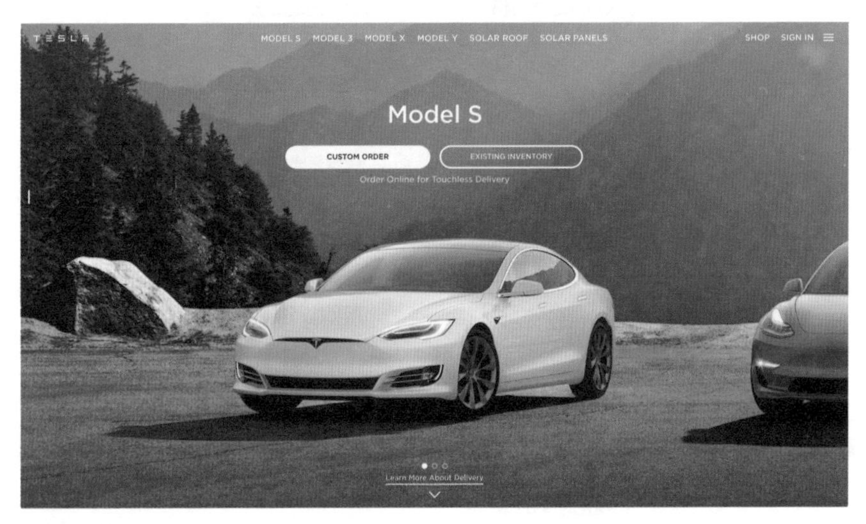

图 2-90 特斯拉官方网站

类似地，数字产品设计也有独特的视觉语言，例如布局、控件、形状、样式、移动、输入等。戏剧以故事的方式，传达复杂的人物性格和情感体验。数字产品则常常借用隐喻，将人们在其他领域熟知的经验，迁移到当前产品的使用中。

设计数字产品时，我们可以从这三个层面出发。

- 剧场设计：让用户容易进入和找到自己的位置，只提供当前情境必要的东西，隐藏不相关的内容，帮助用户产生身临其境的沉浸感。
- 舞台设计：用空间、时间等结构营造视觉元素之间的关系，让它们共同服务于流畅的剧情（用户行为）。
- 聚光灯设计：确保在任何时候，都能够一眼找到内容主角。

你也想将产品变成深入人心的舞台吗？请在以后的设计中，多多思考剧场、物体和聚光灯的比喻吧！

小结

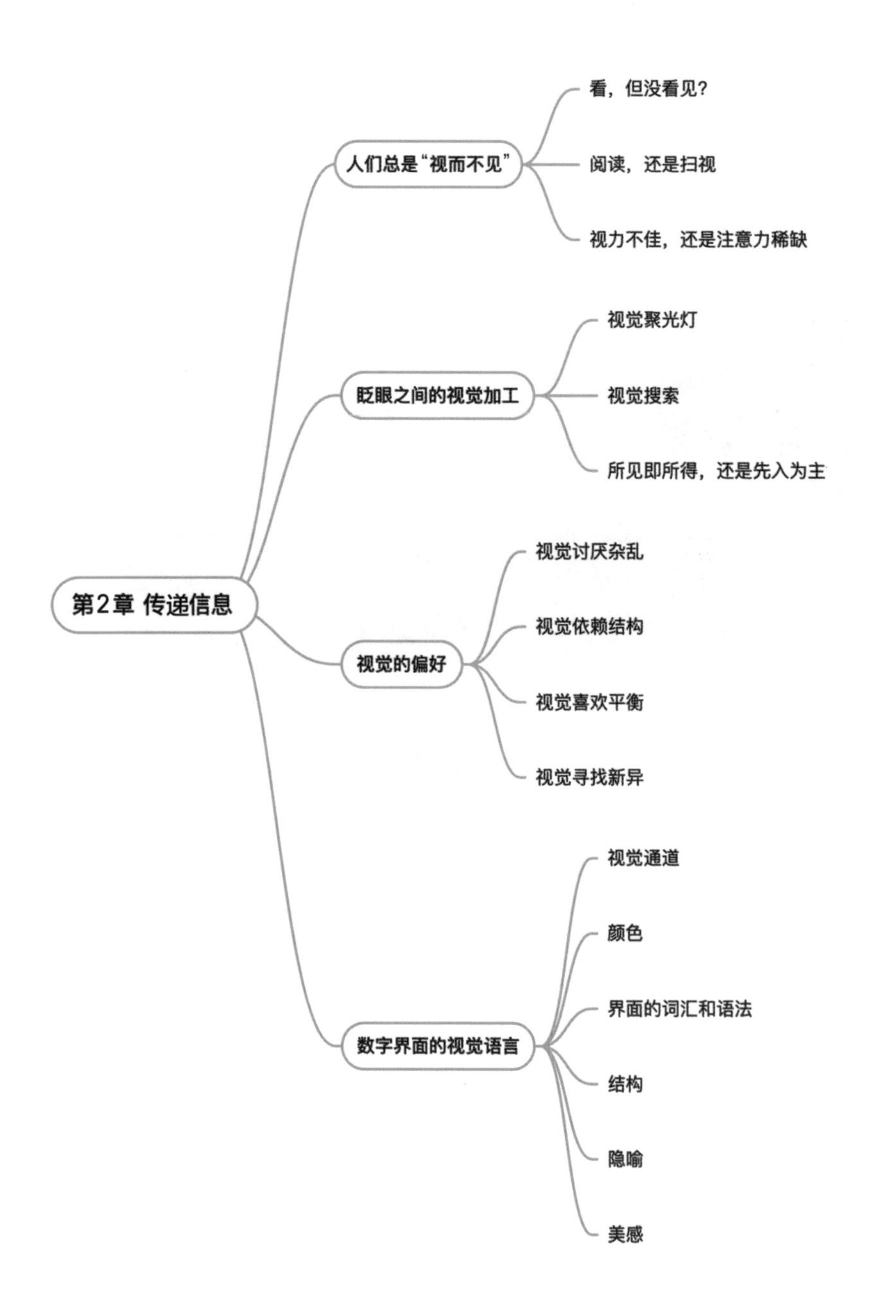

第2章 传递信息
人们总是“视而不见”
看，但没看见？
阅读，还是扫视
视力不佳，还是注意力稀缺
眨眼之间的视觉加工
视觉聚光灯
视觉搜索
所见即所得，还是先入为主
视觉的偏好
视觉讨厌杂乱
视觉依赖结构
视觉喜欢平衡
视觉寻找新异
数字界面的视觉语言
视觉通道
颜色
界面的词汇和语法
结构
隐喻
美感

小结

在这一章，我们主要讨论了属于本能层次的视觉原理，包括人如何观察世界，视觉系统为什么要如此运作。想要做好信息传递、改善产品的视觉体验，就需要理解视觉加工的原理，让用户真正注意到重要的信息。

人类的视觉很神奇，能够用少量的认知资源来感知复杂环境。只要留心观察就能发现，"看"并不总等于"看见"，"视而不见"其实是人类视觉的基本特征，而一览无余只是日常体验带来的错觉。

我们的眼睛时刻在高速转动，让分辨率最高的中央凹聚焦在眼动时关注的部分。眼动搜索不断调整分配注意资源，而有意识地选择注意对象，又会影响视觉搜索的策略和效率。视觉加工不仅受到物理世界刺激的影响（自下而上，即"所见即所得"），更会因为主观经验和预期而变换关注点（自上而下，即"先入为主"）。可以说，**视觉思维的本质就是一个注意的分配过程，**人们根据需要，主动选择注意什么、忽略什么。

在设计数字产品时，要牢记人们主要靠扫视而不是仔细阅读，应该充分利用自上而下和自下而上的知觉加工模式，安排好视觉的"游览路径"，引导用户的注意和视线，使其获得需要的信息。

- 自上而下：用户在当前情境下想要找到什么信息，会根据什么视觉特征来搜索？对此用户有什么经验，形成了哪些习惯？
- 自下而上：视觉搜索从哪里开始？哪些低层的视觉特征最重要、最有效？应该如何呈现这些特征？它们足够显著，易于区分和识别吗？现有的元素中，最突出的是什么，它是否干扰了搜索目标？

引导视觉注意时，可以回顾一下视觉的偏好：

小结

- 视觉讨厌杂乱：杂乱不仅影响美观，更严重阻碍了感知觉加工。面对乱糟糟的界面，人们会在视觉加工时另外“创造”秩序，也就容易感觉到费力。
- 视觉依赖结构：人们倾向于将视觉感知内容看成简单的、相连的、对称的或有序的结构，总是先从整体视角看待事物。利用格式塔原理，可以将界面内容拆分为符合元素内在关系和逻辑的组块，降低视觉搜索的压力。
- 视觉喜欢平衡：黄金分割反映了人类的视觉比例偏好，这一比例可以运用在界面布局、图形比例、文本字号等方面。
- 视觉寻找新异：如果想突出物体的某个特征，就让它在形状、尺寸、方向、颜色等方面和周围环境形成鲜明对比。但这是一把双刃剑，需要小心处理。

当我们充分理解了视觉加工原理和视觉的偏好后，就要开始用一个一个视觉元素去构建界面了。本章最后一小节用了视觉“语言”这个比喻来组织词汇和语法。视觉词汇包括属性词汇（形式、形状、大小、颜色、材质、位置、运动等视觉通道）和行为词汇（可以响应操作的界面控件）。视觉语法则决定物体、空间、图像之间的关系，是元素关系和语义的表达。

数字产品的 UI 设计，主要就是为特定的内容选择合适的视觉载体，决定文字、符号、图形（或图像）等元素的位置，赋予元素合适的长度、大小、颜色等，并表达元素之间的各种关系，最终形成有意义、高效、令人愉悦的视觉体验。参考业界成熟的设计规范，就能快速学会运用界面词汇；而不断练习分析页面的布局结构，提炼有效的图形图像隐喻，形成舞台般的美感体验，则是精进视觉语法的窍门。

第 3 章

引导行动

还记得你在微信群里准备抢红包时的情形吗？

你紧握手机，瞪大眼睛，死盯屏幕，屏住呼吸，手指悬停在对话输入框靠上的位置，随时准备点击屏幕。这时候，群里有人恶作剧，发出了一张假冒红包的图片。你飞速运转的视觉系统早已经上报了这一激动人心的发现，几乎在图片发出的同时就点击了屏幕，然后发现：上当了。就在你感到意外、恼怒、沮丧的时候，屏幕下方又滑出来一个红包——这次是真的红包。当你回过神来，再猛然敲击屏幕，却看到红包已经被抢完的提示。这时候你紧绷的神经才放松下来，悻悻地离开了微信群。

我们越是理解“视而不见”的现象有多普遍，就越会惊讶于抢红包这个场景有多么异乎寻常：人们全神贯注地“看”，然后争分夺秒地“做”。看见的背后，是复杂的视觉系统在高速运作；行动的背后，也不只是轻触屏幕这么简单。“做”有很多层次，轻点鼠标是“做”，建造一座金字塔也是“做”。在这一章，我们把焦点放在微观、瞬时的层面，主要关注人与系统互动时的反应和动作（response and action），而不是长期的行为（behavior）。设计数字产品想给用户带去良好的使用体验，必然要考虑最大限度地降低负荷，对于效率类产品来说更是如此。怎样做才能降低负荷？为什么这样做能有效？有好多话题需要深入讨论，我们现在就开始吧。

3.1 大脑都是吝啬鬼

3.1.1 Human 牌电脑

如果你亲自购买过台式机或者笔记本电脑，可能会对电脑硬件有所了解。在选购新电脑时，我们最关心的参数无非是CPU（中央处理器）、内存大小、硬盘大小、屏幕尺寸，所有厂家或电商平台都会优先展示这几个参数，如图 3-1 所示。

图 3-1　2022 年苹果笔记本 MacBook 的参数

你可能和我一样，每隔一段时间，就会觉得自己的电脑运行速度好像变慢了。然后看到这些电脑又推出了新的型号，不是升级了 CPU，就是换了更好的屏幕，而内存和存储设备的容量也相应增加了。这时候你不免会闪过一个念头：要不要换新电脑呢？现在的硬件更新换代的速度，都快要突破摩尔定律（芯片的性能每 18 个月将提高一倍）了，我们总是能用上速度更快、容量更大、显示更出色的设备。

电脑硬件每年都推陈出新，我们也许对硬件参数了如指掌，却没有意识到，自己身上也有一个类似电脑的系统——大脑。可是它不能更换硬件，绝大部分的出厂设置几乎都无法改变。这台“电脑”的内存一直只有这么大，你要用上几十年甚至上百年。有时候你可能觉察到，它在运行时会卡顿甚至崩溃。但是大部分时候都还感觉良好，也就一直这么用下去了。大脑这台电脑，我们叫它“Human 牌”电脑吧。

人脑如电脑，这不仅仅是一个比喻。在认知心理学中，有几种主要的研究范式，[1]其中历史最悠久的就是将人脑类比电脑的“信息加工的方法”。

信息处理模型

人如何处理信息？这是认知心理学早期重要的研究课题。

20 世纪 60～70 年代，信息加工方法在认知心理学领域独领风骚，这种方法把人的大脑看作一个信息处理系统。在这一背景下，研究者提出了人类处理器模型（model human processor）这一经典模型。[2] 该模型认为，人脑这台 Human 牌电脑，有三个相互作用的子系统：

- 感知系统：由传感器（如视觉、听觉、触觉等）和缓冲存储器（工作记忆）组成。缓冲存储器存储视觉和听觉图像，保存并编码感官系统的输出。
- 认知系统：从工作记忆的感觉图像存储库中，接收符号编码，并利用长时记忆中的信息做出反应决策。
- 运动系统：驱动身体部位（例如手臂、头部）运动来执行反应。

人类处理器如同电脑一般运作：感官信息从感知处理器流入工作记忆。接着，认知处理器完成认知 - 行为循环。运动处理器则由工作记忆中激活的组块，来设定让哪些身体部位来执行动作。这台“电脑”让人拥有了处理信息甚至多任务并行的能力。例如，我们可以在阅读的同时翻译和打字，这有赖于三个子系统像三条流水线一样，不间断地处理接收到的信息。

人类处理器模型历史久远，深受“人脑即电脑”隐喻的影响。现在看来它有很多局限，例如它把认知过程描述为一系列处理步骤，仅关注单人执行单个任务的过程，忽视了复杂操作中的互动。但它仍然是一个较全面的框架，能够帮助我们理解认知

过程如何影响行为。后来，研究者提出了许多信息处理模型的升级版本，例如信息加工模型[3]。

信息加工模型认为人对信息的处理包含三个阶段：感知环境信息，转换信息，对信息做出反应。

- 感知：经由视觉、听觉、触觉等通道感知到的外界环境信息，先经由感觉加工，暂存在短期感觉存储中。

例如，你经过一家水果店，闻到了最喜欢（讨厌）的榴梿的味道。

- 转换：众多感觉信息中，只有一小部分获得知觉处理。知觉根据经验，对感觉到的信号或事件做出意义判断。

闻到榴梿的味道，你的注意力从刚才的想法中转移出来，你意识到眼前是一家水果店，可以买点水果回去。

- 反应：知觉处理之后，可能触发反应选择，也可能使用工作记忆暂时存储信息，或将其转移到长期记忆中。

回想起去年在泰国吃到的令人回味无穷的榴梿，你兴奋起来，停下脚步，走进店里开始寻找气味的来源——你想吃榴梿了，打算买一个。

在感知和转换阶段，大量信息能有如千军万马过独木桥，只有极少信息能得到加工处理，在上一章我们已经了解过相关内容——视觉系统为何容易“视而不见”。下面我们将继续了解加工模型中的其他部分：工作记忆、长时记忆、反应选择、反应执行等阶段。

这一章有关“行动”，我们需要先了解人在反应和行动之前，会有哪些自己都没注意到的内心活动，而人的认知瓶颈又是多么显著，它会如何影响人与数字产品的互动。

内存是瓶颈

在“人脑即电脑”的隐喻中，我们将人机交互视为一种信息处理任务。如何让人使用计算机更高效地完成任务？这就需要找出效率瓶颈所在——交互界面的设计需要考虑用户的信息处理和记忆能力。

人的记忆过程会经历几个阶段：感觉记忆→工作记忆→长时记忆。感觉记忆是人类通过眼睛、耳朵、皮肤等感官接收到信息后的神经活动。在非常短暂的感觉消失之前，如果大脑处理了这些感觉，我们就能意识到它。比如在水果店门口闻到了榴梿的气味。接着，感觉信息再由神经系统传输到“内存”（工作记忆）并得到处理之后，才会转移到“硬盘”（长时记忆）中去。

你可能会疑惑：工作记忆和长时记忆是什么？为什么它们会被当作不同处理阶段呢？这些会在下两小节仔细讲解。现在你只需要想象一下，在你第一次吃榴梿的时候，榴梿的外壳浑身是刺以及剥开外壳以后白色绵密的肉质这一视觉刺激，进入了工作记忆中的视觉图像存储。真正咬下第一口后，你发现那种独特的味道和口感是你从未体验过的，从此这些感觉在你脑海中留下了让你难忘的记忆。

在人类处理器模型中，感知、认知、运动处理器都和工作记忆发生交互，工作记忆的重要性可见一斑。它往往也是信息处理的瓶颈所在——是“千军万马”争渡的那一座独木桥。让我们来看看表 3-1 中展示的数据。

表 3-1　人类处理器模型子系统的数据存储量

模　块	存储量	保留信息的时间	代码类型
感知处理器 – 视觉存储	7～17 个字母	70～1000 毫秒	物理能量
感知处理器 – 听觉存储	5 个字母	900～3500 毫秒	物理能量
认知处理器	5～9 个组块	5～226 秒	声音或图像

资料来源：CARD S K. The psychology of human-computer interaction[M]. London：CRC Press，1983。表格由作者根据资料内容整理而成

这些处理器只能容纳 10 个左右的字母或 7 个左右的组块，而且保留信息的时间很短，最短的甚至只有几十毫秒。这些数字更直观地告诉我们：Human 牌电脑的内存容量是多么小！这座“信息独木桥”真是窄得吓人。而人的大部分思维、反应，就产生于这样的硬件条件。

反常识

人类感知觉的数据存储量小得惊人。

想象一下，如果你是一家公司的老板，手下只有几个员工，而且不能再招更多的人，但是每天都有做不完的事情，你会怎么做呢？你大概会严格安排员工的工作时间，不允许他们浪费一分一秒吧。大脑就是这么一个捉襟见肘的老板呀！

接下来，我们还会反复接触到“**人的认知资源十分有限**”这个观点，这是数字产品的设计师们要时刻提醒自己的基本现实。下面的两个小节，我们将更深入地理解工作记忆和长时记忆。

3.1.2 有限的内存：工作记忆

你是不是曾经有过类似的大脑短路的经历？

- 打开聊天对话框，一下子忘记自己要说什么。
- 想去房间拿东西，走进房间时却想不起要做什么。
- 正在算这个月要买多少猫粮，扭头回答了家人的一个问题，不得不重新开始算。

这些情景中你可能会形容自己“健忘”。事实是，每个人都非常健忘，尤其是那些不重要，或者还没有来得及存入长时记忆的事情，工作记忆并不能保留很久。如果有其他任务突然插进来，那么瞬间遗忘几乎不可避免。

你大概听说过短时记忆和长时记忆。为什么刚才我们提到的是工作记忆而非短时记忆呢？人们常说的“短时记忆”这一概念最早由米勒提出，[4] 它是在工作记忆被发现之前提出的一个概念，粗略解释了人的记忆原理。自“工作记忆”的概念被提出之后，[5] 心理学界普遍采用工作记忆这一概念，认为短时记忆只是工作记忆的一部分。

- 短时记忆仅仅描述在短时间内储存的信息（例如单词、句子、概念），与组块和神奇数字 7 有关（参见“视觉依赖结构”小节）。
- 工作记忆则以任务为导向，是感知、注意、记忆等不同过程之间的“接口”，它的功能不仅仅是储存信息，也包括认知加工。

你可能感觉有点儿晕，别着急，让我们从源头说起。

工作记忆实验

“工作记忆”的概念，来自心理学家艾伦·巴德利和格雷厄姆·希奇（Graham Hitch）的一系列实验。在实验中，被试需要记住一些数字（1~6个），接着去完成另一个任务：判断一个句子中某两个字母是否按顺序出现。做完第二个任务后，再回忆最开始记忆的那些数字。

实验结果表明，当需要记忆的数字较少（1~2个）时，人们在第二项任务中的表现并不会受到影响。比如：

- 在任务一中需要记住“5、2”两个数字，接着给出一个句子，参与者也能轻松地判断某两个字母是否按顺序出现（如图3-2所示）。
- 如果任务一中需要记住“5、2、0、6、2、8”这一串数字，参与者完成任务二就比较吃力。因为在记忆数字后，参与者可用的工作记忆存储空间减少了，而且储存的数字越多，参与者完成任务二时可用的“内存插槽”就较少，表现也越差。

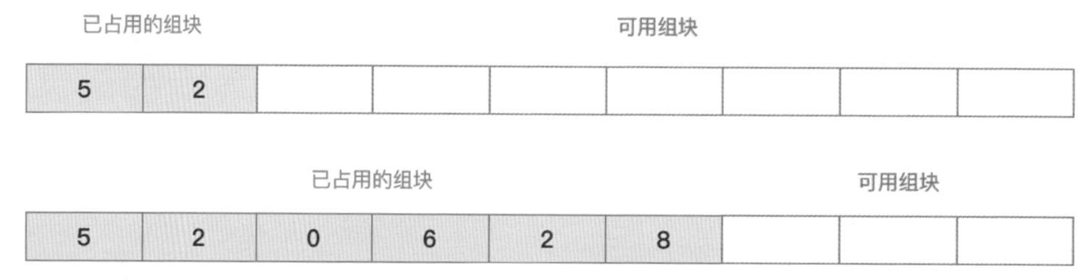

图 3-2　工作记忆缓存

工作记忆缓存的容量有限，如果一项任务需要临时保存很多信息，大脑就不得不释放一些“内存”，为这些信息腾出空间。但是从工作记忆中删除的内容，在后面的任务中要用到时，大脑就必须付出额外努力去找回，这会导致完成任务需要更长时间，或者更容易出错。

我们几乎每天都会用到的短信验证码，就是需要调用工作记忆的例子。想想看，以下哪一种情形对工作记忆最友好？

- 收到短信验证码→从当前登录界面退出→进入短信列表→找到刚才收到的短信→打开短信→在短信内容中找到

验证码→记在脑海里→回到登录界面→输入验证码→如果错误，要重复以上步骤……

- 收到验证码→当前登录界面顶部出现消息通知→记下看到的验证码数字→输入验证码→如果不记得，再去找到短信重新查看
- 收到验证码→在键盘上方出现验证码数字→点击即可填入

最后一种（如图 3-3 所示）是现在 iOS 和 Android 手机已经实现的功能，这让大脑每天节省了多少“内存插槽”啊！

工作记忆的概念和组成

工作记忆是指执行推理、理解、学习等复杂任务时使用的记忆系统。[6] 它是一个临时的存储和加工系统，让我们在执行复杂任务时能“把事情记在心里”，直到保存的信息派上用场，这个过程需要消耗注意资源。打个比方，工作记忆就像意识的“工作台”，我们可以在上面检查、评估、转换和比较不同心理表征[㊀]。例如，使用工作记忆来完成心算，或者想象如何重新安排待办事项的顺序。而在工作台上处理完的信息，可以整理好再存放到柜子里，也就是长时记忆中，以后需要的时候，再打开柜子取出文件，如图 3-4 所示。

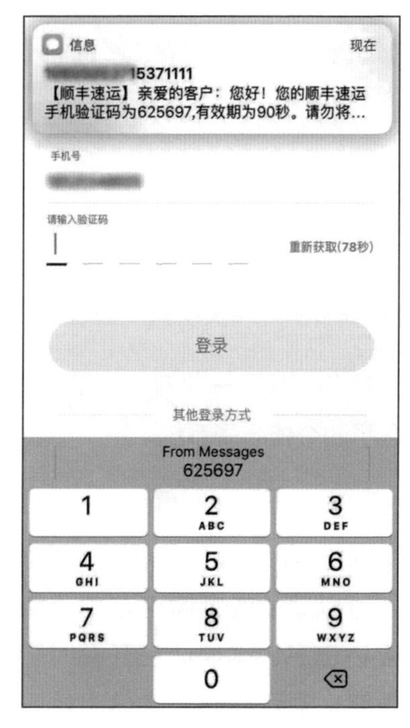

图 3-3　自动填入手机验证码

㊀ 心理表征是指在心理活动中用内在认知符号表示外界信息或知识。

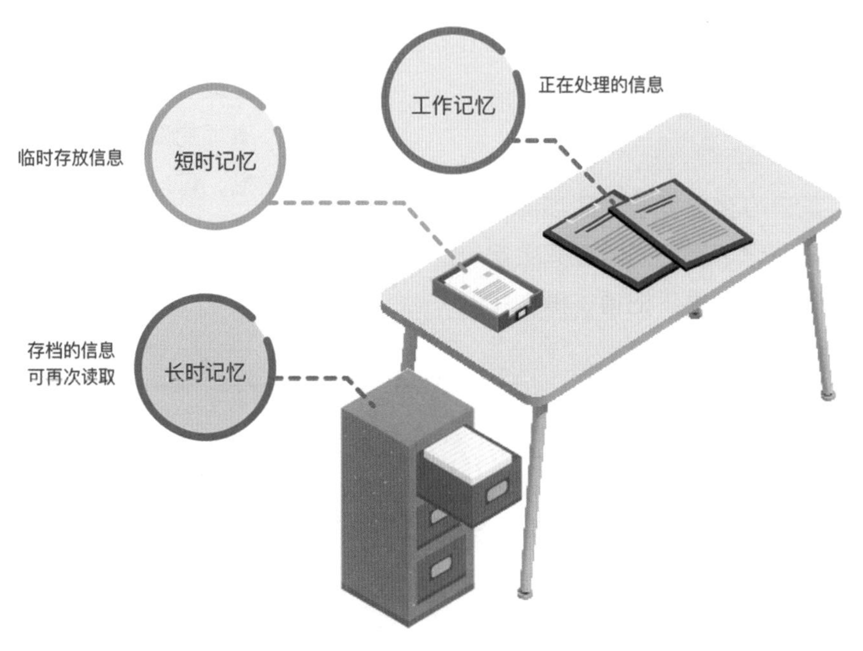

图 3-4　记忆的工作台类比

工作记忆并不只是一个简单的存储空间，它包含了四个核心子系统。[7]

- 语音回路：语音存储以言语形式（通常是单词或声音）表征信息。利用语音回路，可以朗读或默读这些单词和声音来复述信息。比如你在开会时听同事的发言，语音回路会将信息暂时存储下来。
- 视觉空间模板：通过模拟空间的形式（通常是视觉图像）表征信息。比如在会议上，同事一边发言一边演示 PPT，PPT 上面有他正在讲解的业务流程图，这加深了你对他讲解内容的印象。
- 中央执行系统：可以临时保存和操控存储在长时记忆中的信息，改变从长时记忆中提取信息的策略，分配注意资源给其他子系统并防止分心。比如同事讲到了你很不熟悉的业务，你有点走神，但是很快回过神来，记下笔记，帮助自己集中注意力。

- 情景缓冲区：短暂、被动地存储信息，工作记忆的各个成分既可以在这里相互作用，也能与知觉和长时记忆中的信息相互作用。你从会议上听到的内容会在这里得到加工，其中部分重要信息会存入到长时记忆中。

情景缓冲区、语音回路和视觉空间模板，三者的地位原本是对等的。2011～2012 年，巴德利调整了工作记忆模型，如图 3-5 所示，情景缓冲区变得更重要了，它下面衍生出语音回路和视觉空间模板两个系统。

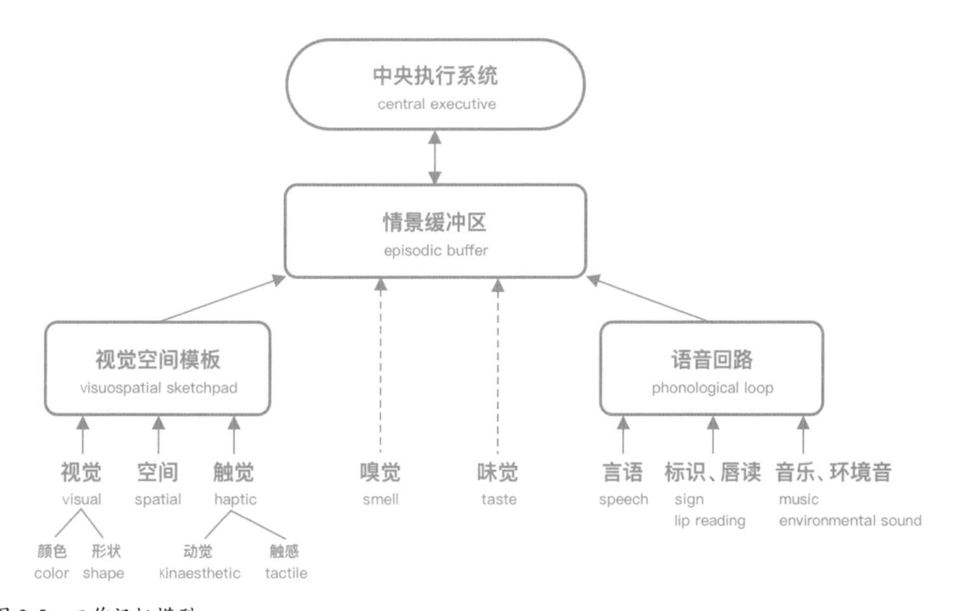

图 3-5　工作记忆模型

资料来源：BADDELEY A D，EYSENCK M W. Memory[M]. New York: Psychology Press，2014。根据原图重绘

工作记忆干扰

还记得那个大脑短路的场景吗？——想去房间拿东西，走进房间时却想不起要做什么……

在工作记忆中，中央执行系统容易受到并行的多项任务的干扰。不过有个例外，语音处理和视觉处理两个系统相对独立，很多时候它们互不干扰，而是相互配合发挥作用。如果你会开车，可以回想一下这个多任务的场景：开车时，坐在副驾驶座的人与你交谈起来，你仍然在注意着行车路线（视觉空间模板），同时能够理解他的话语并回应（语音回路）。

但是如果前方的路段对你来说很陌生，为了保证方向正确，你会很难注意到旁边的人说了什么。这时候如果要回应他人，你对路况的反应就会明显变慢。

在这个情境中，视觉和语音系统会争夺有限的注意资源。[8] 言语工作记忆更容易受到同类任务的干扰，但没那么容易受到空间任务的干扰。同样，空间工作记忆更容易受到同时进行的同类任务的干扰。也就是说，与两个任务同时使用同一种工作记忆代码相比，完成使用不同代码的两个任务的效率更高。

设计小贴士

请仔细分析用户在使用数字产品时对工作记忆的要求，尽量减少不相关的环境信息，减少虽然相关但会造成干扰的并行任务。在沉浸式体验和多模态交互中，例如多人游戏场景，则应该考虑如何同时利用语音和视觉通道，来提高用户的信息获取效率。

图 3-6 是一个摄影类 App 的功能引导界面。产品设计师们总是一厢情愿地以为，提供功能指引就能帮助用户快速学会使用产品。可效果往往适得其反。为什么呢？

用工作记忆的原理来思考一下，此时用户面对的是一个不太熟悉的界面，他们需要调动视觉空间模块来识别元素。但是这个时候，屏幕上增加了好几个箭头和说明区域，一下子增加了工作记忆负担：用户需要去识别一个一个提示，而且界面上出现了额外的文字，语音回路开始工作，与视觉空间模板抢夺注意资源；更困难的是，这里总共有 5 个需要理解和记忆的功能点，已经超出舒适的记忆组块范围（2～4 个），[9] 在短短的 2～3 秒内用户不可能记住。所以这种新手引导设计的效果并不理想，设计师们需要重新考虑引导时机，以及如何降低工作记忆的负荷。关于认知负荷的更多内容，“别让我思考”小节还会谈到。

图 3-6　新用户功能指引

增强工作记忆

在“视觉依赖结构”小节，我们接触过组块的概念，但是并没有讨论为什么利用组块能提高理解和记忆能力。组块是记忆中由联想组合在一起的一组单元。比如，一个英文单词其实也是一个组块，把若干字母组合在一起，这样我们就不必分别记住每一个字母，而只需要记住作为整体的单词。每个组块内的项目，由长时记忆中的联想“胶水”粘在一起。把原本不相关的单元编码成有联系的语义块，这个过程就叫作组块化（chunking），它发生在工作记忆模型的情景缓冲区中。

举个例子，很多人难以记住自己的身份号码。实际上，利用组块知识可以轻松做到。国家标准 GB 11643—1999《公民身份号码》中规定，公民身份号码是特征组合码，由十七位数字本体码和一位校验码组成，如图 3-7 所示。

因此，我们可以将身份号码划分为三个组块来记忆：

- 地址码：公民常住户口所在地的行政区划代码。地址码又可以细分为三个组块，前两位是省级代码，中间两位是地级代码，后两位是县级代码。
- 出生日期：出生年月日的 8 位数字。
- 顺序和校验码：这是给那些地址码和出生日期都相同的人编定的顺序号码，奇数代表男性，偶数代表女性。最后一位是校验码，如果校验码是 10 则用 X 代替。

图 3-7　身份号码组成

在数字产品设计中，设计师们可以利用这一原理，根据内容的属性来设计组块化的展现样式。例如，在很多需要输入激活码、电子卡密的界面中，无论用户使用粘贴还是手动输入的方式，输入框都会自动处理成每四个字符后面加入一个空格的格式，如图 3-8 所示。

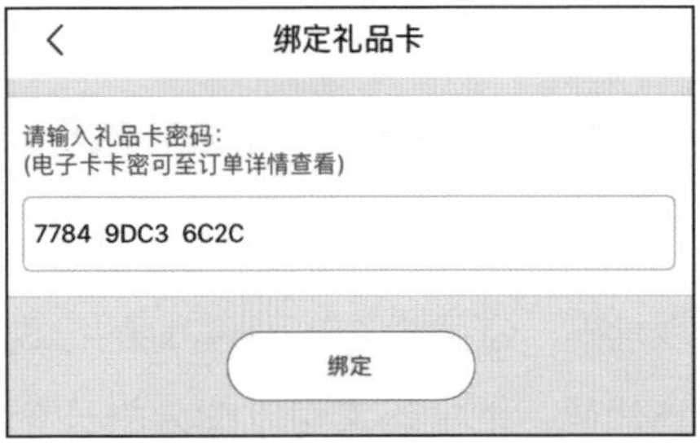

绑定礼品卡

请输入礼品卡密码：
(电子卡卡密可至订单详情查看)

7784 9DC3 6C2C

绑定

图 3-8　绑定礼品卡界面自动分隔数字

一方面，用户在输入激活码时，一般只能记住 4±1 个组块内容，[9] 设计时以 4 个数字为一组，较符合人的认知习惯。另外，从视觉上将长字符分隔为清晰的组块，也方便用户在填写完以后，一组一组地核对数字。不然，如果只有一长串字符，可能用户核对到一半工作记忆“插槽”就满了，不得不重新来过。当然，更好的做法是同时提供拍照扫描后自动识别的功能，免去手动填写。

3.1.3　会出错的硬盘：长时记忆

在讲解长时记忆之前，我们先来复习几个地理常识吧！

第一个问题是：

中国的首都是哪里？

这个问题太简单了，闭着眼睛都能回答。那么，你还记得澳大利亚的首都吗？你还记得世界第二高峰、第二长河、第二大沙漠、第二大产油国吗？这些问题是不是让你想起了在学校的时光？学习、复习、考试，反复应用或演练，学生们每天都试图把知识搬运进大脑的硬盘——长时记忆中，以便在未来能够再次回忆起来。

你可能会认为“记得”是正常，而“忘记”是因为自己太累或者受其他因素影响才出现的反常现象。如果深入了解记忆，你就会改变这种想法：“忘记”才是默认配置，想让信息从工作记忆转移到长时记忆中，我们必须有意识地付出努力。大多数情况下，工作记忆中的内容很快就会被遗忘。这可能是一件好事。因为如果我们不丢弃每天所感知到的大量信息，大脑早就瘫痪了。

反常识

能记住才是小概率事件。

长时记忆这块硬盘里，存储着有关世界的事实和如何做事情的信息，它就像一个知识仓库。经过学习和训练后，信息被编码进长时记忆，会有多种表征形式（如图 3-9 所示）。[10] 类比硬盘的分区，可以把长时记忆分成几个盘：

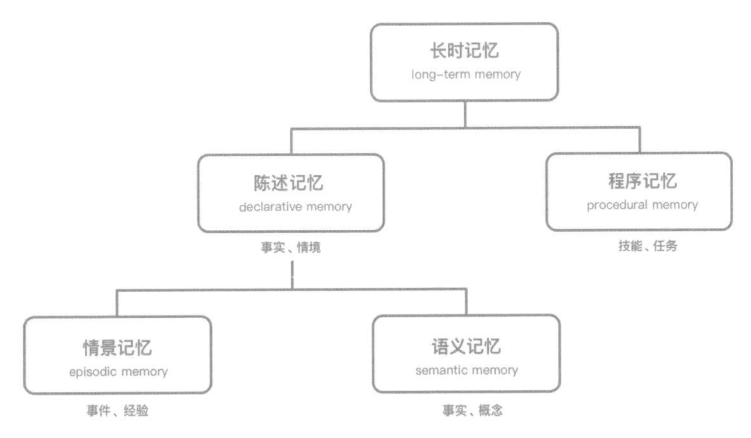

图 3-9　长时记忆类型

- D 盘存放陈述记忆，即与事实相关的内容，里面又可分为：
  - D1 盘存放事实或概念（语义记忆），它们大都是文本内容。
  - D2 盘存放个人生活中特定事件的记忆（情景记忆），它们大都是包含场景的图像文件。
- E 盘存放程序记忆，即如何做事情的内容。这些内容通常无法用言语表述，但是能用行动体现，它们是内隐的。

程序记忆又叫作技能记忆——可以想象，E 盘里面会有很多“教程”，但它们不是文字和图片，而更像是你熟练运用某些技能时的“录像”。

长时记忆形成和激活

从信息加工的角度来看，记忆的加工过程可以分为三个阶段，如表 3-2 所示。

表 3-2　记忆的加工过程

阶　段	作　用	类　比
编码	如何把信息存入记忆中。涉及两个步骤：一是把信息编码进工作记忆，二是把信息从工作记忆转移到长期记忆中	制作泡菜前，需要先买来白菜，将它洗净、切块，盛在一个盘子里
存储	将信息以某种方式保持或表征在记忆中：在工作记忆中，信息以空间或言语代码形式存储；在长时记忆中，则是陈述性和程序性知识、情境和心理模型	白菜准备好以后，要和其他材料一起放入泡菜坛子中，倒上白酒、盖好盖子
提取	从记忆中再次获取信息	泡菜制作好了，可以随时从坛子里取出食用

如果从神经活动的层面理解长时记忆，记忆并非锁定在大脑的某个地方，而是涉及一个延伸很广的神经网络。不同记忆的神经活动模式，会因为共享的感觉特征而相互覆盖。

编码阶段是记忆形成过程：参与某个神经活动的神经元发生长期甚至永久的变化，该模式将来容易被再次激活。例如你第一次吃泡菜时，这种独特的味觉体验会在神经元周围释放化学物质，从而改变它们在很长时间内对刺激的敏感度，直到这些化学物质被稀释或中和。

提取阶段是激活记忆过程：再次激活与记忆产生时同样的神经活动模式。大脑可以识别出与最早感觉相似的新感觉，然后触发相同的模式，如果神经活动被意识到，就产生了回忆。下一次你看到泡菜的时候，就能想起以前吃泡菜的感觉。一个神经记忆的模式被激活得越频繁，就会变得越强烈，再激活就更容易。

大脑中有意义的联想，可以促使长时记忆演化。例如，即使我们只尝过一次失恋的味道，也会感到很痛苦。痛苦和失恋之间的联系就保留在长时记忆中。事实上，强烈的情感或与身体有联系，往往是事物进入长时记忆最容易的方式。

长时记忆的特点

工作记忆的容量有限，而长时记忆是一个超大的硬盘，理论上它的容量可以无限扩充。但是它也有很多缺点：**容易出错，“印象派”，可回溯修改，提取时容易受很多因素影响。**长时记忆并不是对信息准确的记录，大脑会使用压缩的方法保存记忆，诸如图像、概念、事件、感觉和动作，会被简化为一些抽象特征的组合，这就容易引起信息丢失，也为失忆埋下了伏笔：虽然学过的事实或技能存储在长时记忆中，但这并不意味着在需要时你能够顺利提取出来。

在使用数字产品时，我们经常会遇到一个倍感受挫的情景：明明记得有一个命令可以做某件事，但是怎么也想不起来它叫什么以及它在菜单中的哪个选项里。比如，我想在 macOS 中使用系统自带的截屏功能。我知道肯定有快捷键可以快速调用截屏功能，但就是想不起来。

为了找到 macOS 自带的截屏功能快捷键，我打开系统设置（如图 3-10 所示）来查看。这时候我感到自己迷失了方向——快捷键设置在哪里？应该从哪个选项进入？是从通用选项进入吗？还是键盘选项？键盘选项在哪里？经过一番视觉搜索，我终于找到了键盘设置入口，然后我又花了一些时间才进入截屏选项卡。为什么就不能简单一点呢？

图 3-10　macOS 系统偏好设置

我们来看 macOS 为此做的优化：可以输入关键词搜索，输入“截屏”后，提示框显示该功能所在的位置为“键盘快捷键，Keyboard shortcuts”，并且高亮出下方的一级入口，让用户一眼就知道可以从那里进入，然后再找到截屏选项。如图 3-11 所示。

是不是轻松多了?

图 3-11　macOS 系统偏好设置搜索结果

设计小贴士

为长时记忆设计的首要原则：避免让用户从长时记忆中回忆。

关于记忆的小结

经过这几节的讨论，我们对记忆的理解已经不再仅仅停留于“记忆”这个词语本身。记忆分为很多种（如图 3-12 所示），它们的工作机制和特征不同，对用户行为和数字产品设计的影响也不同。

- 感觉记忆：主要与第 2 章所讲的视觉感知过程相关，它只处理低层的视觉特征（如颜色、形状、倾斜度等）。
- 工作记忆：工作记忆中的信息主要来源于感觉记忆和长时记忆，它们与当前任务相关；工作记忆容量非常有限，这个局限决定了人们在浏览或搜索信息、做出选择和行动时的很多特征。理解工作记忆，对界面设计和交互设计非常重要。
- 陈述记忆：长时记忆中存放的与事实相关且可以用言语表达的记忆。记忆的提取需要很多努力，设计师们在设计时需要考虑提供提取线索，或者用识别替代回忆，更多内容请见“识别，还是回忆”小节。

- 程序记忆：与技能保持有关，反复的操作和行为会形成程序记忆。在设计时需要考虑用户已经形成了哪些操作习惯，如何利用程序记忆改善体验。

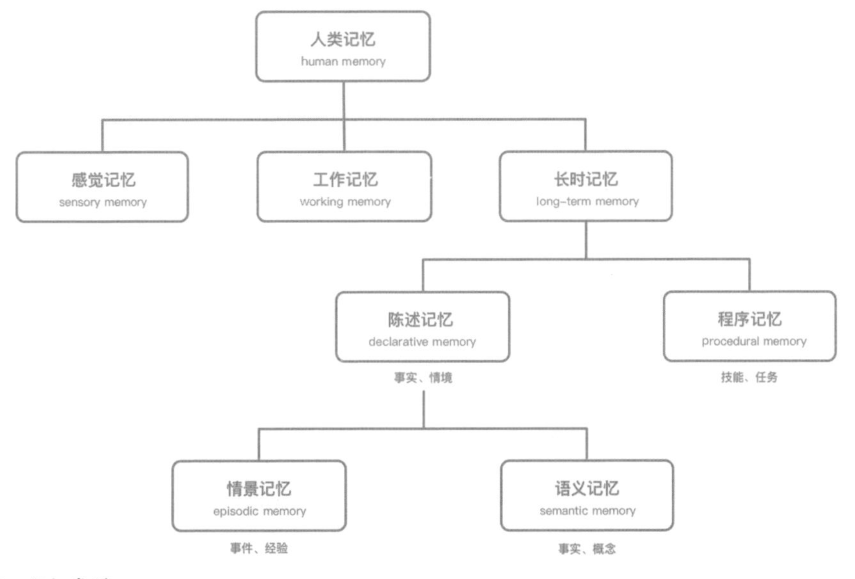

图 3-12　记忆类型

3.1.4　别让我思考

现在，你已经很熟悉 Human 牌电脑的特点了：内存有限，一次只能处理几个组块的信息；虽然容量很大，但是需要付出努力才能存进去，还不能保证一定能提取出来，提取时甚至可能会出错。这台机器虽然配置不佳，但一直努力运行着。它最担心的事情，大概就是突然涌进大量信息，它不得不满负荷地吭哧吭哧去处理。

大脑都是吝啬鬼，这不仅仅是比喻。大脑像所有的生理系统一样，经过长期的进化达到最优。它非常消耗能量，因此体积不能太大。如果在大脑中保存整个世界的副本，会很浪费认知资源，也完全没有必要。资源如此有限，大脑只能斤斤计较，精打细算。它对“累”特别敏感，也会天然抗拒那些它认为“累”的事情。对身体而言，干体力活很累，而对大脑来说，有一类体力活它总是想方设法逃避，那就是心理操作。

心理操作

心理操作是指影响心智内容的操作，比如逻辑学中的理解、判断、推理。心理操作的数量越多，需要投入的认知资源和时间也就越多。每当大脑预测到可能需要执行这些心理操作时，它就警惕起来，想要回避，或者开始计算这些投入所带来的收益是否值得。我们很容易理解物理操作、运动操作，毕竟它们在真实世界中随处可见。现在的数字产品，特别是触摸屏和手势交互方式普及以后，已经很少让人费力地完成物理操作。可是，认知类的心理操作，一般只发生在头脑中，而且速度快，很容易被忽视。这些认知心理操作包括：[11]

- 注意力聚焦：将注意力集中在某一事物上。例如，你正在赶去客户的公司开会，之前你没有去过那里，于是你一边看着手机导航，一边着急辨认四周的环境以确定方向。

- 注意力丢弃（attentional discarding）：不再注意某一物体。例如，你正在和朋友发消息，这时手机弹出提示：这个月电费账单出来了，应缴费用为238.45元。你走了一下神，不再去想电费账单上的数字，然后重新回到刚才还没编辑好的消息上。

- 注意转移：将注意力从一个区域转移到另一个区域。你刚刚打开视频网站上一部期待已久的纪录片，设置了全屏播放准备好好欣赏。这时候视频顶部出现了很多弹幕（如图3-13所示），影响感官沉浸，你不得不在界面上寻找关闭弹幕的选项。

图 3-13　纪录片的弹幕

- 表征的操作：唤起心理形象。每次在支付宝缴完电费，都会收到芝麻信用的守约完成提示。这时候我总是会想，芝麻和信用到底有什么关联……
- 比较的操作：相似事物之间做对比。新出的 iPhone 和以前的版本有什么不一样？
- 记忆的操作：你想打开手机里一个不常用的 App，可是手机里的 App 太多，你记不得它在哪一屏或哪个文件夹里面，只好去搜索。
- 基于时间的操作：注意随时间变化的信息。比如，你在关注股市最近的变化，考虑是应该继续补仓还是止盈离场。
- 基于空间的操作：注意随空间变化的信息。比如，使用地图导航时确认当前位置在哪里。

每种心理操作都需要时间，也都可能出现错误。在设计时，留意一下用户需要进行哪些心理操作，不论是聚焦、比较，还是回忆，想一想它们是否自然、必要，有没有办法优化。

认知负荷

心理操作大部分在工作记忆中进行和完成。增加心理操作，就容易产生认知负荷——一个人在执行某项任务时所需的认知资源总量。[12] 认知负荷会影响人们完成任务的时长和最终的质量，它就好比电脑运行内存（如图 3-14 所示）。

图 3-14　电脑运行内存

如果电脑同时运行太多程序，速度就会变得很慢甚至崩溃。这时候需要关闭程序来释放内存。人脑的“内存”——工作记忆也一样。如果接收到的信息量太大，认知负荷过高，加重了工作记忆的负担，信息处理速度就会明显慢下来。

当工作记忆因认知负荷过高而“塞车”时，人们会难以注意到重要的信息，或者与长时记忆的联系受阻而提取不了相应的知识。处于高认知负荷的人容易错过重要的细节，需要更长的时间来理解信息；他容易出现失误，没有足够的信心完成当前任务，甚至会因为不知所措而放弃。

认知负荷无所不在，即便是刷手机、看视频这一类休闲活动，认知负荷的“开销”也不小，因为用户必须学习如何使用网站的导航、布局和各种操作。即使已经有相当多的使用经验，用户仍然要处理与当前目标相关的信息。例如，在计划假期时，用户需要为自己的个性化目标（例如价格和时间范围）寻找合适的操作路径。还有一种认知负荷容易被忽略，那就是用户在使用过程中需要持续跟踪系统的反馈，判断目标是否达成并及时调整操作。

现在，互联网上的大部分内容都是免费的，免费已经成为一种主流的商业模式。但是对认知系统和工作记忆来说，**根本没有免费的东西**，一切内容都需要大脑投入资源去注意和处理。你说，大脑能不吝啬吗？

3.2　减少认知负荷

3.2.1　识别，还是回忆

想象一下，你走在大街上，迎面见到一个人。这个人你不熟悉，但是以前见过，所以你认出了她的样子，也意识到“我见过这个人”。不过，如果要回想起她的名字，可能就有点困难了。这里涉及两种类型的记忆检索：认出曾经见过的人叫作识别，回想这个人的名字则是回忆。[13]

识别容易回忆难

不同的神经活动模式，构成不同的记忆。激活记忆有两种方式：环境中出现特定的感觉刺激或从长时记忆中提取。

如果一种感觉之前出现过，那时的环境和眼前的环境相类似，就能触发一个相似的神经活动。比如，如果你曾经见过蝙蝠侠和他胸前那个标志性的蝙蝠图案，它们对应的神经活动模式就被创建出来。日后你再次见到蝙蝠侠的行装，甚至只是看到那个蝙蝠图案，就会激活同样的神经活动，想起蝙蝠侠来。这就是识别的过程。识别意味着新的感觉或多或少重新激活了已有的神经活动模式，你就不必再到长时记忆中去搜索，因此效率更高。

与识别不同，回忆是从记忆中提取曾经存储过的项目，这时候没有类似的感觉输入，而是要由长时记忆重新激活神经模式。大部分回忆需要依靠线索来提取，但是线索可能会激活错误的模式，或者只激活了正确模式中的一部分，这两种情况都会导致回忆失败。

打个比方，你和朋友去探险，发现了一口深井。你们想看看下面有没有值得挖掘的东西。于是你们想办法照亮深井，然后用高倍探测镜朝井里望去——下面有几个大箱子！看起来结实精致，像是宝箱。不过，如果要搞清楚箱子里面都装了什么东西，得打开检查。如果是值钱的东西，还得想办法把它们从井里提上来，这就困难多了。知道井里有没有东西，是识别；要把井里的宝箱“提取”出来，是回忆。如果提取宝箱的绳子不够长或者不够结实，宝箱可能就取不上来。

识别好比一道判断题：某种东西要么以前看过或听过，要么没看过或听过；而回忆则是要从内存中检索相关细节，然后填写具体内容的填空题。是判断题容易呢，还是填空题容易呢?

经过上百万年的进化，大脑已经非常善于

识别物体。而根据线索找回记忆，对生存来说就没有那么生死攸关，所以大脑一点儿也不善于回忆。于是人们发明了各种记忆术和工具来帮助自己记忆：结绳记数、故事、比喻、顺口溜、卡片、待办事项、计时器……

识别容易，回忆困难。识别时可以利用各种线索，激活分布在记忆中的相关信息，提高答案的激活程度。另外，识别图像（例如图标和缩略图）还能加速信息的处理。但是在回忆时，可以用于记忆检索的线索较少。登录时必须记得用户名（或电子邮箱）和密码，是典型的回忆型任务。用户在不同网站可能使用不同的账号密码，要记住这些，是个艰巨的任务。所以出现了专门保存各种账号密码的应用，人们再一次选择了“外包”回忆，甚至连识别都不需要了，自动登录会帮助我们完成一切（前提是你愿意承担一些风险）。

设计小贴士

关于记忆的重要设计原则：优先让用户识别（类比判断题），尽量避免回忆（类比填空题）。

识别无处不在。如图 3-15 所示，亚马逊等电子商务网站会显示用户最近访问过的商品列表，帮助用户识别出还未完成购买的商品。在人们可能会消费的地方，永远不必担心会忘记些什么，产品和算法会尽其所能地提醒。

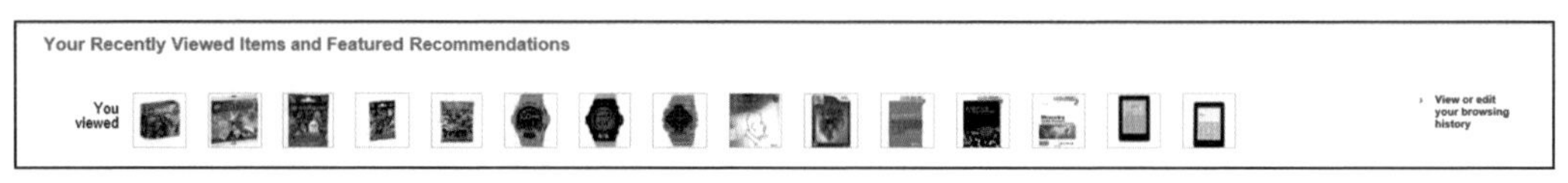

图 3-15　亚马逊网站根据浏览记录推荐商品

有时候，我会在浏览器上打开很多页面，多到每一个标签页只剩下缩略图标，但是我依然能快速找到想看的网页，因为只要识别缩略图标，就知道它对应什么网页。如果我打开了很多网页，不知道哪一个突然开始播放声音，这时候我会手忙脚乱地重新打开一个又一个网页，搞清楚到底是哪里在发出声音——我肯定是记不住的，回忆在这时根本不起作用。

Chrome 浏览器贴心地解决了这个问题：用一个喇叭图标标识出正在播放声音的网页。如图 3-16 所示，这样我只需要识别出哪个网页缩略图标变成了🔈，就可以快速找到那个标签页了。

图 3-16　Chrome 浏览器标识出正在播放声音的标签页

回忆 + 识别策略

在日常生活中，我们经常结合识别和回忆来检索信息。我们一般会从一条易于回忆的线索开始，缩小选择范围，然后逐个比较结果并识别出合适的选择。比如，当我想学习交互设计知识时，经常访问一个网站：interaction-design.org。我一般是怎么找到它并打开链接的呢？

最容易想到的是保存网址到收藏夹然后打开。没错，但是我很少这样做。因为收藏夹里面有很多分类，我连它保存在哪个分类下面都不太记得了——从收藏夹选择链接是“识别”，但是首先得“回忆”起它在哪个分类里面。“这样太麻烦了”，我那吝啬的大脑发出抱怨。

那就在浏览器地址栏直接输入网址吧。咦？这不是一个如假包换的“回忆”任务吗？为什么要选择这种方法呢？我确实一直不太清楚这个网址到底是 interaction-design、interaction-design 还 是 intera-ction-designs，也不记得后缀是“.org”、“.net”还是“.com”。但是感谢浏览器的历史记录，我并不需要记住这些，而只需要在浏览器输入前三个字母 int，就可以从访问记录中选择链接打开，这样最省力，如图 3-17 所示。

- 在浏览器中，识别并定位到地址输入

框很容易，毕竟输入框只有1个。如果要从收藏夹中打开，我得回忆它可能在哪里。

- 虽然不记得准确的网址，但我知道它是交互设计主题的网站，网址以interaction开头。
- 输入“int”后，访问历史就会显示完整的网址，只需要识别哪个是我想访问的。
- 另外，我并不需要通过识别interaction-design.org这一长串字母来确定选择，只要看到网址前面那一棵小树图标就可以，这个图标我已经见过很多次了。还记得吗？识别图形比文字更快。

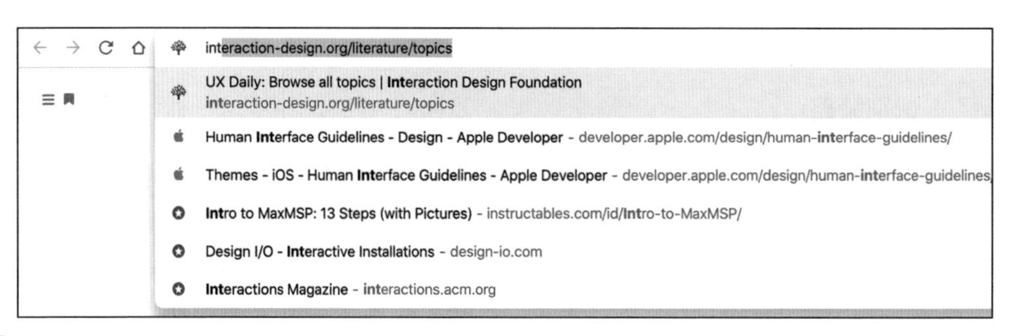

图 3-17　浏览器地址栏的相关记录

这就是识别容易回忆难。我们总是能找到很多办法，用识别来替代回忆：查看地址栏的访问历史，把链接放在收藏夹最外层，或者将链接设为浏览器默认打开页，为链接设置打开快捷键，又或者从某个网站的链接跳转过去……

还记得当年的hao123.com（如图3-18所示）吗？它看起来确实没有什么设计感，却是如假包换的好设计——它减轻了多少网民（尤其是互联网使用经验较少的人）的记忆负荷啊！在这里，只需要识别，不需要回忆。

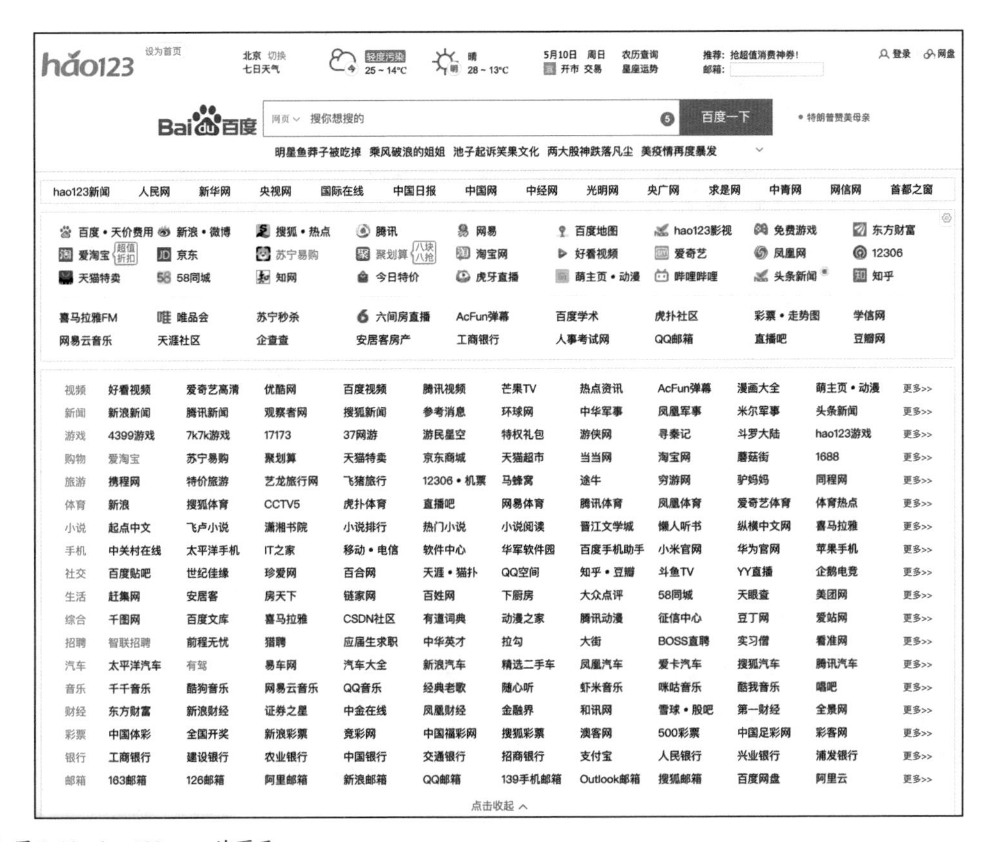

图 3-18　hao123.com 的页面

设计小贴士

在不同的时间和空间保持一致，有助于识别。

如果导航菜单会根据最近的选择而变化，就会带来问题，因为用户希望总是在同一个地方找到它。想象一下，hao123 的链接顺序每天换一次，那些把它当作导航的用户，马上就会觉得自己迷失了方向，甚至会觉得自己再也找不到去某些网站的路。搜索引擎结果的一致性也很重要。人们不太可能记得在搜索结果列表中看过哪些内容，但是通常能识别出之前见过的结果列表。如果用户多次搜索同一个关键词，发现结果列表有所改变，就得从头开始查看每一条搜索结果。

在你的经验里，还有哪些用识别代替回忆的例子呢？

3.2.2 选项越多越纠结

识别容易回忆难。好在数字产品不断进化，大多数情况下用户都只需要识别和选择，而不必频繁地回忆。不过，只是在界面上点选想要的东西，就真的轻松了吗？

我们先来回顾一下“Human 牌电脑”小节提到过的信息加工模型。当信息经过知觉处理后，可能触发反应选择，也可能在工作记忆中暂时存储，或转移到长时记忆中。工作记忆和长时记忆这两个概念，我们已经在前面讲解过，这一节我们关注反应选择阶段。这里所说的选择，不是通常意义上的选择（比如选择买 A 品牌还是 B 品牌的电视，接下来一小时选择读一本书还是打扫房间），而主要是指在界面中选择系统所提供的选项。

一个典型的选择反应任务会经过三个阶段：[14]

- 刺激识别：信息感知的过程。特征提取涉及视觉皮层的感知处理，会受到包括特征的可辨别性、眼动等因素的影响。这些已经在第 2 章介绍过。
- 反应选择：刺激和响应之间的转换。反应选择的时间可以用**希克－海曼定律**（Hick-Hyman law）预测。
- 响应执行：受刺激响应频率、运动方向、运动的复杂性等变量的影响。运动时间可以用**费茨定律**（Fitts' law）预测，这一定律将在下一小节介绍。

希克－海曼定律

在反应选择阶段，我们确定如何响应外部刺激。从一组备选反应中选择目标反应，需要一定的决策时间，它受到方案的数量和方案之间差异的影响。反应时间可以用方案数量的对数函数来表示。[15, 16] 这就是著名的希克－海曼定律：

$$\text{RT} = a+b-\log_2 N$$

式中　RT——反应时间；

N——可供选择的方案或对象的数量；

a——基础反应时间；

b——函数的斜率，即 RT 随 N 增加的量。

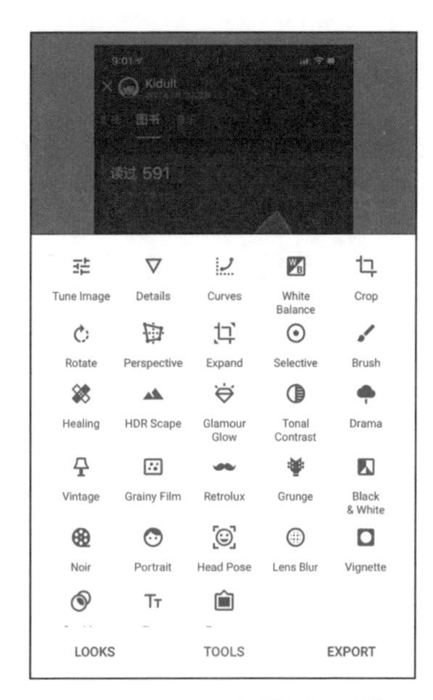

图 3-19　Snapseed App 的图像处理功能

希克－海曼定律说明，选择某个反应所需要的时间，会随着选项数量的增加而增加。也就是说：**选择越多会让人越纠结。** 例如，虽然专业工具的功能很强大，但是用户使用时一点儿都不轻松。每次从中选择，对眼力都是个不小的考验，如图 3-19 所示。

相比之下，抖音 App 给图片加滤镜的效果直接可以预览，数量也只有五个，感觉就简单多了，如图 3-20 所示。

图 3-20　抖音 App 给图片加滤镜

那么，是不是选项多，就一定要花更多时间来选择呢？

反常识

选项多，并不意味着需要花费与之成正比的时间才能做出选择。

有时候选项的确很多，但是不能因为难以选择，就不给出选项了。比如，在选择国籍的时候，总不能把某些国家排除在外。这种情况应该怎么办？学习了组块的概念后，我们知道可以用组块的方法重新组合选项。而希克－海曼定律则提供了另一种思路。让我们再来观察一下反应时间的公式：

$$RT = a + b - \log_2 N$$

当 N 固定时，如果想减少 RT，可以调整影响基础反应时间（a）的因素。比如，有很多选项时，将选项按人们熟悉的顺序排列。另外，也可以调整函数的斜率（b），它反映了选择方案之间的相容性。如果方案的差别非常明确，一眼能够识别，选择的反应时间也能大大减少。

如图 3-21 所示，填写收货地址时要从省份 / 地区的列表中选择“广东省”，选项多达三十几个。这看似是个非常繁重的选择任务，可实际上并不困难。这是为什么呢？

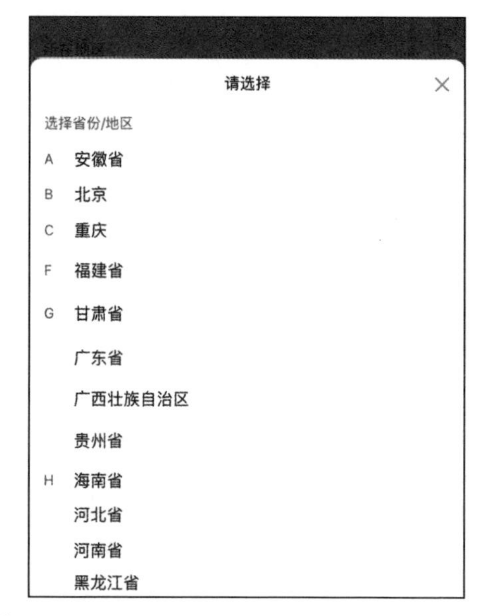

图 3-21 选择收货地址

- 首先，这些省份按照拼音顺序排列（按照惯例一般默认这样排序），而且这里还将部分省份 / 地区的拼音首字母标记出来。
- 其次，每一个省份的名字都是唯一的，

不需要仔细分辨任意两个选项的不同，只需要找到以“广”字开头的选项，然后确认是广东省还是广西壮族自治区，从中选择出广东省即可。

设计小贴士

如果选项很多时，可以这样提高选择效率：

- 按用户最熟悉的顺序组织选项
- 尽可能明确区分选项
- 根据选项的属性适当分组

你还能举出选项非常多的例子吗？这个例子中，用户在选择时是轻松还是困难？有什么办法优化吗？

3.2.3 别让我运动

路径偏好和设备惯性

在花园里，一个园丁正在种花。他用小铲子挖好洞，看到四周有一些杂草，就顺便一起清理掉。但是他没有去拿除草专用的锄头，而是继续用手上那把小铲子。你大概也有类似的经历，比如你正在看一本书，这时快递在敲门，你想也没想，把手边的充电器塞到书页中当作书签，然后起身去开门。

这些现象反映了人们偏好熟悉的路径，总是倾向于选择最省力的方式。这些“力”既包括带来认知负荷的心理操作，也包括需要执行实际动作的物理操作。如果人们已经形成了一定的操作习惯和路径，即便出现一种效果更优的新方式，人们也会高估它的使用成本，最后还是维持原样。更何况，很多时候我们没有意识到有替代方法。

反常识

探索新路径时，注意力和短时记忆要承受很大的压力。

人们知道自己的精力有限（尤其是在时间紧迫时），因此会采用熟悉的路径，避免意外发生。就像在一次可用性测试中，一位测试者在完成任务时对研究人员说：“我赶时间，所以我走了远路。”[17]

他知道多半有更高效的方法来做一件事，但也很清楚找到捷径需要花时间和动脑，这些成本他并不愿意承担。

在使用数字产品尤其是有多个设备可供选用的时候，也容易产生路径依赖：即使其他设备可能更适合手头的工作，人们还是会沿着惯性继续使用当前的设备。比如，我坐在沙发上看书的时候，想起之前做过的一些研究，现在需要查找更多资料并做一些笔记。这些事情听起来更适合在电脑上完成，但是我并不想起身走到书桌前，打开电脑，找到之前的资料，然后打开浏览器搜索，再把笔记用键盘敲下来。这一连串的动作只是模糊而快速地在头脑中一闪而过，我已经觉得很费力了，心想还是算了吧——就用放在旁边的手机简单记下要点就好。

产生设备惯性的主要原因是**大脑感知到的成本比收益更高**。吝啬的大脑可不会随便做亏本的买卖，对吧？一旦我们学会了用某种方法做某事，就很可能会继续这么做，而不再去找更有效的方法。就算知道有更好的方法时，也还是会按之前的方法做，因为这样做不需要动脑。**使用数字产品时，不用动脑很重要，人们甚至愿意为了少动脑而多做一些操作。**

让选择和拖动更轻松

在使用电脑和手机时，用户经常需要选中目标对象，例如播放按钮、图片、设置中的选项等。如何让这些高频的操作更轻松，是设计师一直要考虑的问题。费茨定律揭示了其中的规律。

费茨定律由心理学家保罗·费茨（Paul Fitts）提出，[18] 目的是为在电脑屏幕上点击目标对象的行为建立模型，它描述了从当前位置移动到目标位置所需要的时间（如图 3-22 所示）。

$$MT = a + b\log_2(2D/W)$$

式中 MT——移动时间（Movement Time）；
a——常数；
b——斜率，受使用设备等因素影响；
D——与目标之间的距离；
W——目标对象的宽度。

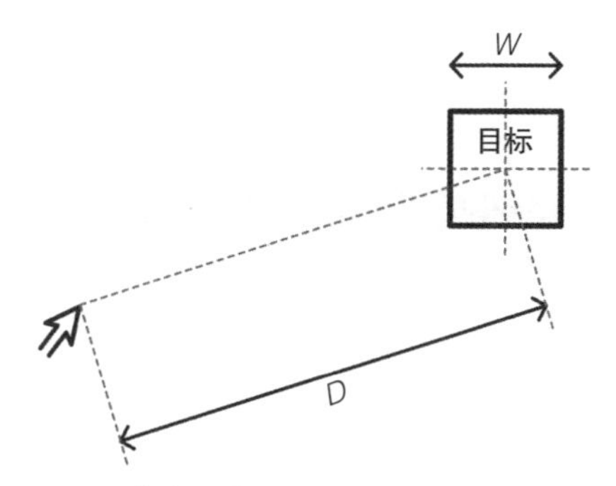

图 3-22　费茨定律

根据费茨定律，移动时间与距离成正比，与目标对象的宽度成反比。为了保持准确，移动时间会随着两个因素而增加：移动距离的增加，或目标对象宽度的减少。费茨定律在许多情况下可以准确预测移动时间。我们也可以据此优化界面的设计。例如，在电脑中点击鼠标右键，右键菜单就出现在鼠标所在的位置，这样可以减少鼠标移动的距离 *D*，如图 3-23 所示。

图 3-23　右键菜单

再比如，在手机上输入文字时，想要改变光标的位置，是非常痛苦的操作。因为这个时候的目标操作对象，是文字之间的空隙，它的宽度 *W* 特别小。豆瓣 App 是这样做的：移动光标位置时，光标会放大。这在一定程度上弥补了目标对象宽度太小造成的操作困难。如图 3-24 所示。

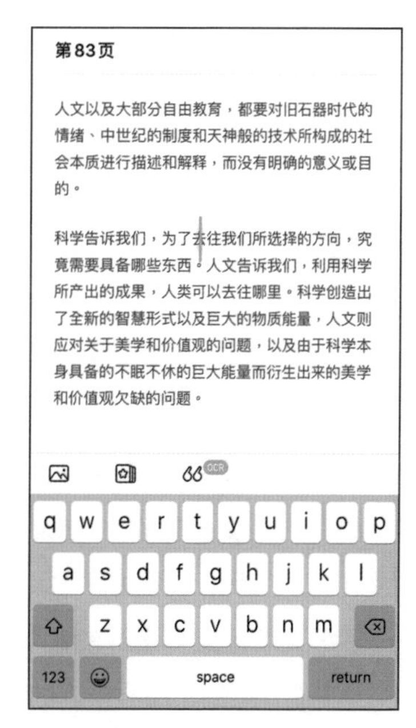

图 3-24　豆瓣 App 编辑笔记的界面

类似的例子还有，在界面上拖动和释放对象往往比较费力。这时候可以人为扩大目标区域的宽度（*W*）来减少移动时间。比如往 Gmail 写信界面拖动文件上传附件时，会出现占满整个正文区域的虚线框，用户可以在这个区域内释放鼠标，结束拖动操作。如图 3-25 所示。

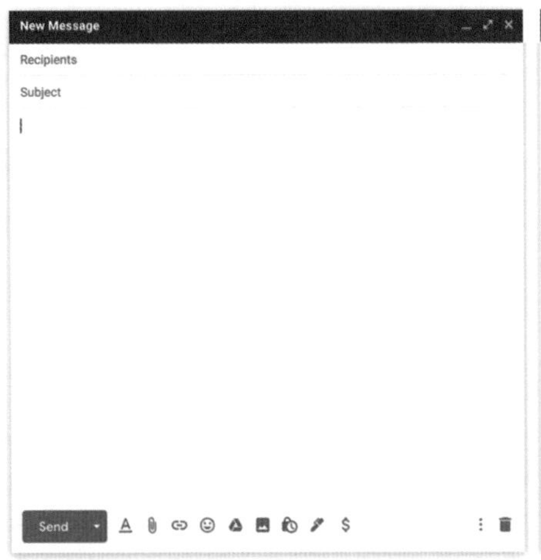

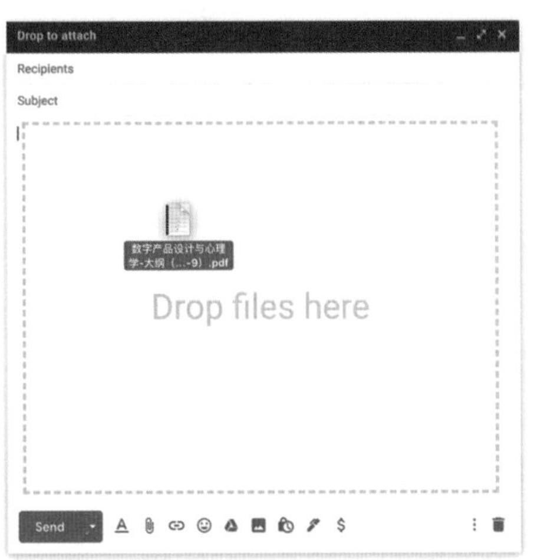

图 3-25　Gmail 写信界面

救救菜单

数字产品现在能做的事情越来越多，但是功能多了，菜单也就变得复杂。一级菜单下面有二级菜单，二级菜单下面有三级和四级菜单……多级菜单是交互设计的噩梦之一。为什么呢？下面介绍的定律会告诉你答案。

转向定律（steering law）是费茨定律的一个延展，它可以预测引导指针（如鼠标光标）通过有边界的路径（如菜单、滚动条或滑块）所需要的时间：[19]

$$T=a+b\,(A/W)$$

式中　T——整体移动时间；

a 和 b——常数；

A——路径的长度；

W——路径的宽度。

即，移动时间取决于有边界路径的长度和宽度。**路径越长、越窄，所需要的移动时间就越多。**

转向定律的一个典型应用是分层下拉菜

单。用鼠标指向菜单中的项目，子菜单会在悬停时打开。如果用户将光标移动到菜单区域外，菜单就会消失。为了避免误操作，一般要让路径宽一些。比如，在图 3-26 macOS 应用菜单中，从选项 Find 移动到子菜单的路径很狭窄，这个操作颇有难度。

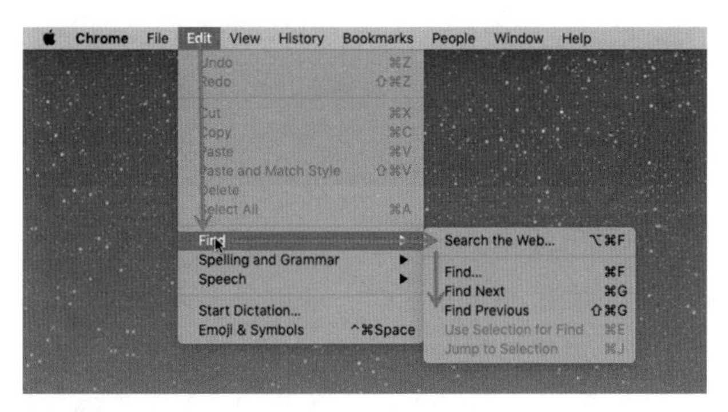

图 3-26　macOS 应用菜单

打开子菜单时，你可能会尝试往对角线移动，毕竟两点之间线段最短。但这样做时，鼠标会越过 Spelling and Grammar 的区域（如图 3-27 所示），Find 的子菜单不见了，你不小心打开了 Spelling and Grammar 的子菜单。一切又要重头来过。这个过程令人倍感受挫。

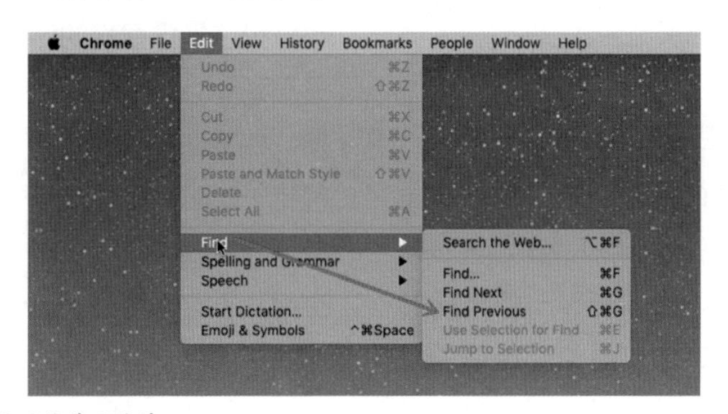

图 3-27　macOS 应用菜单子菜单

除了下拉分层菜单，常见的引导指针类的交互 UI 元素还包括：带参数的滑块、滚动条、视频进度条、可以拖动的游戏元素等。用户在移动这类 UI 元素时，很容易超出边界，设计师需要在设计时提前考虑，避免出现指针移出区域时操作中断的情况。爱奇艺视频底部的进度条设计很好遵从了转向定律，如图 3-28 所示。

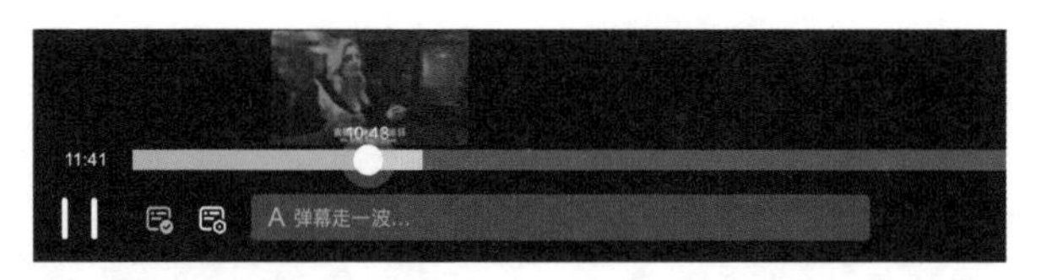

图 3-28　爱奇艺视频播放器进度条

如果鼠标没有移入进度条区域，进度条的高度很小。鼠标移入后，进度条高度增加，当前位置的圆形手柄也变大，这样鼠标可以在更宽松的边界路径中拖动，操作会显得容易一些。不过，也只是容易一些，我敢打赌，当你想要拖动进度条到某个具体位置时，会下意识地将脑袋和脖子都往前伸，好让眼睛聚焦在进度条手柄上面，以提高鼠标操作的准确度。

为什么人们难以沿一条直线控制光标呢？这与人的生理特征有关：手肘和手腕带动手部运动时，划出的轨迹更接近一条弧线，而不是线段。让手沿着一条长长的线段移动很困难，动作越长，出错的可能性就越大。这些操作还会受到操作设备和操作环境的影响，例如移动用户在户外使用设备时，容易受到颠簸和抖动的影响，手不稳的老年人和残疾人更是如此。

用转向定律改进菜单和滑块设计

下拉菜单应尽量简短，这样可以减少在狭窄路径中运动的时间和降低难度，同时也减少了视觉搜索的时间。最好不要使用分层菜单，尤其是深度超过两层的分层菜单。如果必须使用，可以在鼠标悬停时，等待一定时间后再显示子菜单，并增大菜单项的高度，让用户操作时有一些回旋的空间，不至于因为一点偏差就弹出了不想要的子菜单。更重要的是，要权衡好垂直和水平路径的宽度：

- 垂直路径短，意味着每一个选项的高度都会减小，这会让水平路径变得狭窄。
- 垂直路径宽，会导致从主菜单到相应子菜单的水平路径较长。

更具体地说，如果一级菜单宽度大，向下移动和选择时会比较容易，但是水平路径较长也会导致进入子菜单时出现更多错误。如果菜单选项的高度较大，水平路径会相对宽松，但是菜单会占用更多空间，在菜单中垂直移动时也需要花费更多时间。所以 Blender 提供了强大的右键菜单、快捷键和命令搜索，来弥补功能菜单的不足，如图 3-29 所示。

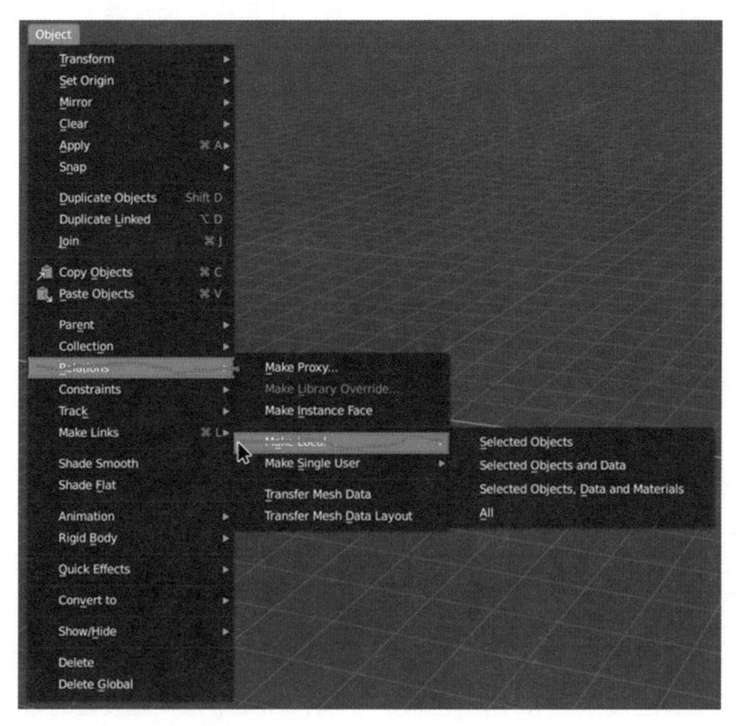

图 3-29　三维软件 Blender 的操作菜单选项

此外，在设计时还需要尽可能避免菜单层级断裂引起的误操作，如图 3-30 所示。

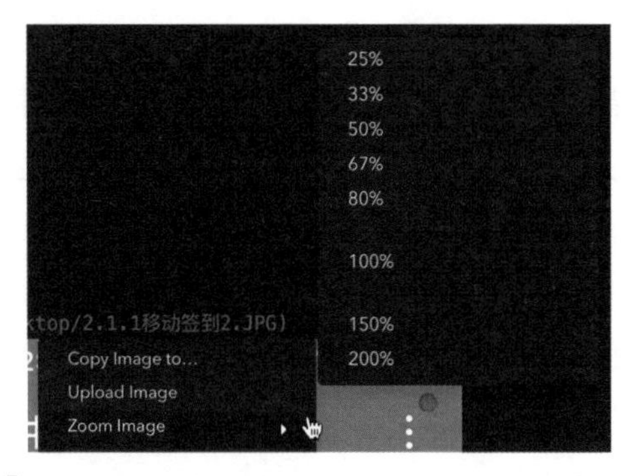

图 3-30　菜单层级断裂

总之，下拉菜单的问题很多，设计师在进行网站导航设计时（尤其是项目层级多而复杂的情况下），应该使用整幅菜单（mega menu）予以替代。这种菜单的特点是展示区域固定，鼠标可以自由移动而不会出错（如图 3-31 所示）。这个时候，转向定律就不再是问题，而是要重新考虑费茨定律，让目标选项足够大，容易选择。

图 3-31　阿里云网站的导航菜单

其他涉及路径转向任务的 UI 元素（如滑块、滚动条和视频进度条等），用户也很难精确控制，需要借助额外的辅助控件来提高操作准确性。比如，使用滑块来选择参数值时，先用滑块确定大概的范围，然后提供一个精细控件来选择更精确的数值，比如带有步进按钮的数字输入框。同时，允许用户点击滑块上的任意位置，而不是必须点击然后拖动。

总结一下，转向定律告诉我们，狭长的边界路径比短而宽的路径更难操作。

设计小贴士

下拉式菜单、分层菜单、滑块和其他沿路径操作的UI元素，应尽可能设计得宽而短。当然，最好是不要出现这些操作，而是用整幅菜单或其他控件来替代。

整幅菜单和下拉菜单的对比示例请见 https://www.figma.com/community/file/1085653345916329099。

3.2.4 认知卸载

用户的注意力是一种宝贵的资源，为了使体验流畅、愉快，设计师需要尽力帮助用户减轻工作记忆的负荷——就像电脑装了太多软件导致运行不畅时，需要卸载一些软件来腾出空间。而**交互设计的核心任务之一就是减少心理操作和认知负荷，把用户实现目标的交互成本降到最低。**设计时会增加认知负荷的情况包括：

- 无意义的元素和样式
- 需要四处寻找所需信息
- 需要仔细阅读的内容
- 滚动页面，或点击、滑动、双击等动作
- 文字或语音输入
- 页面加载和等待时间
- 需要回忆才能完成的任务

……

不同情境下它们对认知负荷的影响并不相同，这取决于用户的特点。例如，有阅读障碍的用户，可能会觉得阅读比点击更难；而有运动障碍的用户，可能会觉得点击更难。还取决于设备的特征——在连接到高速网络的台式机上加载高清视频，可能没有困难；但在网络不稳定的移动设备上，则可能需要很长时间。

前面的三个小节已经提过一些具体的设计

原则：**不要让用户回忆，不要提供过多选项，减少需要精细控制的移动操作。**这些都是认知卸载的方法。除了“不做”一些事情，产品设计师还可以“做”一些事情，帮助用户减少认知负荷。

保持熟悉

熟悉的东西不需要额外的认知加工，这一点在“识别，还是回忆”小节中已经反复强调过了。在用户界面中尽量使用熟悉的文字、图标、控件，提供熟悉的体验，让操作结果符合预期。比如，用户遇到不熟悉的语句如“数据拉取失败”“会话已过期，请重新认证”这些专业表达，就会出现阅读和理解障碍。如图 3-32 所示，什么是身份验证？什么是会话？会话为什么会过期呢？这个时候应避免使用长句，或者用图表辅助。

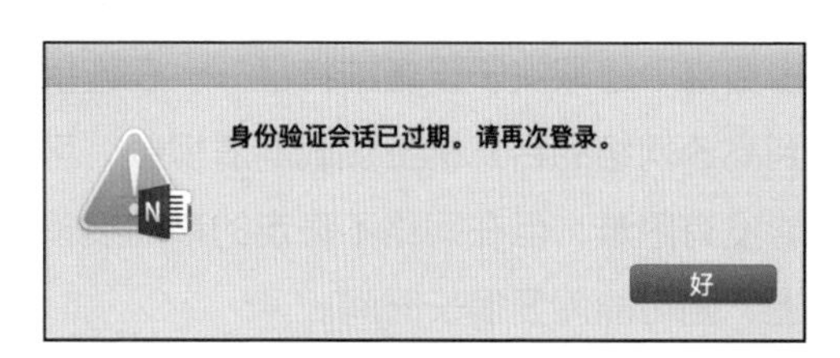

图 3-32　Microsoft OneNote 的对话框

界面设计常常强调一致性，这是减少认知负荷的重要原则。在使用数字产品时，用户经常不会花太多时间看清楚屏幕上的内容，就直接点击按钮。经验影响感知，他们更多是靠以往的经验来感知界面内容（自上而下的加工过程）。有时候我们起身寻找东西，如果它不在老地方，或者看起来与往常不一样，就容易被错过。一致性能提供稳定的视觉目标和线索，减少视觉和认知处理负荷。换句话说，保持一致性就像帮助用户合并同类项，如果是一模一样的东西，用户就不用另外消耗精力去识别和理解。具体来说，有四种一致性值得注意。

- 视觉一致性：在整个产品中，保持字体、尺寸、按钮、标签等元素的样式一致。它让产品更容易学习。
- 功能一致性：相同的控件，提供一样的功能。它让产品可预测，让用户感到安全可靠。例如，返回按钮在整个产品中的运行方式都相同。
- 内部一致性：这是视觉和功能一致性的组合。即使引入新功能或页面，只要保持内部一致性，用户也能够轻松使用。

- 外部一致性：在多个系统或产品中，视觉和功能也应该尽可能一致，便于产品的知识迁移。例如Adobe系列，一旦用户上手了Photoshop，就可以轻松理解和使用Illustrator、InDesign等。

不过也要注意，一致性并不是最高准则。

反常识

具体场景下的用户预期，比一致性更重要。

你能举出例子说明一致性有时候也需要被打破吗？

快速响应

20世纪50年代末，心理学家约翰·布朗（John Brown）研究了工作记忆的持续时间。在没有连续复述的条件下，很少有信息能保持10～15秒以上，[20] 工作记忆只能保留短暂的时间。不过，工作记忆的衰退并不只与时间有关，还与其他因素的干扰有关，例如需要记住的材料数量和属性等。[3]

使用数字设备时，信息大部分都显示在屏幕上。每当切换屏幕或刷新内容时，用户不得不暂时把信息保持在记忆中。如果界面切换或刷新的速度足够快，用户就不会因为加载等待时间过长，而忘记自己正在做的事情。

提供指示或示范

在界面上直接告诉用户当前状态。例如，在网站设计中，已访问的链接颜色和未访问的链接不同，以便用户不必记住哪些已经点击，哪些还没有——识别而不是记忆。

使用手机时，被外界打断的情况非常常见。界面设计需要时刻突出重点信息，方便用户被打断后识别并继续之前的动作。不要让用户记忆系统状态或者他们已经做了什么。相机应用是一个很好的例子。有好多次我打开相机，兴冲冲地想拍一张照片，没想到点了拍照按钮以后才发现视频录像开始了——我在打开应用时并没有注意到，相机还停留在视频模式。如图 3-33 所示，照片模式和视频模式的区别已经算比较明显，如果想拍摄视频，却没有注意到当前在延时摄影模式，结果是不是就更加尴尬了？

图 3-33　拍照、录视频、延迟摄影

人们最不愿意记忆的大概就是一长串步骤了。在合适的地方展示它们，或者提供一个容易回忆的路径，当用户想起来的时候可以找到。举个例子，躺平是一个家居生活分享平台，在选择发布内容方式时，有一个发文章的选项，点击后进入扫码界面还附带了操作说明，这样用户就不需要记住这些步骤再去网页端操作，如图 3-34 所示。

提供外部内存

在手机上阅读一篇满是干货的文章，我们会觉得很累。因为这是一项工作记忆负荷较高的任务。为了在小屏幕上达到和在大屏幕上同样的理解水平，用户必须花更多的时间。屏幕是一种自然的外部记忆——如果忘记了什么东西，可以重新浏览之前的内容。但是在较小的屏幕上，前面一段的信息不再可见，也就是说，可用的外部内存更小，因此需要花时间重新查看，或者要刻意记住一些内容。外部内存就是指在用户执行任务时，能帮助用户处理任务期间所需信息的内容或工具，外部是相对大脑工作记忆这一“内部”工具而言的。一个设计原则是：**尽量减少需要工作记忆处理的信息**。

图 3-34　躺平 App

使用数字产品时一个常见的困扰是忘记了前一步的信息。这并不能归咎于健忘，真正的罪魁祸首往往是界面要求用户记住很多信息，超出了用户工作记忆的容量。这时候应该直接显示这些信息，例如短信验证码直接显示在键盘上方，用户就不需要退出 App 再打开信息列表、找到验证码短信查看。

很多时候，我们会创建自己的外部内存工具。例如，用豆瓣 App 的想读功能标记感兴趣的图书，购物时把感兴趣的商品保存到购物车等待筛选，在浏览器保留很多标签页等待稍后阅读。这些都属于某种形式的外部记忆，能够为我们分担需要工作记忆处理的信息。

不同的任务有不同的工作记忆要求，在设计中，需要先理解用户试图达到目标时，会需要在工作记忆中保留哪些信息。找出那些需要用户阅读、记住或做出决定的内容，然后寻找替代方法：用图片替代文字，显示以前输入的信息，或是设计智能默认设置，又或者自动恢复阅读软件或播放器上次的工作状态，等等。每一点改进，都会帮助用户卸下一些负担，为真正重要的决策节省下更多的认知资源。

减少决策，拆分任务

另外一个工作记忆负担的例子是比较和决

策：用户需要权衡几个备选方案的利弊，并选择最好的。无论是比较酒店、电脑还是人寿保险计划，“比较”都需要记住多个选项，并挑选出最佳选项。如果用户要在不同的产品页面之间来回切换来比较差异，他们会感到困惑，尤其是当页面信息的格式不一致时，就更难比较出一个结果了——涉及抽象思维时，工作记忆容量就显得更加有限。针对这个情景，可以提供比较表格之类的外部工具，它能让用户在一个易于查看的表格中直接比较优缺点，这样做选择就容易多了，如图 3-35 所示。

保持好心情

当人处于负面的情绪状态时，会感到焦虑或悲观。这时，神经系统会集中注意力，只关注那些最紧要的线索，从而找到解决方案，注意和思维往往会“窄化”。而当人处于正面的情绪状态时，大脑往往能扩展思路，肌肉会更加放松，大脑也随时准备接纳正面情绪所带来的机会。[21] 正面情绪能唤起好奇心，有助于激发创造力，使大脑处于开放、高效学习的状态，这时候人们不太会“只见树木不见森林”，也更容易以轻松的心态处理碰到的小麻烦。也就是说，轻松愉悦的心情能提高人对意外情况的容忍，令人愉悦的设计本身就是释放内存的好方法。例如，在写作本书时，我使用 Markdown 编辑器 Typora，每一次新建文档，主题的背景设计都让我心情愉悦地开启新章节的写作，如图 3-36 所示。

	For individuals		For teams & businesses	
	Personal $0 Current plan	Personal Pro $4 per month Upgrade	Team $8 per member per month Upgrade Try for free	Enterprise $20 per member per month Upgrade Contact sales
Usage				
Pages and blocks	Unlimited	Unlimited	Unlimited	Unlimited
Members	Just you	Just you	Unlimited	Unlimited
Guests	5	Unlimited	Unlimited	Unlimited
File uploads	5 MB	Unlimited	Unlimited	Unlimited
Version history		30 days	30 days	Forever
Collaboration				
Real-time collaboration	✓	✓	✓	✓
Link sharing	✓	✓	✓	✓
Collaborative workspace			✓	✓
Features				
Web, desktop, & mobile apps	✓	✓	✓	✓
40+ block content types	✓	✓	✓	✓
50+ starter templates	✓	✓	✓	✓
Wikis, docs, & notes	✓	✓	✓	✓

图 3-35　Notion 的付费方案对比

图 3-36　Typora 编辑器 UrsinePolar 主题

设计小贴士

减少认知负荷有以下方法：

- 保持熟悉
- 快速响应
- 提供示范
- 提供外部内存
- 减少决策，拆分任务
- 保持好心情

3.2.5　重复与成瘾

既然我们的大脑那么吝啬，为什么我们每天还会花那么多时间上网，乐此不疲地刷手机、看视频、玩游戏呢？没错，正是因为大脑是吝啬鬼，所以它容易迷恋上可以“不劳而获”的东西，对那些无须投入太多认知资源却可以令人感到满足的棒棒糖，大脑可是来者不拒。这些棒棒糖，是朋友圈有新回复时的数字标识，是未读的小红点，是各种 App 信息流中刚刚更新的内容，是淘宝直播里全情投入的主播，是在地铁换乘时用 1 分钟就可以看完的短视频，是游戏里一次又一次金灿灿的奖励……这些棒棒糖有什么共同特点呢？

单次认知成本极低

读一本书比读一套丛书容易，读专栏比读书容易，读一篇文章比读完一个专栏容易，读 140 字的微博比读一篇文章容易……有没有比读一条微博还容易的呢？有，那就是朋友圈的回复和点赞，以及工资到账的通知。很多时候，我们读书只是在读书名和目录，读文章其实只是在读标题，读微博只是在看图片。信息世界如此繁忙，大脑这个精明的家伙怎么会自甘落后呢？它会选择那些可以一口咬下的食物，而很少坐下来慢慢品味大餐，更别说去尝试还得用手一点一点掰开的羊肉泡馍了。

想引诱大脑投资注意力，最好是让它觉得每一次的投资都微不足道。没时间看书，可以听 10 分钟的拆书；没时间仔细看文章，可以转发金句卡片；没时间看 2 个小时的大片，可以看 1 分钟的搞笑视频！当烦琐的购物过程精简成了一键操作，大脑怎么会不喜欢呢！

即时反馈 + 惊喜奖赏

人们都喜欢能够马上看到效果的行动，那些需要长期积累才有收获的行动，显然没有那么大的吸引力。就像我们玩游戏时，每一次操作都能让我们获得即时反馈，给我们带来即时的满足感。

关于大脑对奖赏反应的神经科学研究发现，相比固定的奖赏，不确定的奖赏会提高多巴胺的含量，让人们对奖赏产生更强烈的渴望。[22] 实际上，不可预测的奖励是老虎机和很多游戏的基本机制。因为奖励的时间不确定，人们会对游戏产生浓厚的兴趣，不停地玩下去，[23] 如图 3-37 所示。

曾经有一款名叫 WalkUp 的计步 App 很受欢迎。它的功能非常简单：记录用户每天走路的步数，并将其转化为在世界地图中前进的步数。

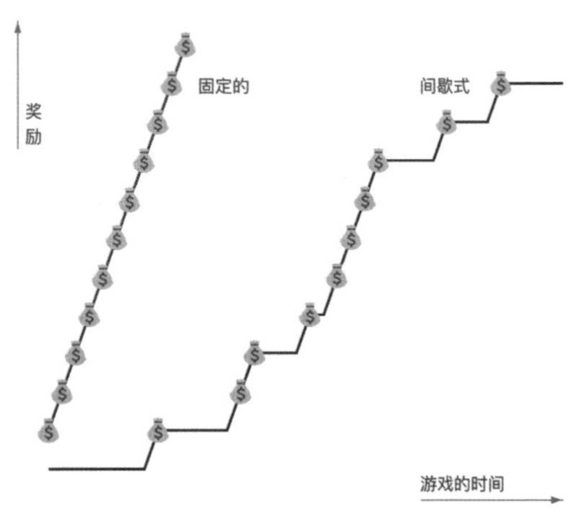

图 3-37　不可预测的（间歇式）奖励更能刺激人继续游戏

只要持续使用 WalkUp，每过一段时间，就可以解锁新的城市、国家、大洲。每到达一个地方，都能看到设计精美的城市形象或地标（如图 3-38 所示）。在这个游戏化的 App 中，充满了各种小惊喜。比如遇到意外事件时对这些事件做不同的选择，会获得不同的能量或道具。在即时反馈和充满惊喜的奖赏激励下，用户每天都迫不及待地打开 App，甚至会有意增加一些运动量换取前进的步数，期待旅途中有不一样的发现。

图 3-38　WalkUp App 的界面

重复路径极短

想让某个行为不断重复？首先要让它毫不费力。来看看抖音 App 教科书级的示范吧！

第一次打开 App，不需要注册，没有多余的功能介绍，也不需要做任何选择。马上进入产品的核心体验：看短视频。用户唯一需要做的事情就是往上滑，切换到下一个短视频（如图 3-39 所示）。更多的操作或提示（例如注册），都是在之后才出现。这样的产品设计让抖音最小化了使用产品的阻力，尽可能缩短了行动路径。

没有结束

保持重复的一个方法，就是不要让它停下来。

康奈尔大学的布莱恩·万辛克（Brian Wan-sink）教授做了一个实验。他用特别的设计把汤碗和桌子连接起来，请来被试用这些碗喝汤，直到喝饱为止。一部分碗被做了手脚，碗底连接着管道，研究人员可以偷偷向这些碗中注入汤水。实验结果显示，使用无底汤碗的人可以喝下更多的汤。他们并不是根据自己已经喝了多少汤带来的饱腹感来判断，而是看碗里的汤减少了多少来决定自己饱了没有。[24] 很多视流量如生命的数字产品也利用了同样的原则。用户滚动内容页面（例如新闻、文章、视频、商品列表）时，页面底部都会自动加载（如图 3-40 所示），这种做法的目的是消除任何让人暂停、思考或离开的理由。

这也是为什么很多视频和社交媒体网站，会在倒计时之后自动播放下一个视频，而不是等待用户做出有意识的选择。自动，不费力，替“我”做选择——这是大脑的小算盘，也是流量的收割机。

图 3-39　抖音 App 操作指引

图 3-40　淘宝 App 永无止境的商品列表

3.3 准备行动脚本

3.3.1 人机交互的时间尺度

交互设计是定义、设计人造系统的行为的设计领域，侧重于互动模式的设计。

注意力的分配常常以行动为中心。有效的界面需要以用户的感知和动作预期为基础，设计相关联的行动和它们之间的响应。

——《人机交互手册：基础的、发展中的技术和新兴应用》（*The Human-Computer Interaction Handbook: Fundamentals, Evolving Technologies and Emerging Applications*）

交互设计最关心人的行为，这正是本章的主题。不过和其他设计领域相比，交互设计的范围总是有点含糊不清。“互动”是一个很宽泛的概念，它之所以庞杂，不仅因为它涉及各种人造系统，而且因为它来源于人在不同情境、不同时间跨度下复杂多样且充满变化的行为响应。在不同的情境下，互动所需时间也不同。比如，人与人用语言沟通，时间响应以秒为尺度，而人与计算机等数字系统交互时，行为可以在几毫秒内启动，也可以持续数年（如图 3-41 所示）。

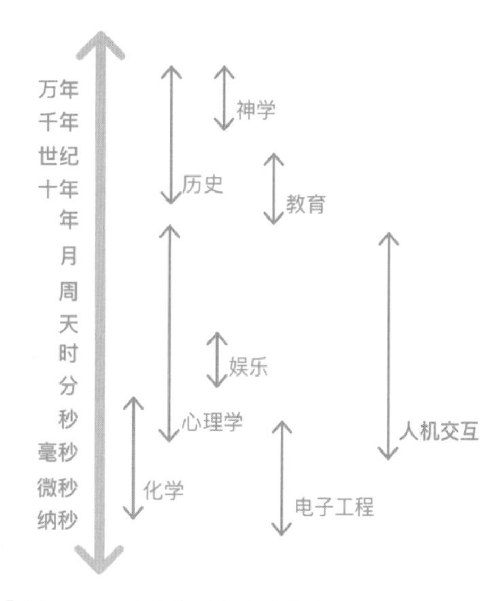

图 3-41　不同学科的时间尺度

不同数字产品所覆盖的时间范围不同，人们使用时的需求和行为也不同。有的产品会伴随我们数十年，记录下我们生活的方方面面，比如社交平台；有的界面我们可能只会和它打一次交道，比如法院的取号机，使用时长不过几秒钟。尼尔森曾经总结了用户体验领域不同时间单位的影响范围，如表 3-3 所示。

表 3-3 用户体验领域不同时间单位的影响范围

时间单位	影 响
0.1 秒	用户感觉操作结果是直接发生的
1 秒	用户可以忍受的操作延迟，依然感觉交互正常进行
10 秒	用户在同一任务中保持注意力的时间
1 分钟	用户完成大部分简单任务的时间
10 分钟	访问网站的时长绝大部分都在 10 分钟以内
1 小时	绝大多数在线任务可以在 1 小时内完成
1 天	用户习惯接收信息更新的频率；客户服务等待时长不要超过一天
1 周	复杂决策任务会持续 1 周或更长时间；某些信息更新频率以周为单位
1 月	企业购买决策和商业活动往往需要较长时间
1 年	用户成为熟练使用者的时间；组织变化的时间
10 年	用户成为专家的时间；数据存储和迁移的周期
100 年	社会性变革

资料来源：NIELSEN J. Powers of 10: time scales in user experience[EB/OL].（2009-10-04）[2022-9-14]. https://www.nngroup.com/articles/powers-of-10-time-scales-in-ux/。表格由作者根据资料内容整理而成

设计那些用户只会停留几秒钟的界面，和设计用户会持续使用几十年的产品，思路和方法肯定不一样。虽然再复杂的产品也是由一个个界面组成，但我们还是要从不同时间层次来考虑人如何与一个系统互动。本章主要关注发生在毫秒到几分钟这一尺度的认知处理过程、交互行为和反应。而时间周期更长、更复杂的行为则是第 4、第 5 章讨论的主题。

过去多年人机交互的研究发现，一个交互系统的响应度能否跟上用户，及时告知他们当前状态而不是无故等待，是决定用户满意度的最重要因素。要让用户觉得系统响应度高，需要在特定时间内满足用户对响应速度的预期，表 3-4 中列出了不同时间底线下，人类感觉和认知功能及相应的交互系统设计的底线，供大家参考。

表 3-4 人机交互的时间底线

时间底线	感觉和认知功能	交互系统设计的底线
0.001 秒	可检测到音频中无声间断的最短时间	音频反馈（如声音、“听觉信号”或音乐）中断或缺漏不能超过这个时间
0.01 秒	• 潜意识的感知； • 能够注意到的最短的“笔 – 墨”时延	• 让人不知不觉中熟悉图像或符号； • 生成不同音高的声音

（续）

时间底线	感觉和认知功能	交互系统设计的底线
0.1 秒	• 感知 1～4 项 • 无意识的眼睛移动（眼急动）； • 挠反射； • 因果关系感知； • 知觉运动反馈； • 视觉融合； • 物体识别； • 意识的编辑窗口期； • 知觉的“瞬间”	• 假定用户在 100 毫秒内可以“接受”1～4 个选项，超过 4 个则每项要花 300 毫秒； • 成功的手眼协调反馈，例如鼠标移动，通过鼠标移动、缩放、滚动或绘制对象； • 点击按钮或链接的反馈； • 显示“忙碌”标识； • 允许发言的交叉重叠； • 动画帧与帧之间最长的间隔时间
1 秒	• 最长的谈话间歇； • 对意外事件的视觉运动反应时间； • 可被注意到的“闪断”	• 对于长时间操作显示进度指示条； • 完成用户请求的操作，如打开窗口； • 完成未请求的操作，如自动保存； • 展示完信息后可用于其他计算（如启用原先禁用的对象）的时间； • 展示完重要信息之后必要的等待时间（之后再继续展示其他信息）
10 秒	• 不会打断对某个任务的关注； • 单元任务：较大任务的一部分	• 完成多步任务中的一步，如在文本编辑器中的一次编辑； • 完成用户对一次操作的输入； • 完成向导（多页对话框）中的一步
100 秒	• 紧急情况下的重大决定	• 假定已经提供了供决策用的所有信息，或者此时此刻这些信息都可以看到

资料来源：约翰逊．认知与设计：理解 UI 设计准则 [M]. 张一宁，译．北京：人民邮电出版社，2011

在优化数字产品的体验时，有 3 个主要的时间限制：[25, 26]

- 0.1 秒：在 0.1 秒内响应，能让用户感觉到自己在直接操作界面对象，系统也是即时响应的。例如，用鼠标选中一行文字，到该行文字高亮显示出来，这中间的间隔不应超过 0.1 秒。
- 1 秒：用户感觉进行顺畅，不必等待系统给出反应。如果界面的响应不能在 1 秒内完成，用户会失去操作的“流动感”，只不过这个延迟时间很短，用户的思路还不会被打断。如果延迟超过1秒，就需要给出提示，例如改变鼠标的状态表示系统正在处理。

- 10秒。用户在一个任务上保持注意力的上限。这时候用户很清楚地注意到系统变慢了，但注意力仍然能够停留在程序中。超过10秒的等待则需要显示当前进度，并且允许用户中断操作。

10秒以后，用户的注意力就不再集中。他们会走神，去喝杯咖啡或者打开微信。

设计小贴士

如果系统处理一个任务需要超过10秒的时间，应该向用户明确交代状态、进度，以及剩余时间。这样的任务最好能在后台执行，并允许用户随时返回查看进度，这样用户就能继续做其他事情。

响应时间的准则已经有40多年的历史，尼尔森认为，这些准则根源于人的认知反应，并不会随着技术发展而改变。

3.3.2 行动的七个阶段

交互设计关注人的行动。问题是人的行动变化万千：在室外使用地图时，会放大或缩小视图；使用大屏电视时，会用遥控器左右切换频道；使用手表查看步数时，会敲击手表屏幕……如果想分析并引导这些行动，我们该怎么做呢？

诺曼曾经提出了行动七阶段理论，[27]它能帮助我们从抽象的层面理解人与系统互动时产生的种种行动。行动有两个步骤：执行动作，然后评估结果、给出解释。执行和评估会最终达成一致：系统如何工作，以及产生的结果是否符合预期。例如，你正在开车，要在下一个路口左拐。如果你刚学会开车不久，可能需要一步一步地分解动作再逐一执行：转弯前先刹车，然后观察车后面的状况，以及与周围车辆、行人的关系，有没有交通标志和信号灯。你的脚必须在油门和刹车之间来回切换，双手还要打开转向信号灯，然后转动方向盘。这一系列的动作需要全身感官配合，需要你不断进行认知处理、决策、行动，每一个行动都会产生结果，然后你需要根据结果再调整行动。

同理，当用户操作一个设备时，会面对两个心理鸿沟：执行鸿沟（the gulf of execution）与评估鸿沟（the gulf of evaluation）。如图 3-42 所示。

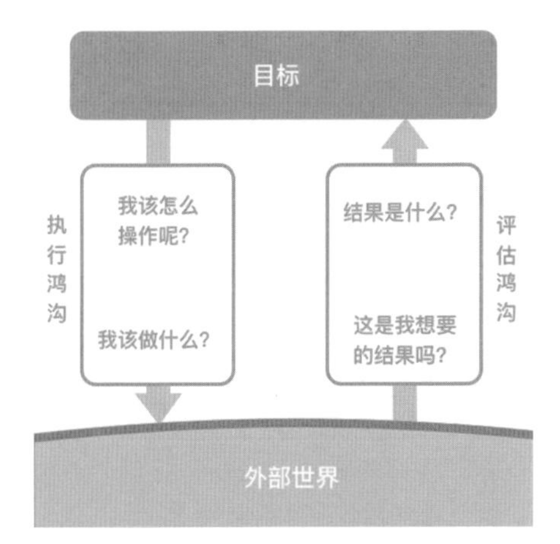

图 3-42　执行鸿沟和评估鸿沟

执行鸿沟是用户的意图与系统可以做什么之间的差异。面对执行鸿沟，用户试图弄清楚要做些什么来完成目标。举个例子，如果你需要在电脑上录制一段教别人如何使用 PPT 的视频，你想到的方法可能是下载一个录屏软件，然后点击开始录制的按钮。不过，这个录屏软件还需要知道更多信息才能开始工作：要录制屏幕的哪个区域，录制多长时间，录制的文件保存在哪里……这个时候，用户的心理模型与软件的实际运行方式之间存在差距，也就是说，执行鸿沟很大。用户的想法很简单——点开始按钮，但是录屏软件的实际工作方式可能是：

① 点开始按钮；

② 指定录制区域的形状。如果是矩形，则指定左上角屏幕坐标和右下角屏幕坐标。如果是其他形状……

③ 指定录制视频保存在电脑里的什么路径；

④ 指定结束方式（例如，是输入指令结束，还是到达一定时长后停止）；

⑤ 开始录制。

评估鸿沟是指能否达到目标，以及达到目标的程度如何。面对评估鸿沟，用户试图弄清楚设备处于什么状态，他们采取的行动是否达到了目标。想跨越评估鸿沟，就要考虑如何表示系统当前状态，以及如何让人准确地理解这一状态。如果系统不能清楚地表示当前状态，用户就必须付出大量的认知资源来理解到底发生了什么，并且推测之前的操作有没有让自己更接近目标以及离目标还有多远。

从目标延续下来的行动有三个步骤：计划，确认和执行。评估行动的结果也有三个步骤：感知外部世界发生了什么，赋予它意义，对比所发生的结果与想要达成的目标。

于是，上述过程构成了行动的七个阶段，如图 3-43 所示。

并不是所有阶段的活动我们都能意识到。比如我在网上搜索低价机票时，不会告诉自己“现在我在确认行动顺序，先输入出发城市，再输入目的地和时间范围……”。我们的很多动作其实都在反复循环这几个阶段而我们却不自知。只有当遇到新的情况或者陷入僵局时，我们才会注意到并且着手处理。另外，大多数行动不会按顺序经历所有阶段——其中的一些会反复多次，持续几个小时甚至几天；一些行动可能有多个反馈回路，其中的部分结果会影响下一步的目标；另外一些活动目标则可能被遗忘、抛弃或改写。

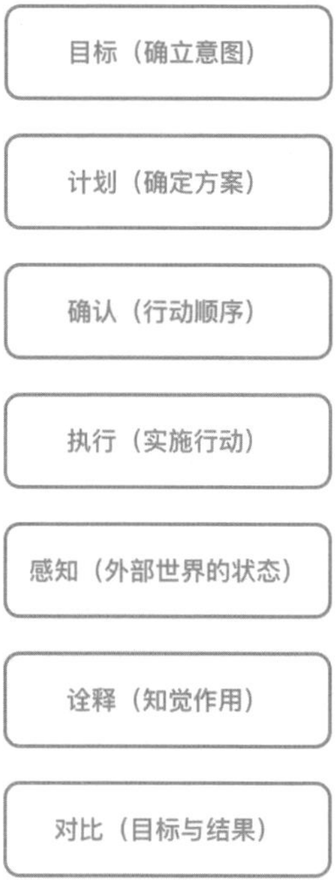

目标（确立意图）

计划（确定方案）

确认（行动顺序）

执行（实施行动）

感知（外部世界的状态）

诠释（知觉作用）

对比（目标与结果）

图 3-43　行动的七个阶段

诺曼进一步将行动分为三种：[28]

- 目标驱动型行动：行动始于建立一个新目标，即从七阶段的顶部开始。
- 数据或事件驱动型行动：行动周期从底层开始，由一些外部事件触发。
- 机会主义型行动：目标和意图并不明确，只是充分利用当前形势的行为。

假设你现在正坐在沙发上看这本书，外面的天色渐暗。如果光线继续变暗，你就没法继续阅读了。光线变暗这一外部环境事件，触发你建立评估体系，制定目标：获得更多光线。这时候你可能会去拉开窗帘，或者开灯。如果追问每个子目标的上层目标，我们最终能找到行动的根本原因，也就能重新思考是否有更好的解决方案。比如，获得光线是为了阅读，那么为什么阅读呢？你可能想学习交互设计的理论，为接下来的新项目找思路。阅读是一个子目标，而做新项目本身也是一个子目标。做新项目本身也许是为了完成工作、提升能力。

阅读专业书属于目标驱动型行动，而日常任务则更多属于机会主义型行动，不需要精心规划。例如，你可能在下班途中经过某个咖啡馆，遇见了一位老朋友，于是你们就顺便到咖啡馆坐下来聊天。比起目标明确的行动，机会主义型行动减轻了人们的心理负担。

行动的七阶段理论为交互设计提供了一个非常有用的整合框架，即按阶段划分行动，分析每一个阶段中人如何规划、反应和行动。不过，这个模型在预测用户的具体反应时不是很实用。下一节我们将介绍针对实际操作的任务分析模型。

3.3.3 拆解行动

如果你在设计一款食谱 App，你的这款 App，会怎样教别人做一道菜呢？

你会告诉他做这道菜的步骤和要点（如图 3-44 所示），比如想要做得好吃，需要在哪些关键步骤下特别的功夫。

引导行动的前提，是知道人们为了实现一个目标，具体会做什么、怎么做。对每个步骤了如指掌，才能知道在哪一个环节会发生什么事情，是否容易出错，是否需要特别对待。

图 3-44 懒饭 App 的视频菜谱

任务分析模型

早期人机交互的研究一般会把行动拆解为任务，即为了实现预定目标而做的操作，比如登录一个网站要完成一系列任务：打开浏览器→打开登录页面→输入用户名→输入密码→点击登录按钮。

任务分析描述用户为了完成一个目标必须采取的步骤，以及其他相关信息，比如体力和脑力活动、任务和要素的持续时间、任务频率、任务分配、任务复杂程度、环境条件、必要设备等。人机交互领域有很多任务分析和建模方法，表 3-5 列出了比较有代表性的模型。

表 3-5 任务分析模型

任务分析模型名称	英文全称	中 文
HTA	hierarchical task analysis	层次任务分析
GOMS	goal-operator-methods-selectors	目标－操作－方法－选择器
TKS	task knowledge structure	任务知识结构
MAD	method analysis description	方法分析描述
GTA	groupware task analysis	群体任务分析
CTT	concur task tree	任务树

下面将介绍最经典且应用最广泛的 HTA 模型和 GOMS 模型。

HTA 模型

HTA 模型是最早的任务分析方法，为后

续很多模型奠定了基础。HTA 根据分析目的，在多个抽象层次上拆解任务和子任务，逐级细化直至明确实际的具体操作，这样我们对用户和产品的理解也会越来越清晰。HTA 主要从目标、任务、计划、操作等几个方面描述任务：

- 用户在使用这个应用时想要实现什么目标？
- 应用想支持哪些人群的任务？
- 哪些任务是常见的，哪些则较少出现？
- 哪些任务重要，哪些不重要？
- 每个任务的步骤是什么？
- 每个任务的结果和输出是什么？
- 每个任务所需要的信息从哪里获取？输出的结果如何利用？
- 每个任务该使用哪些工具？
- 在执行各个任务时，人们会遇到什么问题？可能犯哪些错误？错误有多严重？
- 不同任务之间的关系如何？
- ……

这个问题清单几乎适用于分析所有数字产品的用户需求和交互过程。一旦描绘出用户为实现目标所采取的行动，就容易看到哪里需要提供支持，哪些步骤可以简化。例如，音乐播放器的其中一个使用场景是制作并分享歌单，可以对这个场景做一下任务分析，如图 3-45 所示。

然后针对目前体验还不够好的步骤（例如批量选取歌曲时不方便，分享到社交网络上不知道怎么写文案能更吸引人）有针对性地考虑如何优化。

GOMS 模型

在众多任务分析模型中，GOMS 模型常用于定性和定量预测人们使用系统时的操作和反应时间。[2] 它提供实现具体目标的**认知结构**，假设用户可以通过方法和选择规则，形成目标和子目标。GOMS 包含四个部分：

- 目标（goal）：用户执行任务最终想要实现的系统状态。
- 操作（operator）：用户为了完成任务需要执行的基本动作。
- 方法（method）：描述了实现目标的过

程，由子目标或操作构成。

- 选择规则（selection rules）：当完成同一目标有多种方法时，判断在何种使用情境中应该选择什么方法的规则。

图 3-45　制作并分享歌单的任务分析

上一小节介绍的行动七阶段理论，用抽象的方式描述了人们如何跨越执行鸿沟和评估鸿沟，GOMS 模型则关注完成目标的行动步骤。当完成一个目标有很多方法时，GOMS 对理解问题尤其有用。另外，可以定量测量也是它的优势。不过，GOMS 仅适用于熟练用户，不适用于初学者，因为它不能解释初学者容易犯的错误。

下面我们举一个实际例子。

目标

用一台 iPhone 13 拍一段视频分享给好友

方法

- 熟悉如何使用摄像头拍摄视频
- 选择用哪个 App 发送信息
- 登录 App
- 选择好友并发送视频

操作

- 熟悉如何使用摄像头拍摄视频
  - 在 iPhone 界面中识别相机应用的图标

    - 手指点击应用图标打开
    - 在应用界面识别拍照按钮
    - 手指横向滑动，切换到视频模式
    - 识别录像按钮
    - 点击录像按钮开始拍摄
    - 点击录像按钮停止拍摄
- 选择用哪个 App 发送信息
    - 在 iPhone 中找到并识别微信 App 图标
    - 手指点击微信图标打开应用
- 登录 App
    - 在登录界面回忆密码
    - 点击密码输入框
    - 点击键盘输入密码
    - 点击登录按钮
- 选择好友并发送视频
    - 在联系人列表中找到好友
    - 打开该好友的聊天页面
    - 点发送视频的按钮
    - 选择视频
    - 点发送按钮
    - 检查是否发送成功

选择规则

- 如果没有安装微信，则用 Messages 或者其他 App
- 如果摄像头被其他 App 占用，则先关闭其他 App
- 如果手机存储空间已满，则先清理手机释放足够的存储空间
- 如果摄像头状态是前摄像头开启，则切换为后摄像头
- 如果好友没有出现在第一屏，则使用搜索功能
- 如果视频太大超出发送文件大小的上限，则裁剪视频，或者更换 App 发送
- 如果运营商网络速度太慢导致发送不成功，则尝试连接 WiFi 发送
- ……

针对每一个操作，都可以寻找优化空间。比如选择好友发送视频时，有没有办法判断用户想发送给谁？怎样展示联系人列表？如果想发送给多个人怎么做？已选择和未选择的状态是否足够明显？GOMS帮助我们聚焦于人的目标、策略和行为，并帮助我们避免迷失在技术和像素中。

活动，行动，操作

交互技术的重大发展，无论是社交媒体、智能手机还是增强现实应用，都是为了让人们的生活更丰富、高效、美好，而不仅仅是完成一个又一个任务。早期的人机交互主要关注任务，而现在的研究和实践**更关注为什么要执行任务、任务有何意义。**“活动”和“交互”一样，涵盖范围非常广，每个人的理解可能都不相同。如何区分活动和非活动？活动是否可以分解成更小的单元？技术在人类活动中扮演着怎样的角色？早已有学者将活动理论引入人机交互研究领域，[29] 以便解答以上问题。人的活动（activities）是基本单位，它有三个层次：

- 最上层是活动本身，由某种动机（motive）激发，以满足一定的需要。动机是主体最终需要达到的目标。例如，学习驾驶是一种活动，它的目标是考取驾照。活动可以分为多层子系统。
- 行动（actions）是指向目标（goals）的有意识的过程。目标可以分解为子目标，例如，学车这个目标可以分解为选择驾校、报名、购买教学资料、上理论课、练习驾驶等。行动通过较低层级的操作来实现。
- 操作（operations）是指根据当下情境调整行动的过程。人们通常没有意识到自己正在做什么操作。例如，一个驾校的学员在听课时做笔记，他正在努力理解交通规则，而不是关注写字这个操作本身。

设计小贴士

将人的活动分解为三层，可以帮助我们思考为什么、是什么和怎么做。

结合活动理论的任务分析

在设计数字产品之前所做的任务分析，是从人的角度出发，分析用户如何分步完成任务。很多人误以为用例（user case）就是任务分析。用例以系统为中心，描述的是用户如何与系统交互，而任务分析并不是为了规划如何使用现有技术，而是为了捕捉和理解用户对任务的看法，找出那些可以去掉、自动化或优化的步骤，帮助用户更轻松地达成想要的结果。

设计总是离不开设计师对用户、环境和目标的深刻理解，只有准确地定义问题，才能真正解决问题。我们总是认为自己已经知道用户的问题，这往往是产品不受欢迎的根源。尤其是面向产品创新的任务分析，最好只描述用户目前如何达成目标，而不应限定解决方案。例如，如果目的是要重新设计在线花店的服务体验，一开始并不需要去了解用户如何在网上购买，而应该多走访实体花店，观察顾客会怎样选购鲜花。

设计小贴士

在用户观察中需要寻找五个关键点：

- 触发点：是什么让用户开始了他们的任务。
- 期望的结果：他们如何看待任务完成的结果。
- 基础知识：用户在启动任务时认为要知道哪些内容。
- 所需知识：用户实际需要知道什么才能完成任务。
- 工具：用户在完成任务的过程中使用了哪些工具或信息。

在前期做好详尽的任务分析，能促使我们去了解从目标触发到结果的各个步骤，从而更准确地定义问题。设计师还需要识别出任务流程中的决策点，以及用户在分析决策时需要的信息，如果信息不足，其实暗示了机会所在：避免使用用户不知道的知识，或是想方设法帮助他们获取相关信息，或者根据用户已有的知识来优化流程。

3.4 行动与反馈

3.4.1 心理模型

我们在行动七阶段理论中了解到一个概念：执行鸿沟。它是用户意图与系统可以做什么之间的差异。如果一个产品提供的操作与用户预期的差异很小，用户就不需要去考虑怎样使用工具，而只需要专注于事情本身。我们可以借助心理模型来缩小执行鸿沟。

心理模型（mental model）是反映用户理解系统状况、预期系统如何反应的一种心理结构。[30]这一概念来自苏格兰心理学家肯尼斯·克雷克（Kenneth Craik）的著作《解释的本质》（*The Nature of Explanation*），他提出大脑会构建“现实的小尺度模型”来预测和解释事件。[31]

我们已经对老朋友——大脑的脾性有不少了解，心理模型也是这位吝啬鬼节省认知资源的老办法。心理模型帮助人们简化对世界的认识，只保留必要的抽象知识，它取决于人们如何感知周围世界，而不是现实如何运作。例如，当我们使用手机拍照时，根本不会想起光学镜头成像的复杂原理（如图 3-46 所示）。在我们的印象中，相机的工作方式很简单：按下拍摄按钮，图片就拍好了。这是我们早已形成的关于相机的心理模型。

图 3-46 iPhone 的摄像头
资料来源：https://www.forbes.com/sites/gordonkelly/2019/04/18/apple-iphone-11-xi-xis-new-iphone-xs-max-xr-upgrade/

心理模型对产品设计的影响

心理模型受到人们的经验、习惯和预期的影响。在人机交互中，心理模型包含与系统有关的知识以及用户认为系统是如何工作的。这些知识帮助用户在选择某种行动之前，先在心里试验或模拟这一行动，再做出预测和选择。如果我们分别站在系

统实现、使用者、设计者的立场考虑，系统可以抽象为实现模型、表现模型、心理模型：[26]

- 实现模型：系统实际如何组成和运行。
- 表现模型（界面）：产品运行机制呈现给用户的方式。
- 心理模型：用户认为应该用什么方式操作，系统如何响应和完成工作。它来自用户的主观理解。

心理模型其实是一种**人为设计的对应关系**，可以借助相似的外观、相似的结构、相似的情景来实现。认知心理学家诺曼曾建议产品设计者，利用概念模型提供一个清晰的、可以记忆和理解的映射。[28]其实人们在解决问题时常常用到这个方法，那就是类比迁移。对于复杂的、全新的功能或交互体验，相似的情景更容易唤醒记忆，启动对应的行为方式。例如操作系统桌面的概念，就是简化了办公室实体空间，然后迁移到计算机界面中：界面（即桌面）上摊开放着不同文件，文件夹整齐地摆放在界面（即桌面）上的一角，不用的废纸可以移到回收站（即丢到垃圾桶）。

设计师应当努力降低界面的复杂度，让表现模型尽可能地匹配用户的心理模型。这样用户不需要了解实现原理，只需要知道一些简单的概念就能完成交互，这样的产品能给人易懂易用的感觉。有时候你可能会发现，用户的心理模型和产品的实际工作原理大相径庭，比如，人们用电脑编辑图像、数字音乐，这与用画笔画画、用乐器弹奏音乐的实现原理完全不同，但这不影响用户使用，用户基本上可以延续基于实体的创作经验。

心理模型会随着设备和平台而改变。以前在电脑上，人们习惯通过搜索引擎访问网站，例如搜索“新浪新闻”，然后点击搜索结果的链接进入，这是一种“搜索目的地 - 跳转”的心理模型。在手机上则不一样：滑动屏幕到某个页面，打开常用的App，然后查看推送的消息；退出到主屏幕，再滑动找到下一个 App 打开。这是“记住位置 - 打开”的心理模型。

在考虑信息的组织结构时，知道用户如何理解项目之间的关系非常重要。如果所见不符合所想，他们就会感到困惑。例如，菜单提供了一组功能，但它们的排列方式与用户预想的很不一样，那么用户在寻找功能时就需要花费更多时间。可以回顾一下“所见即所得，还是先入为主”小节。

心理模型一般是用户在长期经验中自发形成的，但也可以通过设计和训练来精心建构。也就是说，如果系统与用户的心理模型不匹配，有两种改进方法：

- 让系统符合用户的心理模型。比如，用户总是在错误的地方寻找某些东西，那就应该考虑是否需要把它们移动到那里。
- 改进用户的心理模型，使之更准确地反映实际情况。例如，用准确的文字标签命名界面元素，或者提供额外的说明、标签、教程和视觉提示等。

有时候，交互上的便捷不一定能提高可用性，如果界面上的调整与用户的心理模型冲突，那么优化的效果就会适得其反。例如，使用 Word 等文档编辑软件的用户，都养成了主动保存文档的习惯：每隔一段时间会用快捷键保存或者点击保存按钮。多年的使用经验，让用户形成了“告诉软件现在就保存，否则编辑的内容可能会丢失”的心理模型。而在线文档应用一般都会即时自动保存所有更改。那些习惯了本地文档编辑的用户，刚开始使用在线文档应用时，会找不到保存按钮。如果不提供任何保存功能，用户会感到不安全。所以在线文档应用可以保留保存功能，或者明确提示用户，所有更改都已自动保存，从而帮助用户建立新的心理模型。例如，腾讯文档会自动保存，并且在文档标题旁边显示最近保存时间，提示用户文档已经保存，如图 3-47 所示。

图 3-47　在线文档的心理模型不同于本地文档

如何建立心理模型

设计良好的界面有助于形成恰当的心理模型。但这并不容易。

- 每个人都有自己的心理模型。数字产品设计的一大难题是，开发者和用户心理模型之间的鸿沟。开发者知道的太多，对系统形成了复杂而细致的心理模型，自然会认为每一个功能都不言自明。而用户的心理模型则可能简单且不完整，他们不理解运作原理，也更容易犯错误。
- 心理模型惯性。人们不会随便改变他们已经熟悉了的东西，惯性会妨碍生成新的、更准确的模型。
- 用户不会对每一个产品都形成清晰的心理模型，而是会用一类模型来概括。例如，一旦习惯了使用某个视频网站，他们就会期望其他视频网站也一样。

人们期望产品的行为相似、体验一致。如果要设计全新产品，心理模型的挑战就更大了。这时最好先问一问自己：我要如何解释这个新概念？用户会形成什么样的心理模型？他们会迁移哪些产品的概念和使用习惯？他们会受到哪些已经形成的心理模型的影响？

理解用户的心理模型

- 研究并了解用户的期望。在具体设计之前，观察用户完成任务的行动和步骤，询问他们的想法。
- 了解用户惯用的语言，比如，他们会怎么打比方，怎么迁移已经知道的知识。
- 了解用户已经接受和熟练使用的界面模式。

有的产品会受和它相关产品的影响，这时需要注意将新的心理模型与用户已有的心理模型区分开来。例如，当网盘用户开始使用同步云盘的功能时，往往搞不清楚文件到底存储在哪里。用户使用网盘时的心理模型，是要先上传文件，文件保存在网盘中，需要时再下载到自己的电脑硬盘里。而同步云盘的心理模型，则是本地和云端各存有一份文件，不论在哪一端改动了文件，所有地方都会同步更新。

定义清晰的概念模型

借助概念框架，可以更直观地呈现心理模型的功能。[32] 概念模型中最重要的是对象 - 动作分析，它列出了系统展现给用户的概念对象、用户可以做的动作、各类对象的属性以及对象之间的关系，如图 3-48 所示。

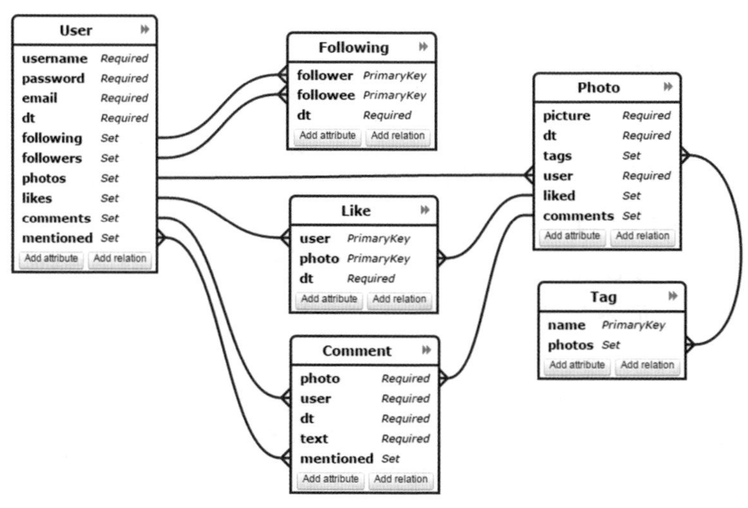

图 3-48　图片分享应用的实体关系模型
资料来源：ponyorm.com

恰当使用隐喻

隐喻是知识迁移的捷径。借用用户已经熟知的概念，去解释系统可以做什么、应该如何完成任务。例如，剪切和粘贴是计算机中最成功的概念模型之一。计算机真正处理的是数据位置的变化，实际上数据并没有移动，但是人们更容易接受熟悉的心理模型：从一块材料上剪下来一部分，再贴到其他地方。

可视化原本不可见的处理过程

在 macOS 系统中，如果想从 Dock 中移除应用的快捷方式，可以拖着应用图标离开 Dock 栏。这时候图标会变得透明，并且在图标上方会出现文字提示“ Remove”，松开鼠标后，应用图标消失，并且伴随消失的声效，这就让原本不可见的行为变得可见，也更容易理解，还可以避免误操作，如图 3-49 所示。

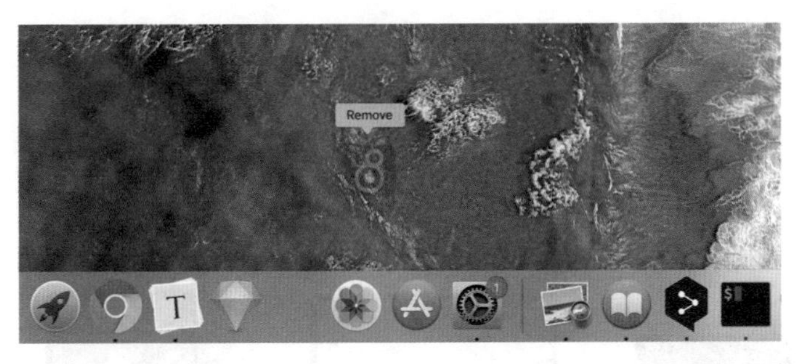

图 3-49 macOS 从 Dock 中移除快捷方式

设计小贴士

如何建立心理模型?

- 理解用户如何简化概念和使用过程
- 先定义清晰的概念模型
- 恰当使用隐喻
- 可视化原本不可见的处理过程

3.4.2 对话形式与反馈

回想一下，在过去的一小时里，你有没有和别人对话？如果使用数字产品就是和机器“对话”，那么这一天下来，你和谁的对话时间更长呢，人还是机器？

人们用自然语言对话，由一方发起，另一方响应。双方会根据对方的反应给出有针对性的反馈，对话才能持续下去。而人与机器的“对话”就没有那么自然了，需要借助一套硬件设备、软件界面，使用多种感官，经过复杂的认知过程，人机“对话”才能持续进行。

图形界面的对话形式：选择

人机交互经历了两次大的演变，分别是从命令行界面（command-line interface，CLI）变成图形用户界面（graphical user interface，GUI），再向自然用户界面

（natural user interface，NUI）过渡，如图 3-50 所示。

图 3-50 人机界面演进

使用命令行界面要靠记忆。比如说，在 UNIX 系统中有一个名为“myflie”的文件，你想修改文件名为“yourfile”，就需要记得并输入命令“mv myfile yourfile”。你不仅要记住移动的命令是“mv”，而且还必须记住参数的正确顺序——不能输入“mv yourfile myfile”，那样系统无法理解你的命令。

图形用户界面则省去了这些烦恼，它强调直接操纵、所见即所得。为了减轻人的认知负荷，计算机界面一直都在努力简化命令，转而提供选项。图形界面的菜单显示可供选择的命令列表，用户只需识别并选择图形化选项，而不必频繁地回忆命令是什么。

反常识

使用图形界面，就是在不停地做选择。

假设你要拍摄一张照片发布到社交平台上，可能会依次做出以下选择：

- 打开手机，**选择**拍照的应用。
- 在拍照应用中**选择**拍摄方式、滤镜等。

- **选择**拍好的照片。
- **选择**要对照片做的事情：分享。
- 社交平台有很多，你需要**选择**一个。
- 输入（也可以选择模板）描述。
- 最后，**选择**发布命令。

每一次人机界面的更新换代，用户都要经历一次学习“新语言”的过程。图形界面刚问世时，人们要学习移动鼠标并且对应到屏幕上光标的位置，需要记住单击、双击和右键的区别，要记住菜单如何打开，还需要学习区分不同情况下的选项列表，例如工具栏菜单和右键菜单会包含哪些命令。到了触摸屏开始普及的时候，人们则要学习轻点、双击、长按的区别是什么，要记住左右滑和上下滑有什么不同，要知道有些手势只在某些情况下才有效果。我们仍然处于图形界面主导的时代。这个时代最伟大的发明之一——搜索引擎，本身就是互联网海量信息的“回忆－识别”中转站。得益于这个工具，我们只需要花非常少的精力去回忆，剩下的都可以交给技术来挑选，我们只需要在最后确认选择什么。

自然用户界面（NUI）时代正在到来。触摸、抓握、点头、发声，这些所谓天生的能力，是自然而无须刻意学习的。所以人们理解的自然用户界面以触摸屏、语音交互为代表。但是，我认为自然本来就不存在界面一说，界面就是不自然的。真正的 NUI 应该是 No User Interface，即无界面。**无界面不是要减少选择或提供更自然的交互动作，而是要做到无须再选择**。

现在，人们已经不再满足于从回忆到识别的第一次大提速，技术正在努力去掉“识别”这个步骤：不需要在多个选项中判断和识别，直接给你想要的。技术一直致力于让人可以用自然语言去表达命令，然后系统依据历史数据、当下情境、用户偏好等，把原本分拆成多步的“选择”，自动合并然后一步到位（如图 3-51 所示）。大部分 AI 应用都在尝试用历史数据、偏好数据、群体数据、场景数据等来预判人的意图，我们不再需要回答“是或否”，就可以直接获得满意的结果。

反馈

反馈就是用户发起对话（做了某项操作）之后系统的响应。

我们何时需要反馈？先来看看由用户触发的对话，如表 3-6 所示。

表 3-6　由用户触发的对话

用户触发	反馈的内容	例　子
发出系统可理解的指令	指令已接收；系统已开始处理；正在按预期前进	按下播放按钮（按钮高亮）；视频开始播放
发出系统无法理解的指令	无法理解；无法执行	注册账号时输入的用户名长度过短
想了解系统当前状态	当前状态和进度	查看下载进度（开始/进行中/暂停/已结束）
决策点	提醒需要决策；展示决策选项	转发文件给某个联系人
无意识触发	反馈刚才用户做了什么，现在处于什么状态	手机滑动到列表底部时，可以继续上划一段距离，但是已经没有更多内容展示
结束某项系统任务	指令已接收；任务已停止	关机

再来看看由系统触发的对话，如表 3-7 所示。

表 3-7　由系统触发的对话

系统触发	反馈的内容	例　子
重要变化出现时	当前状态和进度	网络已断开
执行任务所需信息缺失	目标、需要、请求原因	设置日程提醒时没有指定提醒时间
来到用户决策点	提醒需要决策；展示决策选项	会员马上到期，是否需要续费
出现非预期情况	描述情况，提供建议和选项	文件因超出大小发送失败

系统反馈需要让用户时刻能确定自己的操作是否被执行、执行是否成功、执行整体进度、执行后会产生怎么样的影响、能在哪里查询到结果、是否可以撤销等（如图 3-52 所示）。这些反馈不外乎：“收到”“好的，这就开始 / 结束 /xx”“请等待”“有个新情况”“已办妥”。而反馈的形式不外乎：

- 视觉：最直观的反馈，几乎所有的用户操作都应该给出视觉反馈。
- 听觉：听觉反馈主要用于强调和发出警告。如果听觉不是系统中主导的交互方式，就不适合作为唯一的反馈形式，因为用户可能会关闭或者忽略声音提示。
- 触觉：通常用于强化物理动作、发出警告、模拟物理操作和感觉，例如震动。触觉并不适合传达复杂的信息提示。

图 3-51　Spotify 按照个人的音乐口味自动将歌曲聚合为列表

注：图中“Recently played”表示“最近播放”，“Made for you”表示“个性化推荐”。

及时响应，但不必大惊小怪

没有什么事情比对着一个不会回应你的人说话更让人有挫败感了。和数字产品交互时，没有什么比盯着界面、等待界面反应更烦人。数字产品的响应能力，是良好体验必不可少的组成部分。它通常可以由响应度来衡量。响应度并不等于性能，它满足用户在时间上的要求，关心的是人的感受。响应度可以分成四个等级，如表 3-8 所示。

表 3-8　不同的响应度

响应度等级	时　限
立即	小于 0.1 秒
延迟	0.1～1 秒
中断	1～10 秒
损坏	超过 10 秒

资料来源：COOPER A, R EIMANN R, C RONIN D, et al. About face: the essentials of interaction design[M]. 4th ed. New Jersey：John Wiley & Sons，2014。表格由作者根据资料内容整理而成

图 3-52　微信转发消息后的反馈

高响应度的系统不一定都要立刻完成用户请求，但应该能及时向用户提供操作反馈，并根据人的感觉、运动和认知时长来安排反馈的优先级，让用户及时了解状况。

设计小贴士

系统反馈检查清单：[17]

- 立即告知已经接收到用户的输入；
- 告知用户系统当前正在处理什么；
- 先显示重要信息，不需要完全加载后才让用户看到；
- 显示进度或完成操作所需时间；
- 对最常见的用户请求做出预期和预测，甚至提前处理；
- 能够智能地管理事件队列，根据输入的优先级而不是输入的顺序来处理；
- 允许用户取消他们不想要的长时间操作；
- 尽量缩短较大任务中的小步骤之间的延迟和间隔；
- 在等待时允许用户去做其他事情；
- 将不需要用户关心的系统内部过程放在后台运行。

响应度很重要，但是也要避免不必要的反馈。如果一点小事就报告，会显得大惊小怪。反馈应该由需求驱动，在恰当的时机让用户知道他们需要知道的事情。

程序弹出通知，告诉我们已经建立连接、已经发布记录、用户已经登录、交易已经记录、数据已经传输完毕，以及其他无用的琐事。对软件工程师来说，这些信息就是机器发出的嗡嗡声，表示程序运行正常。确实，这些信息可以用来调试程序，但对其他人来说，这些报告就像是地平线上的可怕光线，夜间尖叫、无人看管的物体飘荡在房间。

——库伯

3.4.3 视觉反馈：动画

动画这一形式由来已久。不过直到iPhone开始普及，多点触控和屏幕显示技术才真正释放潜力。人们在手机上用手势就可以完成操作，加上流畅的动画过渡，移动应用的响应度极大提高，能带来更加沉浸的使用体验——让人几乎忘记在触摸屏上面的点选、滑动、缩放这些动作，并不是真的在操控屏幕上的物体，它们都只是像素。

主流的用户界面平台都越来越强调动画的重要性。Google在2014年推出的Ma-terial设计指南包含四大核心原则：

- 大胆的、图形化的、有意图的
- 运动是有含义的
- 灵活组合
- 跨平台

Material设计指南强调，运动应该传递意义。界面上的动画，通过微妙的反馈和连贯的过渡，使用户的注意力集中并保持。动画形式活泼多样，能带来趣味感，表达情感。但我们要意识到，动画存在的意义，首先是扮演了系统和用户对话的中介，它能**营造真实感、引导注意和增进理解**。在添加动画之前，要确保它能促进系统和用户的交流。

营造真实感

身处物理世界，我们知道自己活在现实中。数字世界是虚拟的，但是同样可以让人感觉真实。动画就是营造真实感的极佳工具，用户对物理世界的预期，可以借助动画迁移到数字产品中。

> 我们希望我们构建的世界是连续的，就像我们周围存在运动的物理世界一样。当我们推动一个东西时，它就会滑动，然后停止，对吗？当我们松开物体让它掉下来的时候，它就会加速。如果往前推，运动会向外辐射，当我拍手时，声音会向外辐射。世界有运动的连续性。我们不是要让你在这个世界飞来飞去，我们希望世界在你的周围适当运动，让事情变得容易理解。
>
> ——马蒂亚斯·杜阿尔特（Matias Duarte）

为什么数字产品界面添加了流畅的动画后，人们会觉得更自然呢？这是因为大部分动画都会模拟物体在物理世界中的移动和变化，这样用户就可以根据自己在物理世界中的经验，来预测数字产品的运作方式。例如，在 macOS 系统中点击窗口最小化后，窗口逐渐变小，直到消失在打开时的位置（如图 3-53 所示）。这个动画对计算机而言毫无意义，但是对人来说并不多余。动画虽然持续时间很短，但它符合物理世界中的经验：物体在消失之前变小，最后归位到了原处。它暗示：窗口最小化到这里了，你可以从这里找到它并打开。

图 3-53　macOS 最小化窗口的动画效果

顺应用户对物理世界的期望，是设计界面动画的秘诀之一。我们从婴儿时期起，就形成了对物体的属性以及如何与之互动的期望：[33]

- 物体可以被遮挡，但它们仍然存在。
- 物体可以移动，但需要有外力的影响。
- 物体不会突然消失，然后在其他地方重新出现；相反，它们会在无阻碍的路径上移动。
- 物体在相互碰撞时会移动，但它们不会从远处相互撞击。
- 在半空中释放物体时，它们会掉下来

较小的物体可以装进较大的物体内部，但不能反过来。

■ ……

这些经验早已深入人心，在设计图形界面时，可以利用人对物理对象的行为预期。例如，如果把一个图标放到两个图标中间（如图 3-54 所示），这两个图标应该会向两旁挪开，如同物理对象在真实世界中相互碰撞后产生的结果。

图 3-54　iOS 整理桌面图标

引导注意

广告主喜欢动画和视频广告，因为这类广告可以吸引用户的注意力（说吸引是客气了，用抢夺或劫持会更贴切）。所以动画让人爱恨交加。

回忆第 2 章的内容，我们知道人的边缘视觉对运动很敏感。从进化的角度来看，边缘视觉能够检测到视野中心以外的运动，这当然是一个有利于保命的优势。但是进入数字时代，这种能力变成了负担：我们很容易被各种形式的运动分散注意力。当我们集中注意，阅读视野中心的内容时，屏幕边缘出现的通知、广告、宣传、消息更新的动画，都是在利用边缘视觉获取注意。如果这些动画移动速度快、变化很大，视觉注意力就不得不转移到那里，人就会分心。如果这些动画和正在进行的任务无关，用户就会感觉被冒犯。例如，在浏览 wikifactory.com 时，右下角弹出对话消息（如图 3-55 所示），干扰了注意力，让人厌烦。

设计师在考虑是否需要提供动画时，首先要回答这些问题：此时此刻，用户的注意力会集中在哪里？变化是由用户直接触发的吗？什么样的内容值得打断用户，提醒他注意？

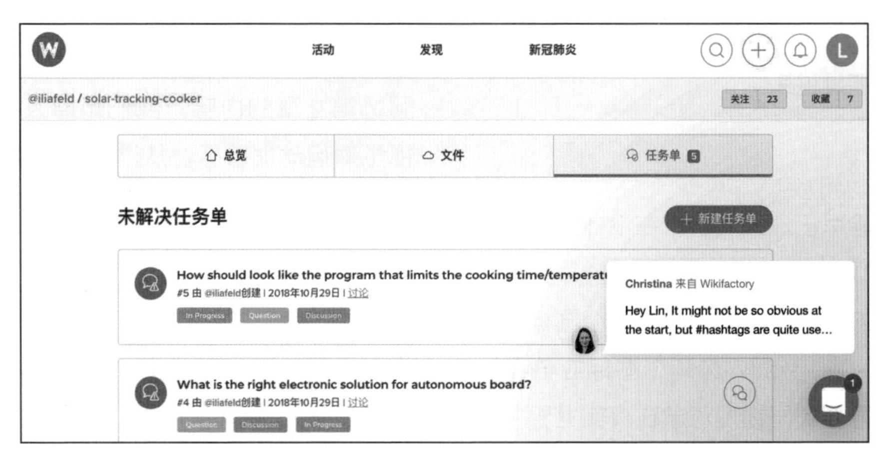

图 3-55 wikifactory.com 右下角弹出对话消息

设计小贴士

如果是用户必须关注并采取行动的重要元素，动画速度可以较快；如果不是用户当前需要处理的事情，或者不是用户触发的动画，变化幅度就应该小一些、慢一些，出现新元素时尽量不改变位置。

可以查看这个网页的 Live Demo 来感受动画速度的差别：https://tympanus.net/codrops/css_reference/animation-duration/。

增进理解

如果动画仅仅是在过渡时提供视觉刺激，那么它就可有可无。与其提供转瞬即逝的愉悦感，不如利用动画来提高可用性：[34]

- 说明元素之间的关系，指示如何使用元素。
- 展示系统的反馈，即当前的状态、进度。
- 解释发生了什么，更好地理解状态改变。
- 创造虚拟空间，给人位置感和路线感。

说明元素之间的关系

在空间有限的移动设备上，动画特别有

用。它帮助用户创造一个心理模型，把当前视野里的东西与之前出现过的内容联系起来，或者传达出元素之间、元素与用户操作之间的关系。如果想让动画有效地传达出元素之间的因果关系，必须在用户触发动作后 0.1 秒内开启动画效果，才能让人感觉在直接操作界面的元素。例如，用 iOS 编辑照片，选择照片比例时，在编辑区域下方选择比例，编辑区的图片边框就会流畅地切换（如图 3-56 所示）。这个动画告诉用户，图片边框会随着所选择的比例而改变，并且图片中心固定，宽高按比例自动调整。

图 3-56　用 iOS 编辑照片时选择照片的比例

动作的反馈

动画是一种很好的反馈形式，它能充分展示系统正在响应一个动作。例如，在 iOS 系统中输入锁屏密码错误时，代表密码的几个圆点会左右晃动，提示用户输入不正确，如图 3-57 所示。

此外，待办应用动画也可以作为操作前的一种预览形式，比如拖动列表项重新排序时，动画可以预览变化后的项目位置，如图 3-58 所示。

表示状态改变

动画可以表示系统切换到不同的状态。状态切换通常很难用简短的文字讲清楚，但动画可以做到，还可以巧妙地使用概念隐喻。如图 3-59 所示，iOS 系统调至静音的动画提示从屏幕顶部下滑出现，还包括一个铃铛禁用的动画效果，这样用户一眼可知静音已经开启。

除了显示模式或视图之间的过渡，动画也有助于传达不由用户操作触发的状态变化。比如很多内容型网站在加载内容时会先显示“骨架”——一些替代视频缩略图的线框，并且有一个光扫过的动画效果提示网站正在加载内容。

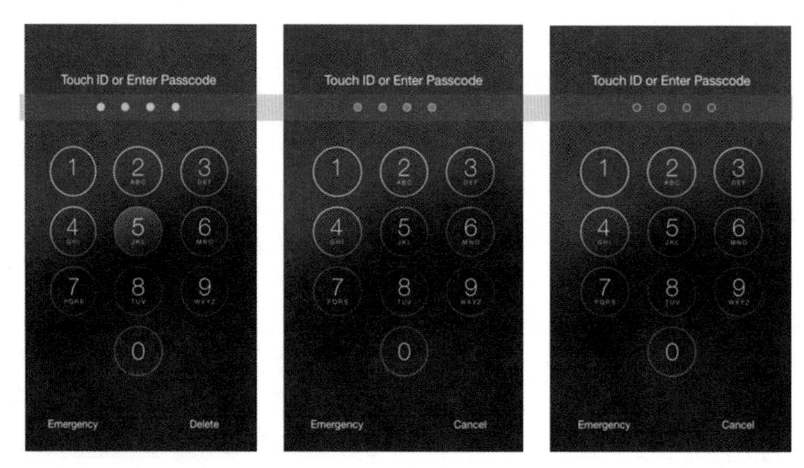

图 3-57　iOS 锁屏密码错误时的动画

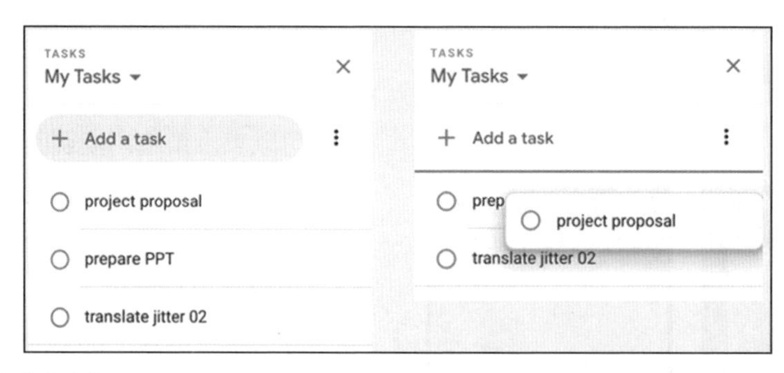

图 3-58　待办应用动画

图 3-59　iOS 系统静音后的动画提示

提供位置感和路线感

动画可以帮助用户了解如何与界面元素交互。运动的方向暗示着可以接受的动作类型。例如，一张卡片从屏幕底部向顶部弹出，暗示可以向下拉来关闭它。从屏幕的右边出现的页面，则表示可以向右滑动返回到上一页。如图 3-60 所示，在微信读书 App 中打开书本时，书页翻开，暗示书本摊开在书架上。

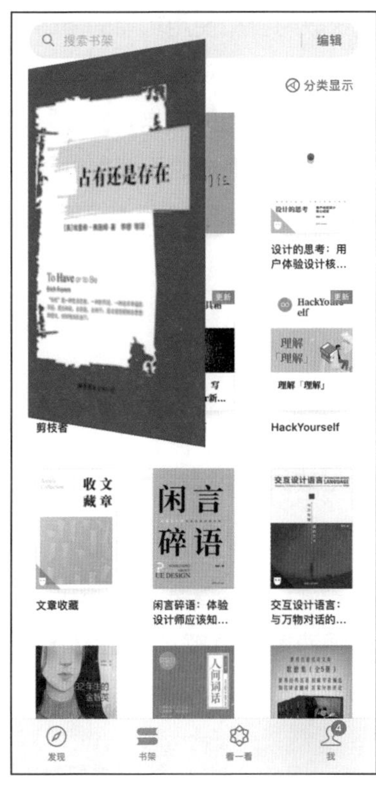

图 3-60　在微信读书 App 中打开书本时书页翻开的动画

动画的礼节

在设计数字产品界面时，动画是一把双刃剑。它既是丰富界面“语言”的好办法，又可能分散注意甚至让人晕头转向。使用动画，就如同与人交谈，需要注意基本的礼节。

出现时机。动画应该是有意义的，在用户真正需要时才适时出现。

刺激程度。动画需要平衡生理负荷和视觉传达效率，平衡认知负担和趣味性。令人愉悦的界面动画应该自然、流畅、微妙，而不会引起不适。如果使用对比度过高的颜色、动画帧之间缺乏过渡、变化或闪烁速度太快、包含太多视差（或旋转、滚动），动画可能会令人感到头晕或恶心，甚至诱发疾病。

持续时间。不要占用用户时间。动画的速度如果太快，会让人看不清楚或者头晕目眩；太慢则会让人失去耐心。大多数动画的持续时间在 0.1～0.5 秒，这取决于动画的复杂程度和元素的移动距离。

- 简单的反馈动画，比如勾选复选框，时长约为 0.1 秒。这是可感知运动的时间下限，刚好足以让人注意到反馈。
- 如果动画涉及较显著的变化，例如打开一个窗口，持续 0.2～0.3 秒比较合适。一个元素移动的时间越长，就越要平稳、不使人眩晕。

- 超过 0.5 秒的动画开始变得烦琐和烦人，一般用于大屏幕上幅度较大的动作。值得注意的是，动画对象出现时的持续时间，通常比退出时要长一些，比如弹出窗口用时 0.3 秒，但消失只需要 0.2 秒左右。

出现频率

一次动画带来惊喜，两次让人感觉熟悉，三次可能就令人讨厌了。反复出现的动画，会成为获取内容和使用功能的障碍。没有人愿意等待和反复观看冗长的动画。对那些用户会频繁使用的操作，例如展开、收起菜单，要慎重考虑是否要提供动画，以及反复触发动画会不会让人觉得厌烦。

设计小贴士

动画出现的频率越高，它应该越微妙而简短。

细节是魔鬼。这对设计界面动画而言，尤其贴切。微小的细节很重要，正如人与人对话时的用词、语气、手势等，都会影响对话的效果。而界面动画也能在 1 秒以内影响使用体验。如果目的充分、使用得当，用户会爱不释手。如果不充分考虑必要性和效果的细节，动画可能会适得其反。

更多的示例，推荐查看 Material Design 关于动画速度的讲解：https://material.io/design/motion/speed.html。

3.5 信息在哪儿？我在哪

3.5.1 信息搜寻

我们每天都会在网上寻找和查看信息。有的信息是随缘邂逅的，比如在网上看到一篇介绍国宝《千里江山图》的文章，不知怎么就跳转到了故宫的淘宝店。有的信息获取则颇费周章，比如我在写第 2 章内容时，查阅了古腾堡图表（法则）的内容，但是发现它的源头并不明确，权威的学术资料也较少，最后就放弃了这部分内容。

信息搜寻的三种模式

人们对信息的需求取决于当下的任务。如果要查找 2022 年第一季度的 GDP，只需要简单搜索。相比之下，研究阿尔茨海默病的最新进展可能需要几天甚至几周的时间。在 Nielsen Norman Group 的一项调查研究中，研究者总结了三种不同类型的在线信息搜索行为。[35]

- 获取：寻找一个事实，找到产品信息，或者下载一些东西。
- 比较 / 选择：评估多个产品或信息来源以做出决定。
- 理解：对某些主题有了理解。

我们可以用一个例子来区分这三类行为。想象一下，你的智能音箱突然打不开了。如果你查找客服电话，这是在获取信息。如果你决定买一个新的，并想从几个品牌和型号中选择，那么这是一个比较 / 选择任务。如果你想了解音箱的工作原理后排查故障，重点则是要去理解。理解和比较 / 选择，比只是单纯的获取，更容易找到关键信息。以下是针对不同类型的任务的设计建议。

获取型任务：快速、直接、简单

- 简单明了，操作简便。当用户试图查找事实、文档时，让这个过程简单利落。
- 直接给出答案。获取信息时，用户想要最直接的答案。
- 简洁易懂的语言。完成获取类的任务时，用户并不想费力去仔细阅读和理解。了解目标用户群会如何提问，使用简单、易理解的语言。

比较 / 选择型任务：更多信息，更多支持工具

- 提供多种来源且全面、丰富、详细的信息。比如在考虑要不要买某个电子产品时，用户可能会看测评文章、详细参数、购买评论、价格趋势等，提供多种信息能让他们在选择时更自信。

■ 优先展示关键信息，例如价格。用户希望尽快获得关键信息来提高效率，隐藏关键信息可能会让人提前离开。

■ 提供对比表格。一目了然的对比表格可以解决用户的痛点：对比产品的关键参数。

理解型任务：有条理、全面的信息，减少广告

■ 内容清晰且有条理。当人们研究某些主题时，需要理解大量陌生的知识，设计师可以优化内容样式以减轻用户的认知负担。比如在大段文字中创建小标题，形成利于扫视的内容组块，能提高用户的阅读效率。在理解型任务中，阅读体验很重要，清晰和组织良好的内容必不可少。

■ 集中展示信息。深入的理解通常需要整合多个来源的信息，用户希望所有信息都在一个地方，这样可以大大减轻负担。

■ 减少广告。在完成理解型任务时，用户特别容易受广告干扰。为了降低广告的影响，可以固定它的位置，并确保用户在接触广告之前，已经获得了高质量的内容。

针对人在信息搜索过程中如何与信息系统互动，尼克拉斯·贝尔金（Nicholas Belkin）总结了一个信息搜寻策略模型，提出构成此类策略的四个关键维度：交互的目标、交互的方法、检索的模式和交互的信息资源类型。[36]

如图 3-61 所示，这四个维度的组合能够描述不同信息搜寻行为的特点。例如，使用搜索引擎查找“联合国发展目标”，是一个偏重于学习、搜索、详述信息内容的行为。在设计时，就可以重点考虑如何为这些行为提供支持。

图 3-61 信息搜寻策略

设计小贴士

获取型任务：快速、直接、简单

比较 / 选择型任务：提供更多信息和更多支持工具

理解型任务：展示有条理、全面的信息，减少广告

信息觅食理论

人们如何在网上寻找信息？他们如何决定点击一个链接？他们会滚动页面查看详细内容吗？他们什么时候离开 App？他们什么时候喜欢搜索，什么时候喜欢浏览？这些都是信息觅食（information foraging）理论[37]关心的问题。该理论由帕洛阿尔托研究中心的研究员提出，它用野生动物觅食的比喻来分析人们如何在网上搜寻信息，如图 3-62 所示。

如果用户在查找信息时目标明确，他们就会评估信息价值与获取该信息的成本，并选择一个或多个信息源，以便最大化收益：

收益率 = 信息价值 / 获取该信息的成本

也就是说，如果人们有一个明确的问题，他们会快速判断在一个网站 /App/ 系统里找到答案的可能性，以及需要多长时间，然后决定是否继续在这里搜寻。这就解释了为什么人们不会盲目地浏览，或点击页面上的每一个链接：他们试图提高效率，在最短时间内获得尽可能多的信息。广撒网也许能捕到更多鱼，但是用户认为这样做的总体收益并不高。

信息觅食理论的实质是成本和收益的评估。设计信息检索体验，要回答用户的两个主要疑问：

- 这里有没有我想要的信息？
- 获取这些信息要花多少时间和精力？

ANIMAL FORAGING 动物觅食		INFORMATION FORAGING 信息觅食
Food 食物	Goal 目标	Information 信息
A site containing one or more potential sources of food 一个或多个潜在食物来源的地方	Patch 来源地	A website (or other source of information) 一个网站(或其他信息来源)
Search for food 搜寻食物	Forage 搜寻	Search for information 搜寻资料
The animal's assessment of how likely it is that a given patch will provide food 动物对给定的一块地提供食物的可能性的评估	Scent 气味	How promising a potential source of information appears to the user 对用户来说，潜在的信息来源有多大希望能提供他们想要的信息
The totality of food types that an animal may consider in order to satisfy hunger 为了缓解饥饿，动物可以考虑的食物种类的总称	Diet 饮食	The totality of the information sources that a user may consider in order to satisfy an information need 为了满足信息需求，用户可以考虑的信息来源的总和

图 3-62 信息觅食理论

资料来源：https://www.nngroup.com/articles/information-foraging/

当人们试图为某一需求获取信息时，一般会查看多个信息源。为了决定一个新的信息块是否值得探索，他们会估计选择后的收益会有怎样的变化，如图 3-63 所示。当然，这些判断并不精确。

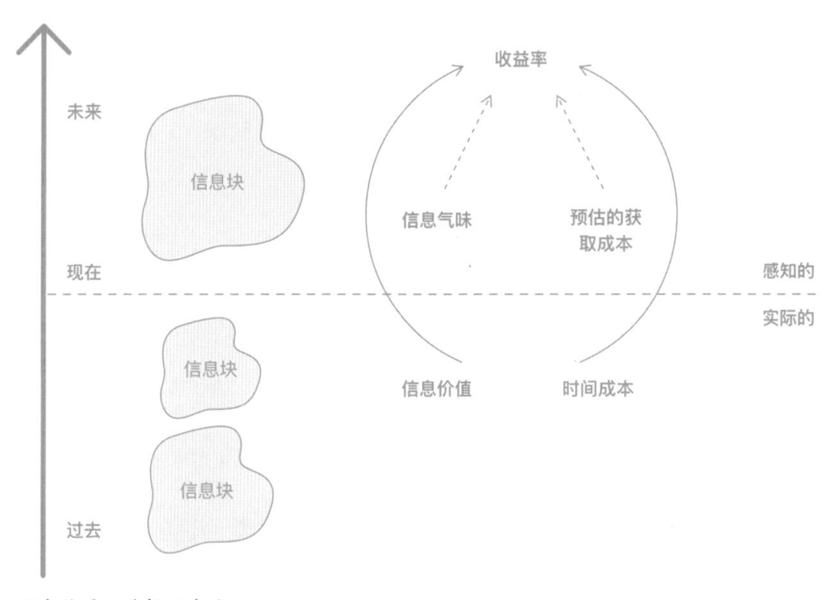

图 3-63　信息搜寻：选择信息块
资料来源：https://www.nngroup.com/articles/information-foraging/。根据原图重绘

设计小贴士

考虑如何增强用户对收益的预期，并降低用户对成本的估计。

信息觅食理论为设计信息检索系统提供了一个新颖而有用的视角，启发我们去思考如何满足不同的信息需求，比如界面应该提供丰富的元数据源、有用的导航提示、有效的内容分组，并能支持不同搜索和浏览策略。

信息气味

信息气味（information scent）是信息觅食理论中的核心概念。在访问一个页面之前，人们如何估计信息收益？每一个信息来源都会发出一种“气味”——这种信号告诉觅食者，在这里能找到目标的可能性有多大。那么，数字界面的信息气味又是什么呢？标题、图片、导航等这些可见的元素都可以传递信息的“气味”，而用户对信息源的了解——对搜索领域、品牌、信息源作者的任何知识都会影响他们如何辨别“气味”，如图 3-64 所示。

图 3-64　信息气味
资料来源：https://www.nngroup.com/articles/information-foraging/。根据原图重绘

设计时，应确保信息气味“对味儿”。如果用户正在搜索智能手表，却在当前页面上看到草莓、啤酒和糖果的图片，他肯定会认为这里没有想要找的东西。用户一直都在默默评估，当前路径是否有与期望结果相关的线索。设计时关键要让用户明确：

- 好东西就在不远处：确保链接和类别描述明确地告诉用户能找到什么，以及那正是他想找的东西。
- 自己正在去往那里：提供当前位置与目标之间关系的反馈，让用户知道自己仍然在正确的路径上。

图 3-65 是一个典型的 Android 手机应用软件下载网页，你可能不会喜欢它的设计，但是你会觉得在这里能下载到应用软件，因为它散发着合适的信息气味，让人觉得“食物”就在眼前，一定不会空手而归。

这是一个高效的设计，它告诉我们：“颜值”不必有多高，对味儿才是关键。

3.5.2　虚拟空间导航

人的大脑有很大一部分用来处理空间信息。现实世界的每一个空间都有确定、独立的位置，空间与空间的关系可以用方向、坐标等来表示。人凭借天然的空间感和方位识别能力，就可以辨认空间和位置线索，知道自己在哪里，以及如何在空间中移动。例如，要在一栋楼里面找到一间房间，如果知道它在第 42 层的东边，编号为 420，那么就容易找到它。

图 3-65　常见应用软件下载网页

可是在数字产品的虚拟世界中，不存在实体的地标等线索，那么空间和方向又意味着什么？我们并不总是很清楚自己在网页、应用程序或语音体验中的位置，也不太清楚如何到达想去的地方。数字界面在物理意义上都是二维的，要怎么表示空间与空间的关系？这就是信息架构和导航系统所承担的任务，需要设计师始终为处于虚拟空间中的人考虑：

- 用户认为他们现在在哪里？
- 他们认为如何从位置 A 去到位置 B？
- 他们的期望是什么？这些期望与界面的实际工作方式有何不同？

目录和超链接

表示虚拟空间的位置关系主要有两种模式：目录和超链接。

如果以页面为单位去组织虚拟空间，目录就是一个提供层级 / 树状关系的大纲。这是一种自上而下的结构关系，也很容易转换为可见的“路标”，例如导航和菜单，如图 3-66 所示。

互联网上的信息越来越多，目录自然也就越来越庞杂。很多时候用户并不会借助目录查找信息，而是以互联网最基本的特征——链接的方式，完成一次又一次如同任意门式的瞬间转移。

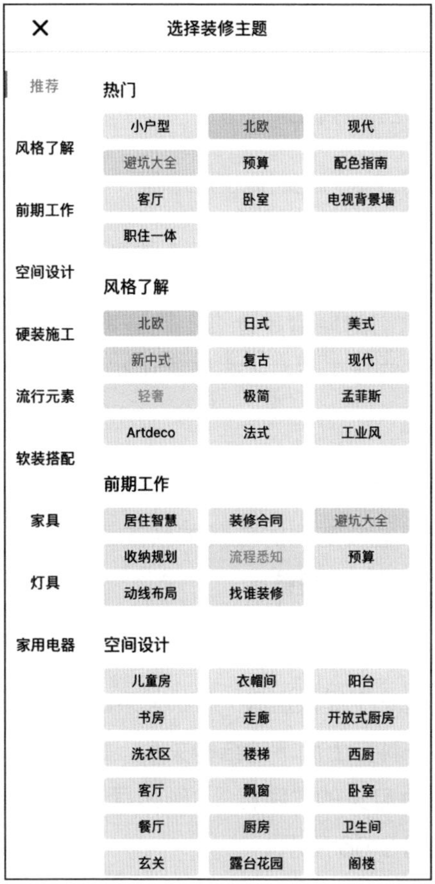

图 3-66　好好住 App 的主题分类

设计师对自己所设计的产品，当然了然于胸，早已形成了清晰无误的心理模型。可是大部分用户并没有这样的心理结构，他们难以想象自己当前处在树状结构的哪个节点，而更可能体验到的是一种“召唤神龙”式的操控感：点击当前页面上的一个开关 / 按钮 / 链接，便开启了一个新的空间。

在虚拟空间中设计位置导航，主要就是提供两种结构：

- 点对点路径：用户在当前情境会想去哪里？提供这些“任意门”，以及返回的路径，并且不要让他们感到混乱。
- 树形结构：同时提供全局树状结构的入口，标记出用户当前在哪里，可以去哪里。

点对点路径的好处是简单明了，无须记忆，只要给出快捷方式用户就能很轻松去到目的地。但是如果只有点对点路径，页面上可能需要布满通往其他页面的链接，而用户也无法形成全局的认识。想象一下，如果微信 App 没有一级导航（底部标签栏），当我们需要从某个微信群去访问朋友圈，再从朋友圈去访问一个公众号时，应该怎么操作呢？

树形结构则不同，它有利于人们了解网站 / 应用能做什么，但是需要经过一定的学习和记忆。一个复杂的信息空间的结构，往往需要占用较多的屏幕空间，用户理解起来也比较费力。通过浏览导航菜单、树状图、面包屑，找出自己在信息层次结构中的位置，这是一项复杂的认知工作。

这两种结构如何搭配和平衡，取决于用户的目标和数字产品所提供信息的特点。如果用户要在海量的网状信息节点中搜寻信息，例如搜索引擎，那么搜索功能和支持点与点之间的跳转更重要。如果用户要在一个 App 里管理自己的投资、查询市场指数、与其他投资者交流，那首先需要一个树形结构，让他们可以快速跳转到不同的功能模块。

动画与空间隐喻

“视觉反馈：动画”小节曾经提到过，界面动画的其中一个作用是给人位置感和路线感，防止迷路。动画可以用微妙的方式告诉人们，他们目前是停留在之前的页面，还是已经移动到另一个地方了。试想一下，如果在手机上突然弹出一个覆盖全屏的窗口，这个变化是瞬间出现的，没有任何过渡，那么用户就搞不清楚这个窗口和之前页面的关系，会突然失去方向感。相反，iOS 相册的动画则可以帮助用户理解分层信息空间的结构，虽然动画并不能代替可见的导航元素，但它可以向用户提示在一个流程或层次结构中的移动方向，这在复杂的导航结构中很重要，如图 3-67 所示。

人们在物理世界熟悉环境的过程中，会经历获得空间知识的三个阶段：[3]

- 地标知识：一般最先发展起来，对关键的、突出的地标形成视觉化的印象。
- 路线知识：知道如何从一个地点到达另一个地点，它常常是用言语来表征的特定导航决策，例如“在小卖部那里右转”，它常与地标的相对地点信息相关。
- 全景知识：是指能重新建构一个地区的全貌的能力，人们能够基于此做出预测，例如知道“从 x 到 y 有多远”。

图 3-67　iOS 相册中切换相册时间范围时的缩放动画

地标是标志性、可即时识别的物体，可以让用户准确地知道自己在哪里。人们在现实生活中经常使用地标，比如“我在牌坊下面等你”“看见那栋联通大厦了吗”。同样，数字界面也有类似的地标，这些标志性的元素包括：Logo 或首页图标，主导航，搜索框，区域标题 / 横幅，区域导航栏，面包屑，幻灯片 / 图集 / 日历等。

设计小贴士

在设计时，应该仔细考虑地标的形式、颜色、在页面上的优先级、位置和可见度等，保持一致，不要轻易改动这些地标元素。

语音交互的导航问题

在语音交互为主导的数字产品中，导航问题就更为棘手了。新用户往往会对这些设备产生焦虑：因为缺少物理线索，新用户不能确定设备是否听到他们的声音，而且系统的交互方式和时机与用户的期望存在一些差异。

首先，语音交互系统中没有任何关于当前

所处位置的提示，这与现实世界或屏幕界面非常不同。设想一下，你在智能设备上用语音查询了广州的天气情况，接着你可能会再问一个与此无关的问题，比如“到虹桥机场需要多长时间”，你现在想的是去到上海以后的事情，但是不清楚语音系统是否还在处理与广州相关的信息。现在大部分的语音系统在每次会话结束后都会开启全新的对话，以避免混淆和出错，但是这样也增加了在虚拟的“问题空间”中反复进出的成本。

其次，如果系统跳转到某个主题或应用内，与物理空间不同的是，没有任何线索表明你在这个主题内，你也无法通过视觉线索知道现在可以做什么，或如何与系统互动。

随着数字产品形态和交互方式越来越多样，在虚拟空间中的导航问题也将变得更复杂和不可预测，设计师们需要更深入地研究场景、用户行为和技术实现的可能性，找到跨越这一障碍的新路径。

小结

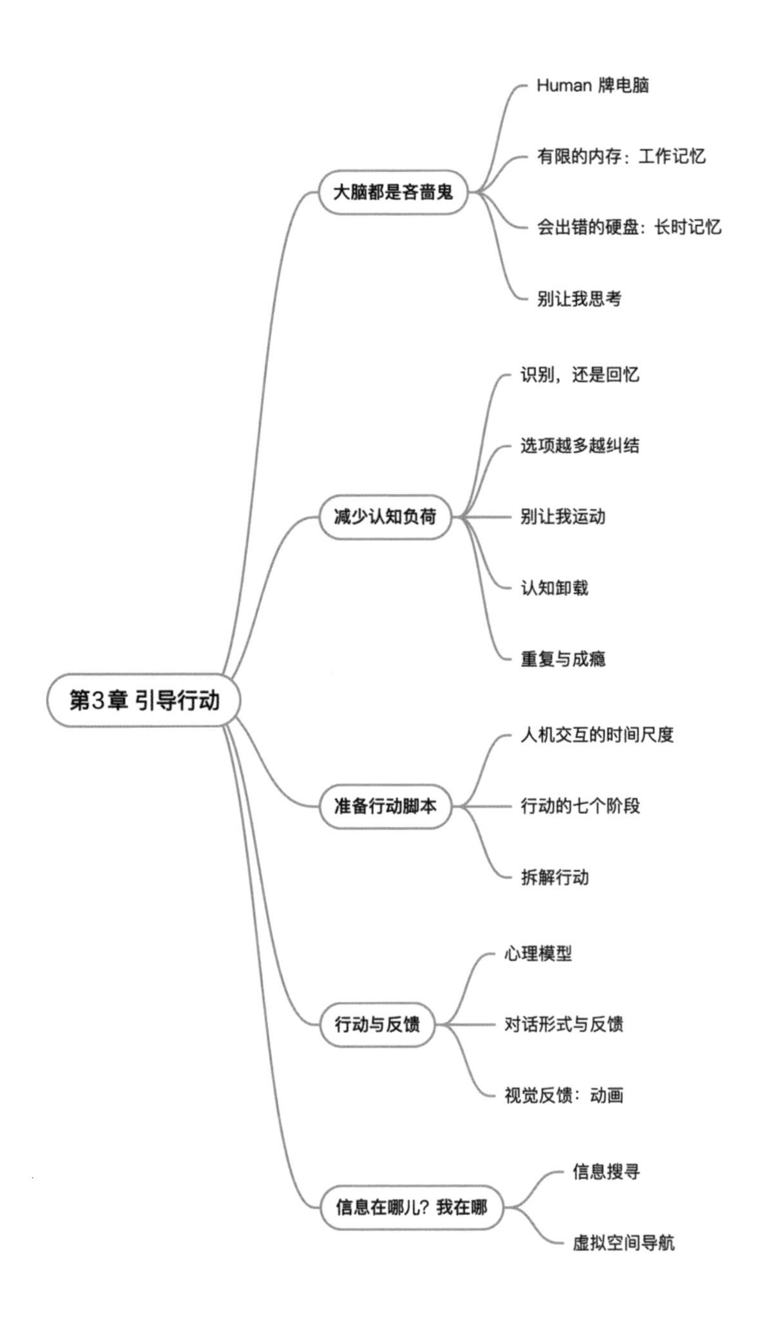
第3章 引导行动
大脑都是吝啬鬼
Human 牌电脑
有限的内存：工作记忆
会出错的硬盘：长时记忆
别让我思考
减少认知负荷
识别，还是回忆
选项越多越纠结
别让我运动
认知卸载
重复与成瘾
准备行动脚本
人机交互的时间尺度
行动的七个阶段
拆解行动
行动与反馈
心理模型
对话形式与反馈
视觉反馈：动画
信息在哪儿？我在哪
信息搜寻
虚拟空间导航

在这一章，我们把焦点放在微观、瞬时的行为层面，主要关注人与系统互动时的反应和动作。

首先我们需要理解，人的认知瓶颈会显著影响行为。人类行为受限于“内存”，也就是工作记忆中的信息存储量和保留时长。工作记忆是一个临时的存储和加工系统，容量极其有限而且需要消耗注意资源。产品设计时应分析用户在使用过程中需要调用哪些工作记忆模块，尽量减少不相关的环境信息和并行任务。另外，可善用组块，拆分界面内容，降低工作记忆的负荷。

相比于工作记忆“内存”的转瞬即逝，长时记忆这块“硬盘”里，存储着有关世界的事实和如何做事情的信息。但是它的缺点也很明显：容易出错，“印象派”，可回溯修改，提取时容易受很多因素影响。提取记忆非常费力，在设计时需要提供回忆线索，或者用识别替代回忆。

认知资源有限，是数字产品设计的大前提，想要提升使用体验，必然要降低负荷、减少心理操作：

避免这样做

- 避免回忆（类比填空题），优先让用户识别（类比判断题）。
- 避免提供很多选项，可根据希克 - 海曼定律，减少、整合、分组选项，或者优化顺序，增加选项间的差异。
- 避免需要精细控制的移动操作，可根据费茨定律，减少移动距离、增加元素宽度，让操作更轻松。

尽量这样做

- 保持熟悉。

小结

- 快速响应。
- 提供示范。
- 提供外部内存。
- 减少决策，拆分任务。
- 保持好心情。

接着我们从瞬时的认知过程扩展到更大时间周期内的行动，介绍了经典的行动的七个阶段以及执行鸿沟与评估鸿沟。引导行动的前提，是知道人们要实现什么目标，会做什么、怎么做。在更具体的用户任务分析中，可以借助活动理论、层次任务分析和 GOMS 模型，逐层拆解用户在数字产品中的操作，并针对核心环节去仔细优化。

除了逐层设计符合用户需求的任务，还需要从整体上提供一个贴近用户经验的心理模型。心理模型来自对世界的简化，用户以此预测系统反应并计划行动。借助相似的外观、结构、情景，可以人为地设计和建立起对应关系。如何寻找恰当的心理模型呢？我们需要理解用户如何简化概念和使用过程，据此定义出核心概念，借助一些隐喻和可视化手段，让数字产品的运作方式更贴近用户的设想和预期。

行动之后，用户需要及时的反馈。系统反馈帮助用户明确操作是否被执行、执行是否成功、执行进度、执行后的影响、能在哪里查询到结果、是否可以撤销等。发生在 0.1 秒以内的反馈让人感觉是即时的，而超过 10 秒没有响应，用户就会觉得系统不可用而离开。动画是一种特殊的视觉反馈，它能营造真实感、引导注意和增进理解。在添加动画之前，要确保它能促进系统和用户的交流，还需要注意基本的礼节。

小结

讨论完时间维度的行为反馈，我们还从空间维度去理解行为引导：信息搜寻和导航。信息搜寻可以分为获取、比较 / 选择和理解三种类型，它们使用的搜寻策略并不相同，在设计时需要有的放矢。如果希望引导用户关注某些信息，并留下来继续探索，则要考虑如何增强用户对收益的预期、降低用户对成本的估计。在虚拟空间中导航，主要是提供两种结构：点对点和树形结构。两种结构如何搭配和平衡，取决于用户的目标和信息的特点。

第4章

辅助决策

随着数字产品渗透到生活的方方面面，每一天我们都要做很多决策：要不要关注某个博主，选择点哪一家外卖，决定是否购买某个理财产品……人并不擅长决策，不但因为在做决策时要面对信息缺失和不确定性，而且人还容易因为各种认知偏差而做出并不明智的选择。这一章我们将理解人的决策行为，思考数字产品可以如何影响决策，如何帮助用户更好地决策。

4.1 理解决策

4.1.1 我们真的理性吗

假设你想买一个 iPad，眼前有两个选择：

选择 A：价格是 ¥7976.88

选择 B：价格是 ¥6229

你会选哪个？我想你肯定会选 B。

如果选项改为：

选择 A：这个月只需要付 ¥221.58 就可以马上拥有

选择 B：没有那么多钱，别买了

你会选哪个？怕是会抵挡不住 A 选项的诱惑吧。然而诱惑往往隐含着代价：A 选项需要分 36 期还款，本息总额就是上一题 A 选项中的 ¥7976.88。如果不分期，你只需要付 ¥6229。当然，这里并不考虑借贷杠杆，也不想批判过度消费，而是想引出本节的问题：我们做决策时，清不清楚自己的依据？

在信息、产品和服务过剩的时代，选择往往也过剩。做决定需要消耗认知资源，过多的选择可能会使人疲劳甚至导致决策瘫痪。矛盾的是，人们又容易被丰富的选择所吸引，功能多的产品往往卖得更好。当人们必须比较多个选项时，不仅会感到精疲力尽，而且一旦做出决定，反而会若有所失，总觉得遗漏了一些重要的东西。做决策很重要但也会面临很多矛盾，决策相关的研究受到很多学科如心理学、经济学、人因工程学等的关注。不同类型的研究侧重点不同，对决策的理解也不同，总的来说有三种类型的决策研究，如表 4-1 所示。

表 4-1 决策研究类型及侧重点

决策研究类型	研究侧重点
理性或规范决策	探讨人应该如何按照最佳参照系做出决策，例如努力使期望的利益最大化
决策的认知或信息加工过程	关注决策中的偏见和注意、工作记忆，策略选择中的局限性，以及启发式决策等
自然决策研究	关注人（通常是专家）如何在实际环境中决策

本节主要关注决策的认知或信息加工过程。决策过程本身就是一个复杂流程，认知资源、长时记忆、工作记忆等都会影响决策的效果。在信息加工模型基础上，威肯斯提出了决策的信息加工模型，如图 4-1 所示。

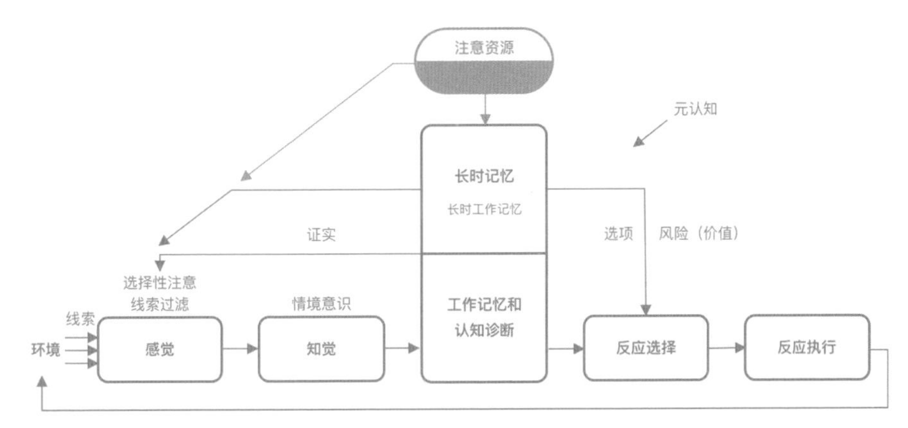

图 4-1 决策的信息加工模型

资料来源：WICKENS C D，HOLLANDS J G，BANBURY S，et al. Engineering psychology and human performance [M]. New York：Psychology Press，2015。根据原图重绘

从模型的左侧开始，决策者需要从环境中寻找线索或信息，它们可能很模糊，或者会被错误解读。受过去的经验和目标的影响，决策者会关注某些线索、过滤掉其他线索，这是决策的关键。到了诊断环节，决策者根据他们关注的线索来评估当下情境，形成对当前和未来状态的假设，然后继续搜索信息来验证假设。接下来是反应选择阶段，决策者根据长时记忆生成一组可能的行动路线或备选方案。

我们生活在一个不确定的世界，我们知道自己需要做决定但又不知如何去做，希望排除不确定性，但又不想过早地失去选择权。我们处理的信息可能简单，也可能复杂；可能清楚，也可能模糊；可能完整，也可能残缺不全。有时候，尽管已经收集到大量相关信息，但又不知怎样去挑选、组织并在给定的时间里好好地利用。我们知道凡事没有一定，但又不想承担风险。总之，做一个复杂、重大的决策要面临很多考验：

- 不确定性：不同的选择会产生不同的结果。如果结果可能令人不悦或者代价高昂，这些决策就有一定风险。
- 时间：有些决策可以一次性完成，有些则需要不断收集信息再选择方案。时间压力也会影响决策。
- 受经验与专业知识的影响。

> 同人类所生活的环境的复杂性相比，人类的思维能力非常有限。
>
> ——司马贺

司马贺提出，思维过程受有限理性的指导。[1] 面对问题，尽管我们会试图选择那些收益最大、成本最小的方案，但实际上我们很难精确地估计收益和成本。

反常识

人们通常只求足够好的解决方案，而不会去寻找最好的、绝对合适的。

做出“足够好”的判断或决策，可能并不如理想中完美，但是能把有限的资源应用到要求迅速行动的情境中。这种决策方法被称为**满意策略**：在形成和考虑所有选项时，只要发现了一个能够接受的选项，便会做出决定。相应地，人们做决策时常常依赖一组简易有效的经验法则（也称启发法），而不会做周全的分析。例如，在街头寻找小吃店，我们会根据店里的人数，快速判断这家店的东西好不好吃。

决策是一项复杂的认知任务，想要做出明智的决策，需要充分的信息、充裕的时间、充足的认知资源。心理学家认为，**之所以很难做出最佳决策，认知超载是主要原**

因——当可以利用的信息超过了认知负荷的上限，加上时间受限，人们会倾向于使用简化的启发式。[2] 用于应付信息超载的策略尽管经常有效，但也会导致错误和非理性。

下一节，我们就来了解一下头脑中的各种认知偏差。

4.1.2 认知偏差

大部分人认为自己总能做出理性的决策，但心理学和行为科学告诉我们，事实远非如此。我们如何做决策，受到大脑处理信息方式的影响。这些过程有时会出错（比如错误估计了概率、只关注现在等），从而产生认知偏差。认知偏差是指在判断中偏离规范或理性的模式，它是思维过程中的系统性错误，会影响人们所做的大多数决定，并导致非理性行为。

做决策时缺少必要信息是常有的事，遇到这种情况我们容易仓促下判断。试想一下，如果你准备去度假，我对你说："来看看这间酒店，你肯定会喜欢。它由国际顶尖的度假酒店设计师亲自操刀，价格也不贵……"你的脑海中可能马上会根据自己对理想度假环境的想象，浮现出酒店的样子，然后听到自己还能支付得起，就心动了。根据非常有限的信息就认定了一个答案，这往往不靠谱。刚才那句话我还没说完："……但是它离市区有100多公里，酒店附近没有什么可以吃饭的地方。"这时候你还会选择这家酒店吗？在挑选酒店之前，我们甚至都不会仔细考虑应该如何做判断，比如问问自己："要选择这次度假的酒店，应该了解些什么？我最看重什么？"

并不是只有做复杂或重要的决策时，人们才容易不理性。下面我们来做个小实验。

假设我从某段英文中随机抽取一个词（含有3个或更多字母），你认为哪种可能性更大：这个词以r开头，还是它的第三个字母是r？

人们在回答这个问题时，会回忆首字母为r的单词（例如road）以及第三个字母为r的单词（例如car），然后根据想到这两个词的容易程度来估计可能性。因为从记忆中搜寻单词的首字母要比搜寻第三个字母更容易，所以大多数人都会判断以r开头的单词，要比第三个字母为r的单词多。但实际上，像r或k这些辅音字母，出现在第三个字母的可能性更高。[3] 这是一种可得性认知偏差，容易想到的就觉得可能性大，不容易想到的就觉得可能性小。

很多数字产品都利用了认知偏差，引导用户做出有利于平台的选择。比如电商平台经常用倒计时激发消费者的焦虑以及害怕损失的心理（如图 4-2 所示）。诸如“库存少”“仅限本周”“最后一件”或“优惠券即将过期”之类的标签，总能有效地激发行动。人们担心如果现在不行动，就会错失些什么，这是一种稀缺性偏差，即难以获得的东西显得更有价值。稀缺的形式有很多，例如时间限制、数量限制、访问限制。所营造的情境越是紧急和稀缺，人们越难保持理性。

你对自己的心算能力有信心吗？我们再来做一个小实验。

首先，请用 5 秒钟来估计下面的乘法结果大概会在什么范围：

$$1\times2\times3\times4\times5\times6\times7\times8$$

5 秒钟的时间可能不足以完成计算，你估计的结果大概是多少？这个数字可能和大多数人估计的差不多，为 100～900。接下来再请你估计下面的乘法结果：

$$8\times7\times6\times5\times4\times3\times2\times1$$

图 4-2　拼多多的秒杀活动

你可能注意到，这和之前那道题很相似，只是乘数的顺序相反。但是在心算的时候，你可能发现它和第一题的感觉大不一样。第一步 7×8 得到 56，接下来是 336……你估计的结果应该会比第一题要大不少。

这是心理学家阿莫斯·特沃斯基（Amos Tversky）和丹尼尔·卡尼曼做的一个实验。[4] 这两个问题的答案都是 40320。但是人们在两次实验中的估计相差甚远，如图 4-3 所示：

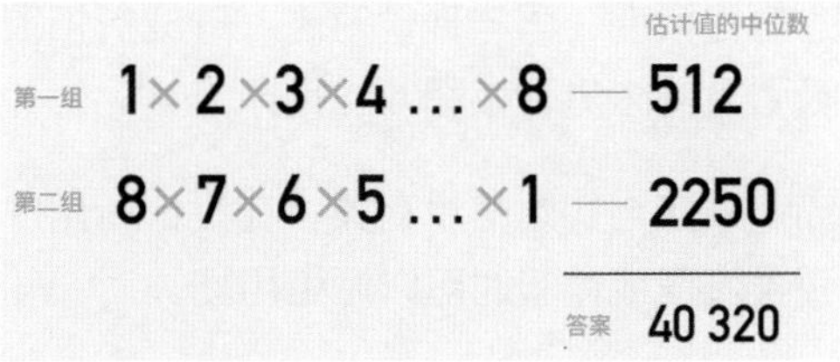

估计值的中位数

第一组 1×2×3×4 ...×8 — 512

第二组 8×7×6×5 ...×1 — 2250

答案 40 320

图 4-3 顺序不同的两组心算估计值相差甚远

- 呈现 1×2×3×4×5×6×7×8 问题的小组，估计值的中位数为 512。
- 呈现 8×7×6×5×4×3×2×1 的小组，估计值的中位数为 2250，是第一组的四倍多。

为什么估计值的差异这么大？关键是前两个乘数的结果：开头的数字小（1×2 = 2），估计的结果就会较小，而开头的数字大（8×7 = 56）则估计的结果就会较大。

麻省理工学院曾经有一项类似的研究。研究员询问被试是否愿意以某个价格购买一些商品，这个价格等于此人的社会安全号码（SSN）的后两位数字。无论接受还是拒绝这一价格，被试都要给出实际上愿意为该商品出多少钱。结果如表 4-2 所示：SSN 较小的人，愿意出的钱较少；SSN 较大的人，愿意支付更高的价格。例如，实验中参与者对无线键盘的平均出价如下：

表 4-2 实验中无线键盘的平均出价

SSN 的后两位	平均出价
00～19	$16.09
20～39	$26.82
40～59	$29.27
60～79	$34.55
80～99	$55.64

资料来源：ARIELY D，LOEWENSTEIN G，PRE-LEC D. “Coherent arbitrariness”: Stable demand curves without stable preferences[J]. The quarterly journal of economics，2003，118(1)：73-106。表格由作者根据资料内容整理而成

换句话说，尽管 SSN 与商品的价值毫无关系，但是人们居然将其作为他们愿意支付的商品价格的“锚点”。

上面两项研究都表明，人在决策时会过分依赖于初始信息，即使这些信息与决策无关，这就是“锚定效应”。锚定是人们常用的一种启发式方法，在信息、资源或时间缺乏的情况下有助于加快决策。对于大多数人来说，产生锚定效应往往不由自主，这有时会导致错误判断。不过锚定并非一无是处，例如，某领域经验丰富的专家，在面对问题时的直觉判断可能是正确的，因为他们已经处理过无数次类似情况。

现在你应该能解释，为什么商品页面总是会标出两个价格，一个是较高的原价，一个是看起来较低的折扣价了吧？因为商品原价可以提供一个锚点，提高用户对商品的价格预期，再与现价对比，形成折扣很吸引人的感觉，如图 4-4 所示。

锚定效应与初始信息有关，在设计新用户引导流程或体验时可以派上用场。

设计小贴士

利用锚定效应来引导用户：

- 提供合适的默认值。例如，设计抵押贷款计算器功能，可以按照大多数用户输入的数据提供默认值，帮助用户评估数值的正常范围。
- 在流程或任务开始时，调整用户的预期。例如填写问卷时显示一个进度条，又比如在文章详情页的标题下方提示阅读全文所需的时间。这有助于用户预先了解可能需要花费多长时间，评估当下是否有时间完成。

图 4-4　商品原价与现价对比

缺乏信息时人们会更依赖锚定来做决策。贴心的产品可以帮助用户设定合理的期望，降低决策的认知成本，甚至借此提高产品的感知价值。

目前为止我们已经介绍了三种常见的认知偏差：

- 可得性偏差表明人们基于最容易从记忆中提取的信息做判断。
- 稀缺性偏差影响人们判断事物本身的价值。

- 锚定效应表明人们依赖起始值来估计和做出判断。

这只是人类众多认知偏差中的一小部分。巴斯特·本森（Buster Benson）曾将200多种认知偏差整理成图表，并且把这些认知偏差的原因分为四类：信息过载，含义不足，仓促行动，记忆偏差。

鉴于存在这么多种认知偏差，我们也许得承认，每个人不理性的可能性和程度，会远超自己的想象。

4.1.3 大脑计较得失

从前，有个吝啬鬼不小心掉进河里，恰好有一位好心人路过发现了，好心人就赶紧跑过去趴在岸边喊："快把手给我，我把你拉上来！"但是吝啬鬼就是不肯伸出自己的手。好心人一开始很纳闷，后来突然醒悟，就冲着快要沉到水里的吝啬鬼大喊："我把手给你，快抓住我！"吝啬鬼听了，立刻抓住了好心人的手，得救了。

笑话归笑话，它背后隐藏的复杂心理机制，正是这一节我们要讨论的话题：大脑计较得失，却不太精明。

人们在做决策时，最常用的一种方法是衡量利弊，然后选择收益最大或损失最小的方案。那么如何理解收益和损失，就成为决策的关键。在心理学和行为经济学领域，这方面的研究非常多，下面重点介绍行为经济学领域的重大成果之一——前景理论。

前景理论由心理学家卡尼曼和特沃斯基在1979年提出，它研究人们如何在不同的选项之间做出选择，以及如何估计每个选项的可能性。2002年卡尼曼因此获得了诺贝尔经济学奖。前景理论假设风险决策过程分为两步：首先，人们凭借框架和参照点等收集并处理信息，然后再根据价值函数和主观概率的权重函数来判断信息。

反常识

人在不确定条件下的决策选择，取决于结果与预期的差距，而不仅仅是结果本身。

也就是说，人们在决策时会在心里预设一个参考标准，然后衡量每个决定的结果，与这个参考标准的差别是多大。

请看下面这两个问题：

问题 1：

A：肯定会得到 900 元

B：有 90% 的可能会得到 1000 元

你会选择哪一个？

问题 2：

A：肯定会损失 900 元

B：有 90% 的可能会损失 1000 元

你会选择哪一个？

你很可能会在问题 1 中选择 A，因为大多数人都会选择规避风险，喜欢更确定的选项，因此“肯定会得到 900 元”的主观价值更大。面对问题 2，大多数人的选择会是 B，因为“肯定会损失 900 元”令人难以接受，在没有理想的选项时，人们更愿意冒险碰碰运气。

人们在上面两种情境下为什么会做出不同的决策？这涉及人们如何评估价值。图 4-5 中的价值函数解释了收益与损失的心理价值。

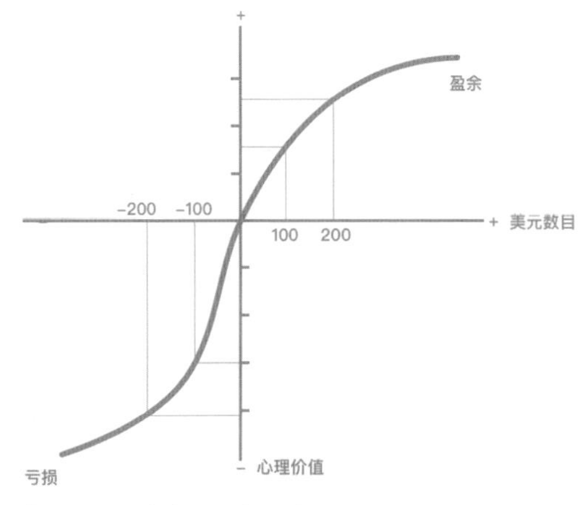

图 4-5 前景理论中的价值函数

资料来源：卡尼曼．思考，快与慢 [M]. 胡晓姣，李爱民，何梦莹，译．北京：中信出版社，2012。根据原图重绘

图中的曲线呈 S 形，由原点划分的左右曲线并不对称。在原点左侧，函数的斜率更大，它的含义是：**对损失的反应，比对同等数量收益的反应要强烈得多。**这就是所谓的损失厌恶。由此可以引申出几个决策特征：

- 确定效应：处于收益状态时，多数人是风险厌恶者。
- 反射效应：处于损失状态时，多数人是

风险喜好者。

- 损失规避：人们对损失比对收益更敏感。
- 参照依赖：人们对得失的判断往往由参照点决定。

所以，人们在面对收益时往往小心翼翼，不愿冒风险，会更看重那些确定的选择，宁愿得到有把握的小利，也不愿冒险获得更大回报。而在面对损失时，情况恰恰相反：人们不甘心接受现状，为了避免更大的损失而选择冒险。人们对获益和亏损的敏感程度不同，亏损时的痛苦要大大超过获益时的快乐。

我们都愿意相信自己是精明的决策者。然而，当面临是否购买东西、选择理财产品，或者挑选健身套餐之类的决定时，人们很容易受到认知偏差的影响。在设计数字产品时，我们需要考虑用户如何权衡不同选择的预期收益，这会影响他后续的行动。想要说服用户采取行动，可以考虑顺应人们对确定性的偏好。

设计小贴士

一个小而确定的奖励，可能比一个能获得更大收益的小概率机会更吸引人。

例如，在策划一个运营活动时，要设置一些奖品吸引用户，是应该提供满减的优惠券，还是一次抽奖机会？如果两种方式的成本相当，那么如何让用户感觉优惠券物有所值，或者让人觉得抽中奖品的机会（也就是预期收益）比较大？

对盈亏的偏见也可以解释为什么人们经常对某个产品、服务或网站保持忠诚。尝新是有成本的，如果想要说服用户使用新产品，就要站在他们的角度想想，这样做会损失什么？这样做的收益是否有足够的吸引力？让用户尝新往往需要提供足够的动力，即让用户对预期收益的感知超过对成本 / 损失的感知。

俞军老师曾经提到过一个产品价值的公式：

用户价值 =（新体验 - 旧体验）- 换用成本

其中的换用成本往往容易被忽视。放在前景理论的框架下，换用成本是用户转化的关键，如果换用成本涉及用户的损失，例如积累多年的资料无法转移到新产品中，那么用户会因为无法接受这种损失而放弃迁移。所以，尽可能降低换用成本，也许和提供远优于以往的新体验一样重要。例如，早期滴滴从出租车市场切入，它的产品价值是：

> 用户价值 =（预约打车的体验 −
> 街上拦车的体验）−
> 换用预约打车的成本

从路边拦车转换到预约打车的成本，主要取决于下单后司机接单的速度。滴滴在早期疯狂补贴司机并推出各种鼓励接单的机制，所以大部分场景下用户的换用成本并不高，但他们能获得非常直接的收益，只需要几块钱甚至免费就能打到车，这是用户能迅速从路上拦车转换到预约打车的重要原因。

框架效应

前景理论告诉我们，对收益或损失的判断会受决策框架的影响。所谓框架，是指用不同的方式呈现想法、问题或上下文，强调或忽略某种情况，从而影响最终的解释和决策。卡尼曼和特沃斯基研究了决策框架的影响，发现完全相同的信息会导致相反的结论，这取决于如何描述。例如，老板告诉你，下个月将会给你加薪 1000 元，听到这个消息你会有多高兴呢？如果你根本没有指望过加薪，这听起来简直像天上掉馅饼，你肯定喜出望外。但是如果之前老板几次暗示你会有 10000 元的加薪，现在你感觉如何？你会感觉亏大了，1000 元明显少于预期，你恨不得马上找老板去理论。客观上你都是多拿了 1000 元，可是心理感受完全不同。

有些决策不仅仅影响心情，还可能生死攸关。假设你要为一个病人选择治疗方案，一种方案是手术，另一种是放射治疗。医生给你看了表 4-3 的数据，你会如何选择呢？

表 4-3 手术方案 – 存活比例

治疗方案	治疗后存活人数	治疗后 1 年存活人数	治疗后 5 年存活人数
手术	90 人	68 人	34 人
放射治疗	100 人	77 人	22 人

如果医生给你看的数据变成表 4-4 中这样，你会改变之前的选择吗？

表 4-4　手术方案 – 死亡比例

治疗方案	治疗后死亡人数	治疗后 1 年死亡人数	治疗后 5 年死亡人数
手术	10 人	32 人	66 人
放射治疗	0 人	23 人	78 人

事实上，两组数据反映的事实是相同的。区别在于第一组数据以幸存者的数量来呈现，第二组数据以死亡人数来呈现。在幸存框架下，18% 的被试会选择放射治疗。而在死亡率框架下，这个数字是 44%。

决策时的参照点很重要。当我们在数字产品中想鼓励用户做出某种选择时，需要考虑如何描述这些选择。人们对负面信息和对正面信息的反应大不相同。你是愿意使用满意率为 95% 的服务，还是愿意使用投诉率为 5% 的服务？消极的表述让人们更关注可能的损失或消极的结果。而善用框架，可以让产品显得更积极、更具竞争优势。如图 4-6 所示，Infinity 的报价页面设计得很巧妙，列出主要竞争对手的费用与自己进行对比，以别人的按年付费价格为锚点，凸显出自己不但价格便宜，而且只需付费一次，这种价格优势让人无法抗拒。

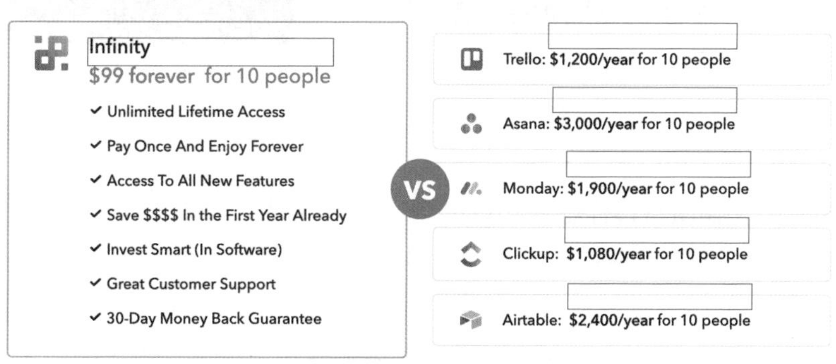

图 4-6　团队协作工具 Infinity 的产品比较
注：图中圈蓝和圈红的内容凸显了 Infinity 和其他产品的价格比较

规避损失

人们厌恶损失，对损失比对收益更敏感。保险就是建立在这样的心理特点和需求之上的特殊商业模式。尽管发生巨大损失的可能性微乎其微，但我们宁愿承担较小的、必然的损失（保费）也不愿承担巨额损失的风险。很多网站和应用，也充分利用了这一点，通过强调潜在的损失来说服用户购买或做出决定。如图 4-7 所示，电商平台经常利用有使用时限的红包 / 优惠券，让用户产生紧迫感，规避损失的动机会促使用户开始浏览商品列表甚至购买。

大部分的数字产品并不涉及金钱以及其他形式的巨大损失，但我们依然可以通过用户研究了解人们的顾虑，然后有针对性地提供信息来减轻这些顾虑。例如，用户可能不愿意尝试使用一个新产品，因为担心这会花费太多时间。那么设计师就可以考虑在用户决策的节点提供说明，例如完成目标需要多长时间，以及需要哪些信息来完成它。

禀赋效应

另外一个影响人们判断事物价值的认知偏差是禀赋效应。当我们已经拥有某些物品时，会容易高估它的价值；相比还没有获得的物品，我们更不愿意放弃手头已经有的东西。成语“敝帚自珍”形容的就是这种现象。

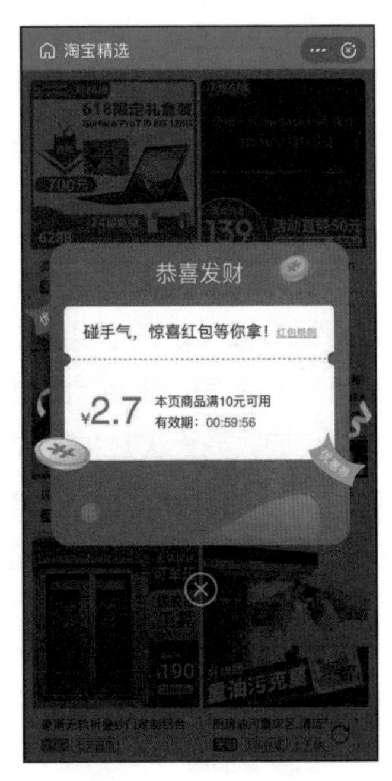

图 4-7　红包倒计时

心理学家和行为经济学家们做了一个实验，他们询问一群被试愿意用多少钱购买一个马克杯，然后免费送给他们这个杯子。随后，研究员询问他们是否愿意将手头的杯子换成笔、希望用多少支笔来换。结果，平均而言，被试希望用两倍数量的笔来换杯子——拥有杯子后，人们把它的价值提升了一倍。[5]

反常识

禀赋效应让我们再次看到，人在做决策时并不完全理性，会在拥有的情况下高估物品的价值，而不是在还未拥有的情况下付出更多来换取。

产品设计者可以针对这种心理来影响用户行为。例如，收费产品提供免费试用期，可以将决策过程中用户对成本和风险的感知降到最低。用户开始免费试用产品后，会认为这个产品是自己拥有的东西，也就赋予它更高的价值，因此更愿意为继续拥有它而付费。特别是如果用户在试用期间已经积累了不少内容、数据或个性化设置，就更加不会轻易放弃。同样，禀赋效应也可以解释为什么很难说服用户从他们已经觉得满意的产品，转移到另一个产品。另外一种常见的做法，是允许用户做一些自定义操作，例如选择头像、换肤，让产品看起来更有专属于自己的感觉，用户就会更看重产品的价值。比如，在 Notion 中自定义封面除了可以选择官方提供的不同主题的图片，还可以自行上传，或者选择 Unsplash 高清图库中的图片，如图 4-8 所示。

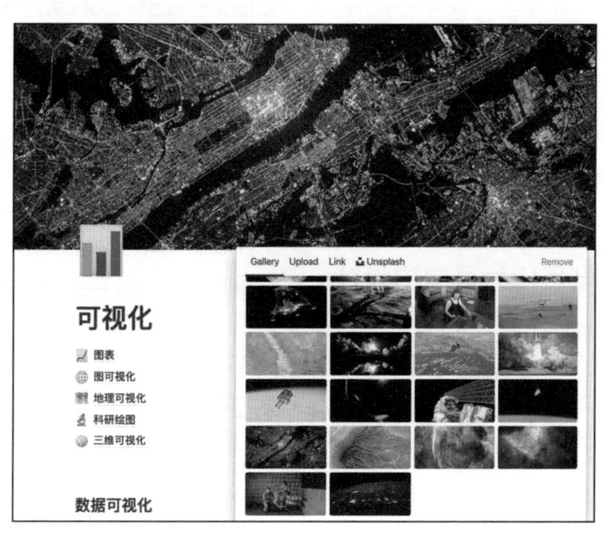

图 4-8　Notion 的页面

4.2 回到设计的原点

就建筑而言，做规划需要了解建筑中的人如何在其中生活、工作，设计的空间要配合、方便这些行为。对于数字产品，做规划需要了解使用这些产品的用户如何生活和工作，所设计的产品的行为和形式能够支持和方便用户的这些行为。

——库伯

4.2.1 为什么而设计

设计数字产品，应该以什么为基本？设计的“原点”是什么？

关于上面两个问题的讨论有很多，其中有一个共识：以人为本。具体来说，有三种主要的设计理念：以用户为中心的设计（user-centered design，UCD），以活动为中心的设计（activity-centered design，ACD），以目标为导向的设计（goal-directed design，GDD）。

以用户为中心的设计（UCD）强调用户优先，在多阶段的设计流程中，不仅要求设计师分析和预测用户可能如何使用软件，而且需要在真实的使用环境下，做实际的用户测试来验证假设。[6] 这一理念的原则是将用户置于设计决策的中心，围绕用户如何理解目标、他们的实际需求、如何完成工作来优化交互界面，而不是强迫用户改变使用习惯来适应开发者的想法。

UCD 的概念最早由认知心理学家诺曼提出，并因《以用户为中心的系统设计：人机交互的新视角》一书而广为流行。2005 年，诺曼有感于行业对 UCD 的误解，用户这个词让人们过于聚焦在不同的人身上，而忽略了设计本应支持人的活动。[7] 因此他提出“以活动为中心的设计”（ACD）的概念及其层级结构：**活动（activity）可以分解为一系列任务（task），任务由行动（action）组成，这些行动最终由操作（operation）来执行。**活动是高层次的结构，比如去购物。操作则是行动里低层次的部分，例如开车去市场、找个购物篮。

设计良好的设备和产品，能够支持用户各种各样的活动，并且将它们整合在一起，做到无缝过渡。例如即将退出市场的音乐播放器 iPod，它在问世时覆盖了听音乐的一系列活动：查找、购买歌曲，下载歌曲到播放器里，创建播放列表，分享、聆听歌曲。苹果公司还允许其他厂家生产外接音箱、麦克风和各种各样的配件来扩充 iPod 的功能。iPod 的成功，离不开其独树一帜的整合能力：如何用出色的设计满足消费者欣赏音乐时的一系列活动。

如果将设计聚焦到满足个人需求上，设计的结果可能让一些人非常满意，但是无法满足其他人。相比之下，为活动而设计，其结果应该适用于每一个人。[8] 诺曼的这一思想基础来源于活动理论，我们曾在“拆解行动”小节中介绍过。虽然 ACD 方法强调用户情境的重要性，但软件开发和用户体验专家艾伦 · 库伯认为这还远远不够。因为实际上它没有解决最开始的问题：**用户为什么要进行某个活动、任务和动作？** 库伯认为，目标驱动人们行动，只有理解了目标，才能真正理解用户的预期和需要，从而帮助设计者决定哪些行动是设计的重点。

> 目标是对最终情况的预期，而任务和活动只是达成一个或一组目标的中间步骤。
>
> ——库伯

设计小贴士

只有理解了用户目标，行动和任务分析才会在细节层面上起作用。

表 4-5 对比了 UCD、ACD 和 GDD 三种设计理念的不同。

表 4-5　UCD、ACD、GDD 设计理念比较

设计理念	提出者	核　心	常用设计方法	层　次
以用户为中心的设计（UCD）	唐纳德 · 诺曼	围绕用户的需求来设计	涉众访谈，竞争分析（competitive analysis），用户访谈，任务分析，原型设计，可用性测试，日志分析等	是什么
以活动为中心的设计（ACD）	伯纳德 · 吉福德（Bernard Gifford）和诺埃尔 · 埃涅迪（Noel Enyedy）	围绕用户的活动来设计	生态分析等	怎么做
以目标为导向的设计（GDD）	艾伦 · 库伯	围绕用户的目标来设计	人物角色（persona），基于场景的设计，用例，访谈，人种志，实地研究等	为什么

三种理念都以人为本，有相互重合的部分。在实际工作中，关注人始终是设计师世界观的根基，而理解和分析用户，迟早要回到“为什么”的层面回答用户为何而使用产品的问题。为目标而设计，就是要设计出可以支持用户的行为、隐含假设和心理模型的产品行为。[9] 下一节，我们继续介绍以目标为导向的设计。

4.2.2 目标、动机与期望

目标

目标依赖于具体的情境：用户是谁，在做什么，想完成什么，为什么会有这些目标。设计师经常会考虑如何改进产品的可用性，帮助用户提高效率。可是如果产品让用户完成任务，却没有实现用户的目标，那么提高效率也就无从谈起。就好比一个输入发票信息的界面设计得再好，也远不如拍照后自动提取信息来得轻松。

在日常生活中，我们对目标的理解比较笼统：想让事情达到某种状态。如果用这种粗浅的理解，用户的目标可能会非常多，甚至有些目标会相互冲突。比如，用手机自拍以后，我希望照片里的自己更好看，可是又不想另外花时间去修图。怎样描述目标更好呢？库伯将目标分为三种类型，[9] 分别对应诺曼提出的本能、行为和反思三个层次：

- 体验目标（experience goal）：人们在使用产品时所期望的感受，或者与产品交互时的感觉，它是简单、通用且个人化的。例如，有趣、掌控感、感觉很酷等。设计师需要将用户的体验目标，转化为可以传递恰当感觉和情感的形态、行为、动作甚至听觉元素。

- 行为目标（end goal）：用户使用某个产品完成任务的动机，例如，和朋友保持联系，找到性价比高的数码产品等。若产品满足了用户的行为目标，他们会感觉值得为此付出时间和金钱。行为目标是决定产品整体体验的关键因素，设计师需要将其作为产品行为、任务、外观和感受的基础。

- 长期目标（life goal）：代表用户的动机、个人期待、长期的欲望、深层次的驱动力和自我形象特征，有助于理解用户为什么完成行为目标。长期目标通常是产品整体设计、战略和品牌的关注点，例如，过美好的生活，成为某个领域的专家，被尊重、受欢迎等。

设计小贴士

体验目标是用户想要感受什么，行为目标是用户想要做什么，长期目标是用户想要成为什么。

在设计时，我们可以拆分这三种类型的目标，并且分析产品应该优先满足哪一种目标。

动机

动机是促使活动开始、受引导并持续，从而满足人们生理或心理需要的过程。[10]有时候，人们受到某种外在回报或威胁的驱动而做出某个行为，这属于外部动机，例如给餐厅服务员小费。有时候人们仅仅因为行动本身就是一种满足而去做，这是受到内部动机驱动，比如为爱好而写作。一个鼓励人们运动的产品可能会在用户锻炼时提供奖励，这是在创造外部动机。要知道，奖励那些人们本来就喜欢的活动，可能会在短期内加强这一行为，但是一旦取消奖励，人们对活动本身的喜爱往往会低于有奖励之前。

反常识

外部动机能明显增加产品的初始吸引力，但是设计师也应该关注如何增强用户的内部动机，以确保长期的用户黏性。

动机研究中有一个逆转理论，它假定有四对元动机，人在不同状态下会产生不同的动机模式。如图 4-9 所示，每对动机中的两个状态相互对立，在同一时刻只有一个能被激活。

以有目的和超越目的为例。当你做某事时，如果目的仅仅是享受这个活动本身，就属于超越目的的状态。如果从事重要的活动并且在意结果如何，就处于有目的的状态。例如，读一本书希望提高考试成绩，就是有目的的状态。如果只是放松休息，享受读书本身的感觉，就进入了超越目的的状态。

斯坦福大学教授 B.J. 福格是行为设计领域的专家。在他提出的行为模型中，包含三个核心动机，它们是激励行动的潜在动力：感觉（身体），期望（情感）和归属感（社会）。感觉动机包括愉悦和痛苦，期望动机包括希望和恐惧，归属动机包括社会认可和社会排斥。关于行为设计的更多内容，我们会在 4.4 节中介绍。

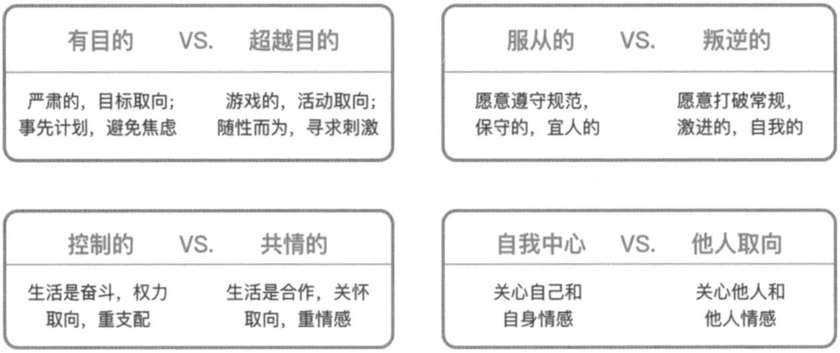

有目的	VS.	超越目的
严肃的，目标取向；事先计划，避免焦虑		游戏的，活动取向；随性而为，寻求刺激

服从的	VS.	叛逆的
愿意遵守规范，保守的，宜人的		愿意打破常规，激进的，自我的

控制的	VS.	共情的
生活是奋斗，权力取向，重支配		生活是合作，关怀取向，重情感

自我中心	VS.	他人取向
关心自己和自身情感		关心他人和他人情感

图 4-9 四对元动机状态的基本特征

资料来源： APTER M J. Reversal theory: motivation, emotion and personality[M]. London: Taylor & Frances/Routledge，1989。图片由作者根据资料内容绘制而成

期望

人们常说，不要以貌取人。道理谁都懂，现实却是我们经常根据第一印象来判断产品或服务好不好。如果用户不喜欢一个 App 的设计，就可能会觉得它没有价值，转头就离开了。如果产品的第一印象符合期望，我们也喜欢所看到的内容，那么就可能会对它评价颇高。

期望以未来为中心，受近期经验或记忆的影响。环境会影响期望，在商业空间中，人们经常根据环境来估计商品的价位：随意堆放的大量商品一般价格便宜且质量较差，而在精致的橱窗中摆放的商品则价格较高（如图 4-10 所示）。

图 4-10　不同的零售空间
资料来源：Unsplash @fikrirasyid & @autthaporn

根据信息搜寻理论，人们会权衡价值与成本，来决定是否继续使用某个产品或网站，如果感知到的成本高，就不会开始使用。感知成本并不等于实际的成本，它与目标相关，因人而异、因任务而异。所以，“看起来怎样”和“用起来怎样”几乎一样重要。

有很多因素会影响用户对数字产品的感知价值，有一些因素与界面设计有关，例如界面上图形元素的数量、照片的质量和主题、整体配色等。就像实体店面带给人的感觉一样，产品界面混乱对用户而言意味着产品不关注细节，或者无法将信息提炼成有意义的内容，用户就会低估其价值。并不是说每个产品都需要努力营造奢华和精致的感觉，但至少要保证“字如其人”，界面给用户的第一感觉应该与产品的功能和调性相匹配。比如，图 4-11 中的两个下载站的网站首页，你会选择长期使用哪一个？

影响感知价值的另一些要素与市场营销、品牌认知度或产品类型有关。例如，如果我所有的朋友都在某个社交平台上，那么无论它给我的第一印象如何，我都会感知到很高的价值。

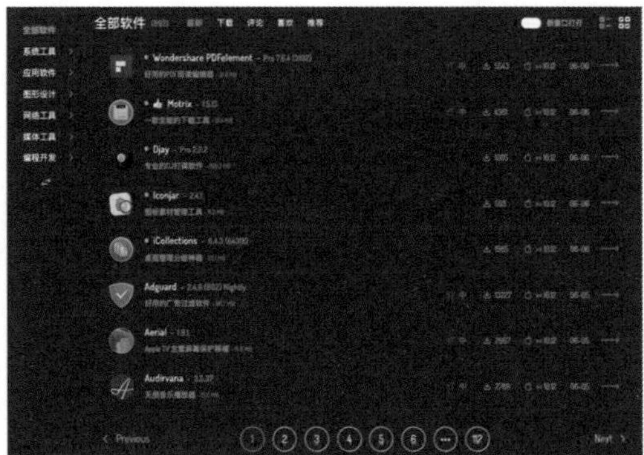

图 4-11　两个下载站的网站首页

4.2.3　故事与场景

有一天，正在写书的我和朋友聊天，她问我为什么要写这样一本书。我说，和你讲个故事吧。

有一个年轻人叫小 k，她刚刚大学毕业，进入了一家互联网公司做产品经理的工作。这是她期盼已久的工作机会，因为她希望创造好用的工具，把美和效率带到更多人的生活中。不过兴奋之余，小 k 在工作中开始有了困惑。有一次开周会，同事们讨论到“产品价值”是什么，小 k 越听越糊涂，她鼓起勇气提了一个问题：我们的用户是一群什么样的人？为什么会选择我们的产品？同事们沉默了一阵，然后大家提出了各自的看法。每个人说完以后，小 k 才意识到，原来大家对用户需求的理解并不相同，那么在平时工作中的很多分歧也就在所难免了：某个功能要不要开发，选择 A 方案还是 B 方案，应不应该在界面上展示更多内容……小 k 发现，自己并不了解所要服务的人群，对人如何思考、选择、行动的规律也所知甚少。于是她开始想办法去接触用户，去思考某些设计之所以成功，背后都遵循了哪些规律。

小 k 就是十多年前的我。写这本书，也是想回答自己：如何更好地理解人。因为技术会革新、设计风格会更替，但是人的基本需求却很少改变，人在给定的情境下总是会做出类似的选择。只有真正理解人，很多困惑才能得到解答。

想要真正理解人，就不能只把人抽象为数字和模型，而是需要回到人之为人的情境当中。在收集了用户认知过程、目标、心理模型、行为、偏好、使用感受等情况之后，团队需要整合大量的信息，推导出更好的设计决策。这时候就需要借助人类传递复杂信息和情感最高效的方式：讲故事。就像我刚才向朋友解释为什么要写这本书一样。这一节我们主要讨论故事如何作为理解用户的手段、团队内部沟通的工具，而不涉及如何向用户讲述故事。

你还记得第 2 章提到过的隐喻吗？隐喻是知识迁移的捷径。故事在某种程度上也是隐喻——经过提炼的真实的隐喻。我们很熟悉故事的组成：有一些人物，发生了一些事情，有开头、经过和结尾。故事容易让人产生身临其境的感觉，容易让人将他人的感受迁移到自己身上。叙事是强大的理解、沟通、整合工具，也是最好的创作方式之一。我们依赖于故事理解他人和世界，理解过去、现在和未来。叙事性认知对人来说是如此重要，以至于神经科学中有一个专有名词“dysnarrativia”来描述人们无法理解或构建故事的症状，[11]这种症状会使人丧失活力。

针对行为去做设计，需要了解用户从接触/购买到使用这整个过程中与产品的关系。提炼设计目标更是依赖于具体情境——用户是谁，用户在做什么，用户的目标是什么，为什么是这个目标，用户希望如何使用产品。用户故事并不能凭空捏造，我们得真正走到用户中去，用观察、情境访谈和其他人类学方法，收集丰富而真实的用户使用场景、生活背景信息，了解他们如何思考、行动和感受。

收集了很多定性资料后，再综合成故事。用户故事富含琐碎的细节，如活动、思想、情感等，可以用文本、故事板或短片等形式来展示。想象一个用户如何在具体情境中使用产品，远比仅仅设想界面元素或者布局长什么样子，更能充分调动我们的共情能力和创造力，更有助于我们设计出易于用户理解和使用的产品。

设计小贴士

重点描述故事中用户的目标和行动，这些部分容易使人产生共鸣，设计师也容易从中提炼出设计需求。

讲好一个用户故事有什么诀窍吗？下面我将介绍一套产品的用户故事模型，它是一个讲述用户与产品关系的叙事结构：[12]

背景 – 诱因或问题 – 应对的行动 – 危机 – 高潮或决议 – 行动结果 – 剧终

这个叙事结构模板灵活而强大，可以套用在不同阶段和不同层次的用户故事中，具体又可以分为**概念故事、启动故事和使用故事。**

概念故事整体描述了一个产品是什么，它如何服务于用户目标，满足用户需求。概念故事关注人的活动、感知和期望，它可以传达核心概念和价值主张，并讲述用户如何看待这个产品。假设用户的体验目标和行为目标都能得到满足，那么能否达成用户的长期目标，就决定了用户成为普通的满意用户还是狂热的忠实用户。具体来说，概念故事可以帮助我们回答以下问题：[12]

- 谁会使用这个产品？他们遇到了什么问题？他们的目标是什么？
- 这个产品是什么？
- 人们为什么不想使用这个产品？
- 这个产品的优势是什么？
- 这个产品需要做什么？直接的解决方案是什么？超出预期的解决方案是什么？

假设我们要做一个视频菜谱的 App，我们可以怎么讲述产品的概念故事呢？

小曼是一个忙碌的上班族，她是个居家型 90 后，对生活品质有要求，喜欢做饭。最近她换了新工作，公司附近没有什么吃饭的地方，她打算学几道快手菜，每天自己带便当上班。以前，她会在网上找一些菜谱来试着做。但是找菜谱可不是一件轻松的事情——有的菜谱连图片都没有，不知道做出来会是什么样；有的就算有图片，可能也让人觉得没有什么胃口。好不容易找到自己喜欢吃的菜式和口味，这样的菜谱又写得太简单，让人不知从何下手。更让小曼感到受挫的是，参照那些已经写得挺详细的菜谱，有时候尝试还是不成功，因为菜谱里总有些细节没说清楚，比如佐料应该在什么时候放、放多少，只是看文字描述，小曼很难想象出来实际上应该怎么做，就算有图片，有时候也很难把整个过程串起来，更别提在厨房里手忙脚乱的时候还要用手机查看了。

小曼很希望有一个能快速找到早、中、晚快手菜菜谱的地方，每一道菜都经过精心挑选，让人一看就觉得食欲大增。更重要的是，菜谱要更直观、更傻瓜式，就像她跟着老师学画画一样，有人完整地示范给她看，她也可以对照详细的示范，更轻松地成功做出美味的便当。

启动故事讲述一个人如何从听说产品到开始使用。理想的情况是，潜在用户不但很清楚他们可以用产品做什么，而且也知道如何开始使用。

这天，小曼在菜谱论坛上挑选菜谱，她一眼看到了排骨芝士炒年糕的菜谱，不仅仅因为这是她喜欢吃的口味，而且菜谱在页面中显得与众不同——它是一个视频。小曼好奇地点开视频，马上就被视频吸引了。视频一开始展示了菜做好后的样子，并且是从几个最佳角度拍摄的，非常诱人。然后视频分成几段讲解整个做菜过程，无论是食材种类、分量、搭配，还是如何入锅、何时翻炒、等待时间、处理时机等，都在视频中展示出来。播放完视频，界面下方还按照做菜的阶段列出了文字和视频片段，方便分段查看。

小曼马上收藏了这个视频菜谱，并且把菜谱最上方整理好的食材列表截图保存到相册中，方便第二天采购时使用。

使用故事讲述用户如何一步接一步使用产品来实现目标的过程，也就是利用故事情节或场景剧本来设想最佳的体验和交互过程。它聚焦于人及其思考和行为方式，会具体交代谁、做什么、怎么做、何时何地以及为什么要做某事，这些要素综合起来，就形成了场景的描述。

场景既具体又概括，既真实又灵活。场景含蓄地鼓励所有人以“如果……则会怎样”的方式思考。场景使人关注使用和行为，而这构成了设计的产品。[13]

场景能够捕捉随时间而出现的用户与产品、环境或系统之间的非语言对话，既可以描述系统或环境中正在发生的事情，也可以描述预期行为。一般来说，从使用故事中，我们可以捕捉到用户与系统的关键交互行为，而不是所有的交互细节。

晚上，小曼从超市回来，准备开始做饭。她打开菜谱 App，从收藏夹找到排骨芝士炒年糕的菜谱，又看了一遍视频，在心里大概模拟了一遍步骤。然后她把需要用到的食材和调料都摆到一起，开始准备。她拿起手机，把手机放到灶台上面的一个架子上，这样刚好能够看到视频，手机又不容易被水和食物碰到。小曼打开 App 里的视频菜谱，跳过上方的完整视频，找到下面的分段说明，开始播放分段说明的视频。这样她就可以不用看着手机，一边听着视频一边按照指示开始准备。如果遇到不是很清楚怎么做的地方，她再去看看视频里是怎么操作的，有时候还需要回放视频里的某一部分反复观看。小曼觉得如果能用语音控制分段视频播放就更好了，因为在处理食材的时候，她手上已经拿着东西，或者沾上油污而不想碰到手机，用语音控制就很方便。

视频里食材准备部分相对轻松，小曼用 20 分钟准备好了。接下来是开火下锅的关键步骤，小曼又看了一遍视频，预想了开火后的步骤，然后开始炒菜。到加调料的步骤，小曼有点不记得需要放多少芝士酱，她又打开菜谱确认了一下。这时候她有点手忙脚乱，得一边看手机一边注意锅里的变化，所以她还是凭感觉加入了配料。

最后，小曼第一道排骨芝士炒年糕出锅了，她迫不及待地尝了一下，味道还不错。她兴奋而满足地开始摆盘，然后端到餐桌上光线适合的地方，开始拍照。

讲述使用故事可以确保设计从一开始就扎根于实际，不只是想象设计长什么样，而是思考设计在真实场景中如何运作——设计师不但要考虑提供什么功能，还需要考虑在整个过程中，用户身处的环境中还有哪些物品，她会用什么姿势操作手机，在什么时候需要动手操作，这个时候她同时还在干些什么事情，等等。

设计始终关于人。故事和场景，就像相机的对焦镜头，让我们始终把注意力集中在人的目标、思考、行动和感受上，而不只是专注于功能有多强大，设计有多精致。

好的设计，可以从好的故事开始。你所设计的产品，背后讲述了一个怎样的故事呢？

4.3 为改善决策而设计

4.3.1 决策目标

需要决策时，我们往往面对的是一个不确定的问题：如何布置房间，如何准备面试，如何规划出游行程……在认知心理学研究中，决策任务可以分成 5 个步骤：确立目标、制订计划、收集信息、建构决定、做出最终选择。[14] 它们并没有固定的顺序，有些步骤需要重复执行，有些步骤则可以跳过。

很多时候，决策是一个问题解决过程，需要我们寻找那些有助于解决问题的关键信息。一个问题一般由三部分组成：[15]

- 初始状态：开始时不充分的信息或令人不满意的状况，比如刚招待完朋友的客厅一片狼藉。
- 目标状态：希望获得的信息或状态，比如客厅恢复到平常整洁的状态。
- 操作：从初始状态迈向目标状态可能采取的步骤，比如收拾垃圾、开启扫地机器人、整理沙发。

艾伦・纽厄尔（Allen Newell）和司马贺将人们解决问题时分步思考的方式称为问题空间，即建立多个子目标，从初始状态到达目标状态的心理表征过程。如果问题是明确的，即初始状态、目标状态和操作都非常清楚，要解决问题就相对容易，比如要在墙上装一个搁板书架。但是在现实世界中，很多问题是模糊的，例如写一本书、研发 COVID-19 疫苗、抚养一个孩子。这时候，最好先搞清楚目标状态是什么，明确目标本身就是解决问题的重要部分，接着才是找到解决问题所需要的信息。

确立目标是决策者对未来的计划、思考原则以及自身的优势等进行综合评估的过程。决策者要回答“什么是我想努力达到的”。

设计小贴士

当我们开始思考用户面对什么问题时，问问自己：

- 我正在怎样表达这个问题？这是用户真正关心的问题吗？
- 这种表达的背后有什么假设？
- 有没有哪些新的组合可以打破常规？
- 在现实生活情形中，用户会如何定义和表达一个问题？
- 他们如何理解当前状态和期望之间的差异？如果要弥合这些差异，他们会想到哪些办法？

在上一节我们介绍过概念故事、启动故事和使用故事，里面便隐含着用户面对问题和解决问题的思维情境。

有时候，用户只是带着一个大的行为目标来使用产品（还记得体验目标、行为目标和长期目标的区别吗），但是并不明确决策目标是什么。比如，刚毕业的小涛准备在公司附近租房，这个目标很清晰，但是一开始他并不清楚自己要做什么决策，可能是“在一周内找到距离公司 2km 内，价格不超过 1500 元的单间，最迟两周内入住”，也可能是“找一个费用低、房源多的中介，通过他来挑选房子”。具体的决策目标，可以由产品主动询问或提供，然后用户在使用过程中，逐渐形成自己的决策目标和评估方法。比如，贝壳租房筛选项帮助用户快速挑选出对自己更重要的条件，形成决策目标，如图 4-12 所示。

图 4-12　贝壳租房筛选项

有时候，解决问题的关键是重新表述问题，这意味着切换到一个全新的思考角度。十多年前如果我们出去旅行，都是通过预订酒店解决住宿问题，旅行者已经形成了“住宿 = 找酒店”的思维定式。但是他们真正的目标，并不是找到酒店，而且能提供住宿的也远不止酒店这一种服务形态。Airbnb 同时看到了旅行者和房东这两个群体未被满足的需求，帮助他们重新定义了目标。对旅行者来说，真正的目标是在异国他乡获得安全、舒适、有特色的住宿体验；对房东来说，能吸引客人、提升出租收益、提高运营效率则是关键。

很多产品正是有效转化了用户目标而获得成功。比如趣头条，把“阅读”目标转化成了“分享和赚钱”，又比如现在有很多教育产品将学习变成了游戏。如图 4-13 所示，语言学习 App Duolingo 将原本枯燥的学习目标，转化为一个个小的学习单元，每完成一个单元就能解锁更多内容，并获得积分等奖励。“背单词，学语法”变成了有趣的“攒分和闯关”挑战。

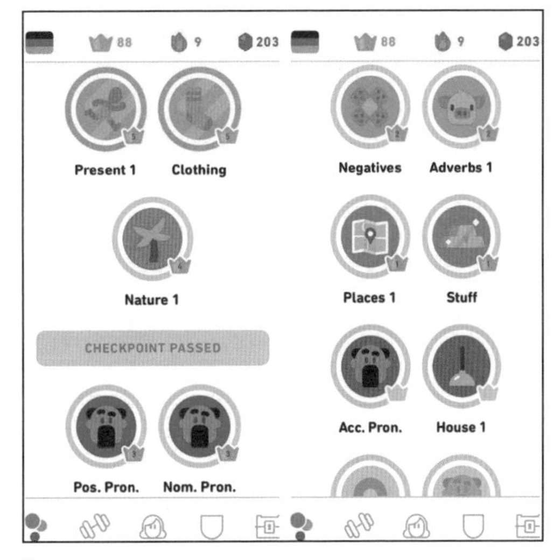

图 4-13　语言学习 App Duolingo

不过，这样做也存在风险。转化过的用户目标，最终依然要满足用户的核心需求，而且设计师要设计出全新的机制来配合这种转化。试想一下，如果 Airbnb 没有高效的房东和租客匹配机制，没有完善的评价体系帮助双方建立信任，又如何能与成熟的酒店行业竞争？

想要为改善决策而设计，离不开设计师对人的深入理解，尤其在消费研究领域。在电商平台上，不同用户的决策行为差别很大。有的用户想尽快找到商品、完成购买，例如点卡充值、购买一本书；有的用户会仔细比较产品的详细参数，并且浏览其他用户的评价，希望做出最佳选择，例如购买大型家电；有的用户则没有特定的目标，而是在闲逛中发现感兴趣的商品和店铺，先关注或加入收藏。

这些决策目标的背后，对应的是不同的消费者决策类型。相关研究发现，消费者每次决策所需要付出的努力程度，是区分消费者类型、描绘决策过程的有效途径。如图 4-14 所示，决策类型可以看作一个连续的谱系：一端是习惯型购买决策，即只需要少量努力就可以做出选择；另一端则是广泛型购买决策，消费者会尽量收集更多信息，仔细比较和评价所有备选产品，考察不同品牌是否能满足预期。

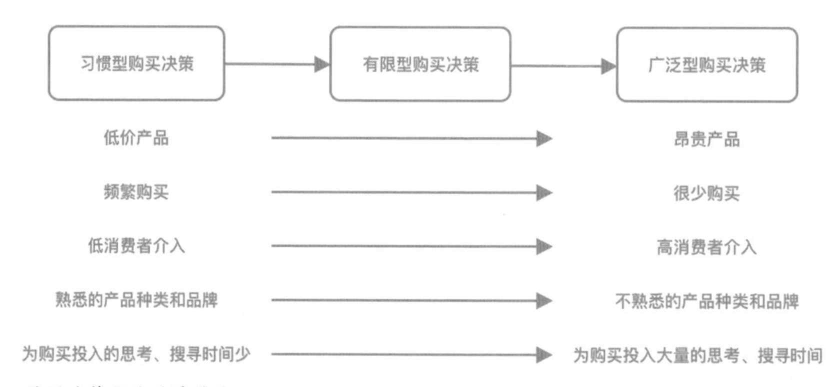

图 4-14　购买决策行为的连续体
资料来源：卢泰宏，杨晓燕. 消费者行为学：第 8 版 · 中国版 [M]. 北京：中国人民大学出版社，2009。根据原图重绘

表 4-6 呈现了有限型和广泛型问题解决的特性。

表 4-6　有限型问题解决和广泛型问题解决的特性

决策类型	有限型问题解决	广泛型问题解决
动机	低风险、低介入	高风险、高介入
信息搜寻	极少搜寻；被动处理信息；直接决策	广泛搜寻；主动处理信息；在决策前参考了多方面信息
备选品牌评估	信念薄弱；只使用最主要的标准；认为备选品牌基本相同；使用非补偿性策略	信念强烈；使用多种标准；认为备选品牌有显著差异；使用补偿性策略
购买	购物时间有限；可能偏爱自助服务；容易受陈设影响	如有需要会逛很多商店；希望与工作人员交流

资料来源：参考文献 [19]

消费决策类型不同，目标和行为就会不同。只有深入理解了决策背后的心理机制，我们才好为不同的决策类型进行设计。

设计小贴士

针对习惯型决策，如何方便用户快速复购甚至实现定期自动购买是关键；而对广泛型决策来说，就需要提供丰富而清晰的决策信息，方便用户反复比较、挑选、组合。

4.3.2　脚手架

设计一个方案，构思一条适当行动的思路，是解题中的主要成就。……在得到最终论证以前，我们可能需要暂时性的论证。在构建一个严格的证明时需要探索式论证，正如我们建造一栋房子时需要脚手架一样。

——《怎样解题》

在建设大型、复杂的建筑工程时，工人

们会利用脚手架搭建工作平台来施工（如图 4-15 所示）。对于复杂的决策，我们也可以搭建“认知脚手架”，把过高的认知负荷转移给外部工具，让决策过程更加清晰、可控。

脚手架在教育领域中是很重要的教学工具。[16] 当学生无法独立完成一项复杂的学习任务时，老师可以提供支持（包括工具、方法、例子、模板等），帮助学生一步一步完成任务，最后达成教学目标。我们可以在决策中借鉴一些常用的教学脚手架，如表 4-7 所示。

图 4-15　建筑脚手架
资料来源：Unsplash @kinli

表 4-7　常用的教学脚手架

脚手架	说　明
结构	以促进理解的方式来组织信息，向学习者呈现新信息或新概念，包括关系图表，流程图，概述等
模型	教师向学生展示某些行为、知识或任务
例子	一个有效的示例是对复杂问题或任务的逐步演示
概念图	用于组织、表示和显示知识与概念之间关系的图形工具
说明	教师向学习者介绍和解释新内容的方式
讲义	教学的补充资源，为学生提供掌握新内容和新技能所需的必要信息（概念或理论 / 任务说明 / 学习目标）和实践（待解决的问题）
提示	物理或口头提示，以帮助学生回忆先前或假定的知识

在决策的情境中，认知脚手架主要帮助决策者：

- 收集有关信息或线索。
- 考虑现在和将来的状态，产生假设或情境评估。
- 根据推断的状态、不同结果的成本和

效果，计划和选择选项。

这些脚手架属于决策支持系统，也就是为扩展用户的认知决策能力而设计的互动系统。[17] 这些系统形式多样，从简单的表格到精细的专家系统，应有尽有，其目标是辅助人们做出恰当的决策，而不是取代决策者、形成自动化流程。应用在数字产品中，最重要的是考虑**如何以结构清晰、易于理解的方式展示认知操作。**

展示辅助决策的信息

在决策之前，决策者需要掌握信息，尤其需要知道有哪些选择：每个选择的短期和长期结果是什么？谁会受影响？如何受影响？这些影响会变化吗？选择之间会相互影响吗？除了搞清楚手头有哪些选项，决策者还需要了解如何评估选项。对于复杂的决定，则要确定一种组织所有信息的方法，即决策建构。[2]

设计小贴士

将决策需要的信息整合到一起，并且按照决策的过程合理展示，这是辅助决策最基本的思路。

有些决策比较简单，系统甚至能直接提供结果的预览，这样的决策过程当然就很轻松。有一些决策就复杂得多，会涉及大量信息和比较分析。例如，我最近在考虑购买一台新的电视机，要考虑的问题还真不少：该买多大尺寸？预算是多少？平时需要用它来干什么？应该重点看哪些参数？在哪个平台购买？是现在买还是等到大促？要不要用分期付款？……

一开始我会在电商平台上对比不同的品牌，熟悉市场价格。大概对比了之后，决定在小米电视中选择一款，但是不确定要买哪个型号。这个时候，我打开官方网站开始研究产品（如图 4-16 所示）。刚开始让我纠结的是，应该买多大的电视？旧的那台电视比较小，我不太确定哪些尺寸能适合客厅大小。无论是电商平台还是官网，都没有在选择电视型号时提供这个信息。显然，决策信息并没有按照消费者的决策过程来展现，这是可以优化的地方。

图 4-16　小米官网的电视分类

当我花费了一番功夫挑出所有 55 寸的型号以后，发现我必须一个一个去查看商品详情，没有办法很直观地对比它们的参数和价格。我需要记住这几个型号主打的卖点是什么，它们的处理器、显示技术、存储容量、设计工艺等到底有什么不同……很快我就感到大脑发出了疲惫的抗议——要在那么多信息中反复切换，令人烦躁。“认知卸载”小节曾经讨论过这个问题。如果用户面对大量选择，就需要记住有哪些选项，然后找出最佳组合，这个过程需要的认知负荷非常大。涉及比较类型的决策，一种常用的设计是并排显示关键信息，在一个清晰的表格中比较选项的优缺点，而不需要用户反复跳转查看多个产品页面。比如，金融服务平台 Wells Fargo 提供了详细的信用卡比较表格，帮助用户挑选适合自己的信用卡，如图 4-17 所示。

人们在做比较时，不可能记住每个选项的所有细节，所以设计应该突出选项之间的关键差异，必要时可以省略一些共同元素，并且让用户理解为什么可以忽略，从而帮助用户节省认知资源，减轻决策的负担。

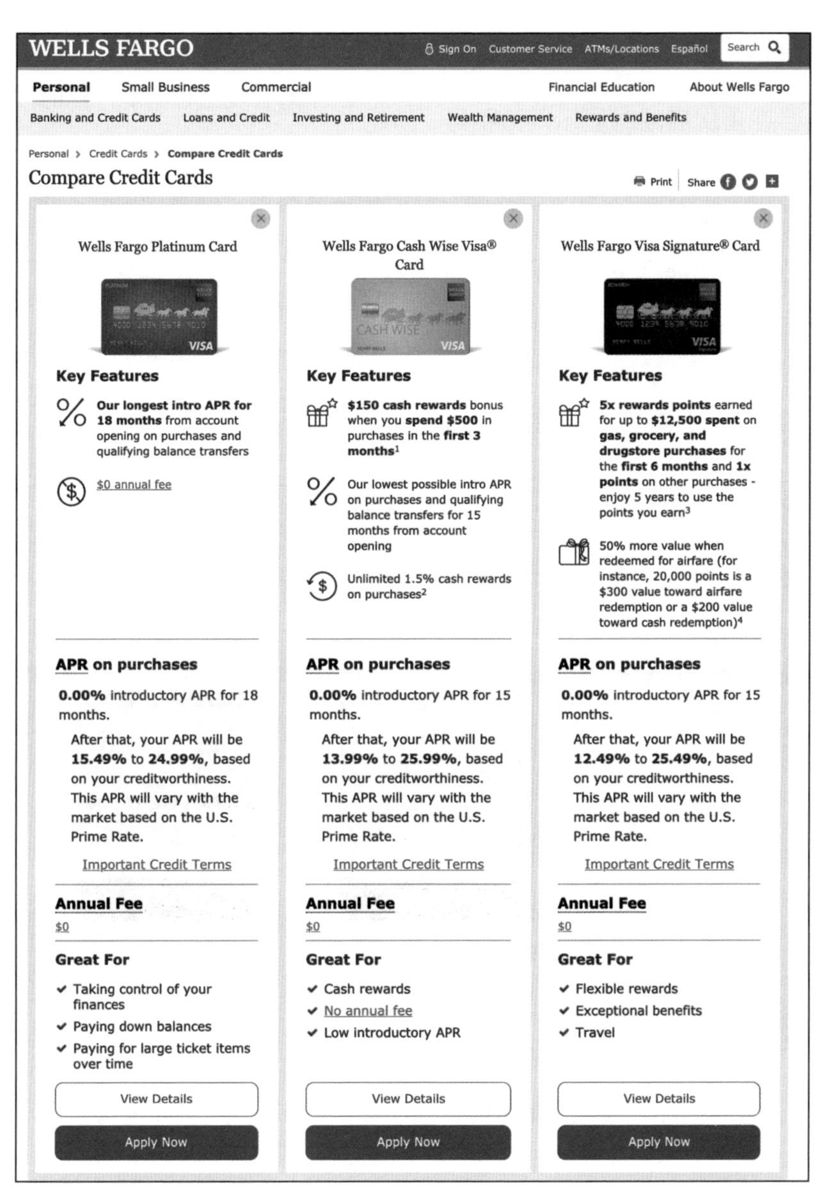

图 4-17　金融服务平台 Wells Fargo

新手指引还是启动模板

很多 App 会在首次启动时显示几页引导页面，向没有经验的用户介绍功能和使用方法。这些页面大都初衷良好，设计精美。但是这真的有用吗？实际情况是，即使看起来很有趣，用户也没有耐心看完。这些引导似乎在暗示用户必须努力学习后才能使用产品，更关键的是，引导并没有发生在真实场景中。用户还没有开始使用，怎么知道会发生什么呢？这时候的引导就好像没有背景的故事，用户来不及在教程和实际界面之间建立关联，而是必须耐心阅读并且牢牢记住，才能在日后遇到问题时真正派上用场。比如，待办事项应用 Clear 的新用户，引导足足有 7 页，用户不会耐心阅读所有信息并记住，如图 4-18 所示。

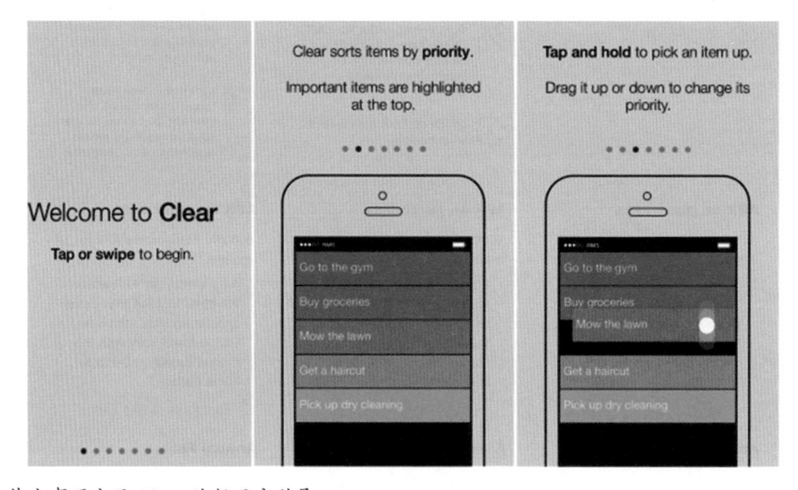

图 4-18　待办事项应用 Clear 的新用户引导

设计小贴士

更加有效的新手引导，是提供初始的模板，或者在用户真正使用时提供帮助。让用户在实际的例子和示范中直接开始实践，而不是记忆指南中的内容。

比如，Notion 提供了很多模板，包括项目管理、知识库、CRM 等，用户可以直接复制并修改，不必从零开始，如图 4-19 所示。

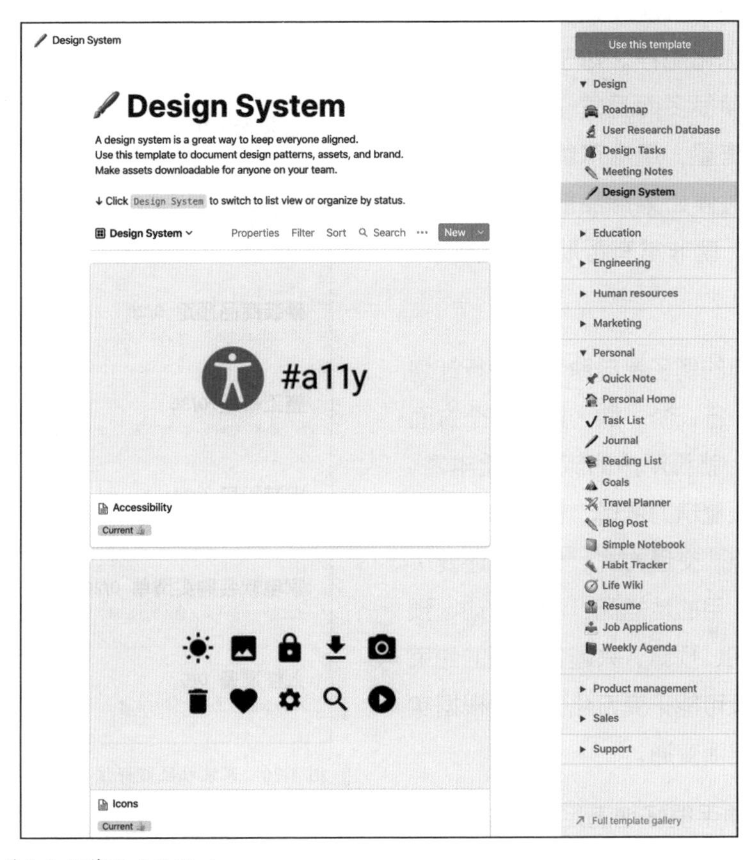

图 4-19　协作和知识管理应用 Notion

流程优化和模板

是什么让决策变得困难？答案是：有太多事情要同时考虑。决策者需要计划一系列的步骤，如果每个环节本身已经足够复杂，决策者可能会看不到从初始状态到目标状态的路线。为解决这个问题，**决策支持系统常见的做法是展示整体结构**

或关键节点，这样就不需要用户自己去构思，从而减少认知负荷。具体的方法包括提供模板、智能默认参数，或者按照最佳实践优化流程。对于一些周期很长，决策事项很多而且复杂的流程，例如准备装修房屋，用户可能不知道该从何入手，这时候如果产品能提供知识库和流程工具，就非常有帮助（如图 4-20 所示）。

图 4-20 家装社区好好住 App 的装修待办功能

另外一个经典的例子是自助游。旅行计划涉及食、住、行、游、购、娱等多个方面的复杂决策，就算用户的旅行经验丰富，也需要投入大量精力准备，包括选择目的地、游玩景点、交通方式、住宿，还要决定停留时间、目的地搭配、游玩活动、预算等。在时间、预算、兴趣各方面的约束下，旅行决策可能千变万化，需要根据实际突发情况灵活变通。

穷游的行程助手很好地满足了这些需求。它总结提炼出旅行计划过程中的核心环节，为用户创建了一套便捷的脚手架，可以快速生成自定义的行程。用户输入旅行目的地，行程助手会推荐不同时长的经典路线以供选择，如图 4-21 所示：

如果用户想要自己手动规划城市，可以从目的地列表中挑选出来，借助系统自动优化城市的游览顺序，如图 4-22 所示。

图 4-21　行程助手 – 推荐经典路线

a）选择想要去的城市

图 4-22　行程助手 – 挑选目的地

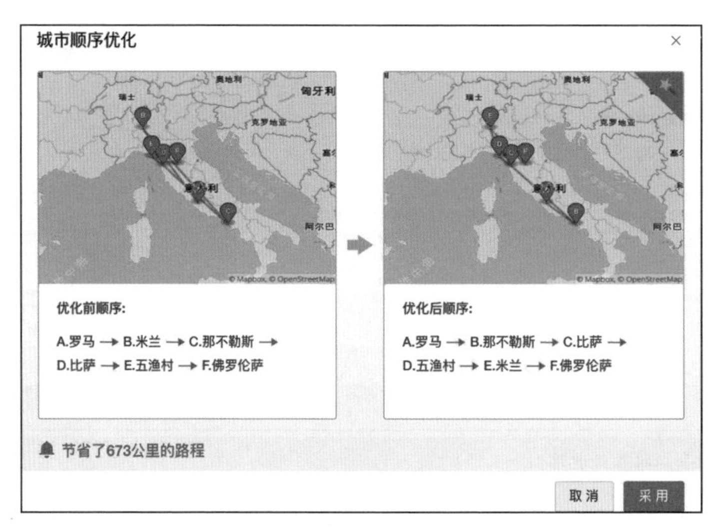

b）系统自动优化游览顺序

图 4-22 行程助手 – 挑选目的地（续）

这个过程大大简化了路线规划的决策过程，用户不必自己在头脑中设想路线并且比较不同的方案，而只需要在系统推荐的方案上调整。确定了大致的目的地顺序之后，就可以开始规划每一个城市的具体游玩活动，系统会根据用户对行程密度的需求（宽松 / 适中 / 紧凑）推荐每日的游览安排，如图 4-23 所示。

这样用户就不必自己去查找一个又一个景点，而是可以一站式完成挑选，还能看到其他旅行者的选择。系统推荐的模板可以满足基本需要，再加入个性化的目标，调整景点、交通、住宿等安排，就能得到一个近乎完美的行程安排。

设计小贴士

决策脚手架应该发挥的作用：同时提供算法和启发式。

对于明确的问题，例如求两个目的地之间的最短距离，可以用算法来解决。但是算法并不代表最终决策，而是提供了一个决策的基础。在决策的阶段，用户还会依靠一些策略或经验法则来挑选合适的选项，这时候系统可以给出基于数据积累的启发式工具，例如展示其他旅行者的热门选项，用选择题代替问答题，大大降低决策成本。

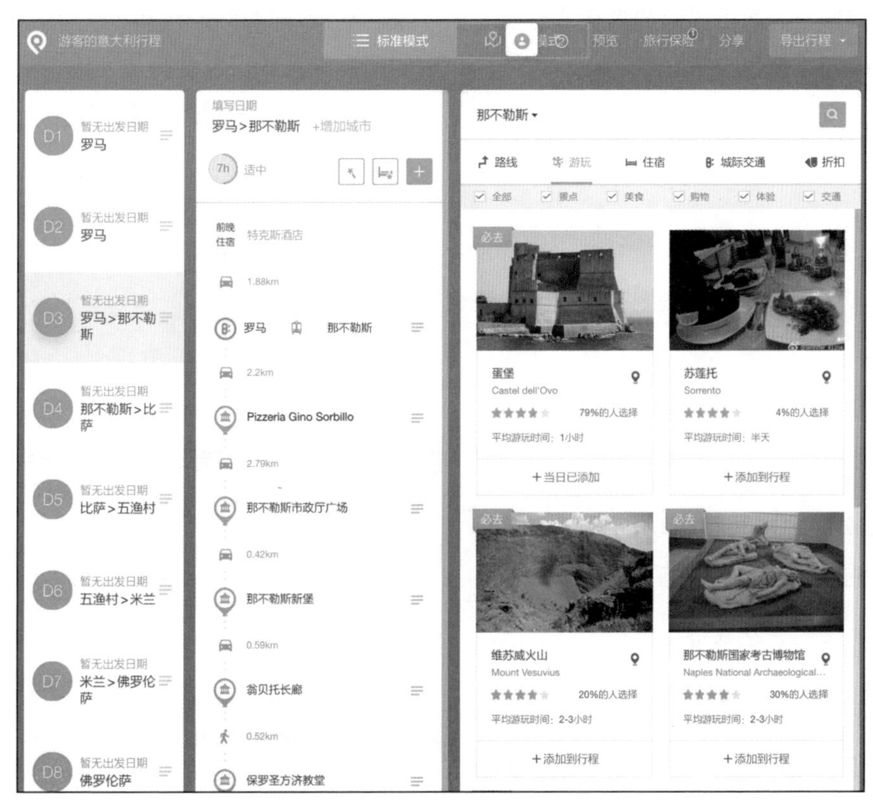

图 4-23 行程助手 – 推荐每日游览安排

4.3.3 自动化

自动化一直是人驯服机器过程中的重要目标。随着 AI 技术的发展，人类期望 AI 能替代人完成更多工作，从“让我决策”到

“帮我决策”。越来越多的数据、算法和机器智能进入到辅助决策的过程中，包括上一节介绍的认知脚手架。但是人的需求不会止步于此，当机器积累了越来越多的经验和数据，人对机器的要求从“帮我决策”升级为“替我决策”。

然而，自动化始终要面对一条难以跨越的鸿沟：系统真的完全可靠吗？对人机交互来说，重要的不是实际有多可靠，而是感觉有多可靠。人与人之间的信任，依赖于我们是否相信对方会按预期行动。人对系统自动操作的部分是否信任，和系统运作时所反映出的可靠性有关，也会受到人自身的掌控感这一心理需要的影响。

反常识

在很多场景下，人无法把决策权完全交给机器。

自动控制可以分为四个等级：[18]

- 信息获得、选择和过滤。例如，文字编辑软件的拼写检查功能，会给拼写错误的单词加上红色的下划线。
- 信息整合。系统整理出图示，帮助操作者评估情境、推断或解释任务相关信息。
- 动作选择和决策。例如自动医疗诊断系统为某种疾病的病人推荐多种治疗方案。
- 控制和动作执行。例如扫地机器人定时自动开始清扫房屋。

人有时候会不信任系统，拒绝自动化提供的帮助；而有时候又会过度信任系统，甚至在系统失灵时没有及时干预。

在数字产品领域，自动化和系统失灵带来的后果，一般远没有机械、工程自动化系统失灵那么严重。但我们依然要仔细考虑，到底哪些环节，人的决策可以完全交给系统，或者基于系统给出的选择做最后的确认。即便在技术飞速发展的今天，依然有大量的领域，AI 和算法还是没办法判断人的最终目的和偏好。要实现自动化，路还很长。

目前，一些内容消费型产品的内容推荐技术已经相对成熟。这一类应用只涉及自动控制的信息选择、信息整合阶段，产品主要帮用户完成了内容挑选、过滤、推荐的工作（如图 4-24 所示），即便出错带来的影响也不严重，这是最容易实现自动化的应用场景。

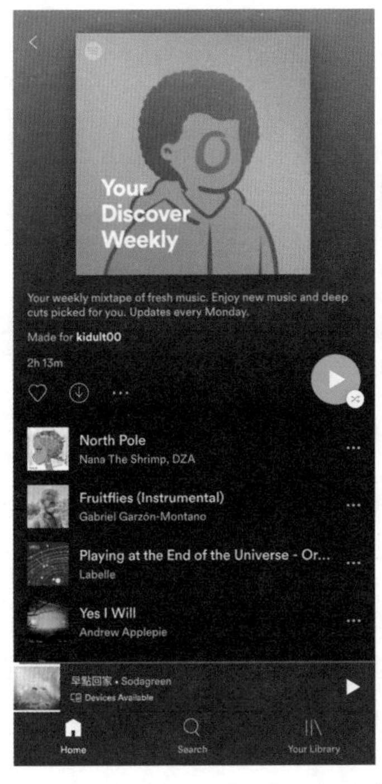

图 4-24　Spotify 根据个人的历史数据推荐符合个人口味的歌曲列表

在信息获取、整合的基础上更进一步，自动化系统可以帮助用户做出动作选择和决策，不过这往往需要在任务开始之前，由用户主动设定决策条件。比如，用百度地图导航时可以设定路线偏好，例如优先选择少收费的路线。App 也会根据用户的驾驶习惯规划导航路线，如图 4-25 所示。

再进一步，有些自动化系统不仅提供信息、做出选择，还会进一步控制和执行操作。这就需要用户很信任系统，并且知道自己委托系统做了哪些操作。如果涉及重要的结果，例如资金、信息安全等，就需要定期向用户展示进度和操作结果。比如，使用蚂蚁金服的目标投功能，设置定投金额、盈利目标、周期之后，系统就会自动根据目标买入，并且在止盈目标达到时自动卖出，如图 4-26 所示。

4.3.4　评估决策

在“行动的七个阶段”小节，我们曾经提到过“评估鸿沟”的概念，它是指用户试图弄清楚系统处于什么状态，他们采取的行动是否达到了目标。只有当系统在评估鸿沟和执行鸿沟之间架起桥梁时，人才会产生控制感。也就是说，这样才能清楚地告诉用户系统当前处于什么状态，以及如何操作界面来影响和改变这个状态。

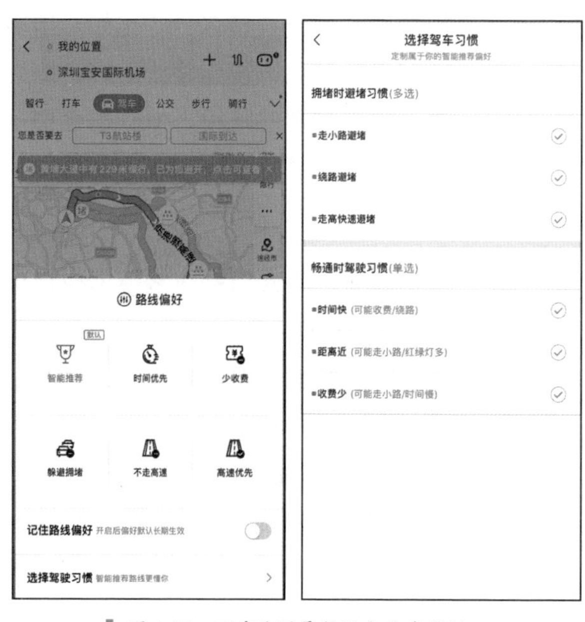

图 4-25　百度地图导航设定路线偏好

图 4-26　蚂蚁金服的目标投

用户需要不断了解系统的当前状态，这对决策而言很重要。一个完整决策的最后阶段，是评估整个过程：哪些做得很好，哪些不够好，目标是否达到。评估是为了反思和确认哪些部分可以改进，得出将来可以复用的经验。[2]

用户在使用数字产品时，需要做许多选择决策。如果能在决策前直接展示结果，帮助用户直观地评估，用户就容易做出最佳选择。比如，用 iOS 相册给照片选择滤镜，不需要用户想象各种参数组合以后可能得到的结果是什么样，直接能预览所有滤镜的效果，如图 4-27 所示。

能在决策前就“预览”结果当然好，但是真实世界中的决策总是面临许多不确定性，我们只能在决策后观察并评估结果。

对长期的决策行为，可以定期提供过往决策的数据和表现分析，让用户从多个维度了解这些决策的结果，并且获得专业的建议，及时调整决策方案。比如，支付宝理财体检功能从资金分配、交易频次、定投历史、风险偏好等角度全面分析，让用户了解自己的理财习惯（如图 4-28 所示）。这既是对过去决策的良好反馈，也是教育用户形成财务规划意识和理财习惯的好时机。

图 4-27 iOS 照片选择滤镜

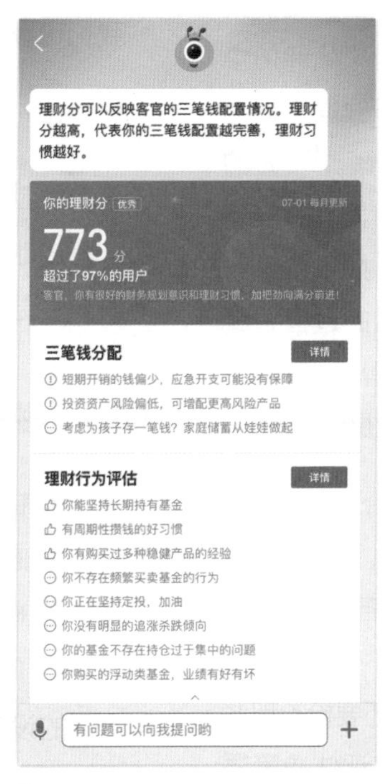

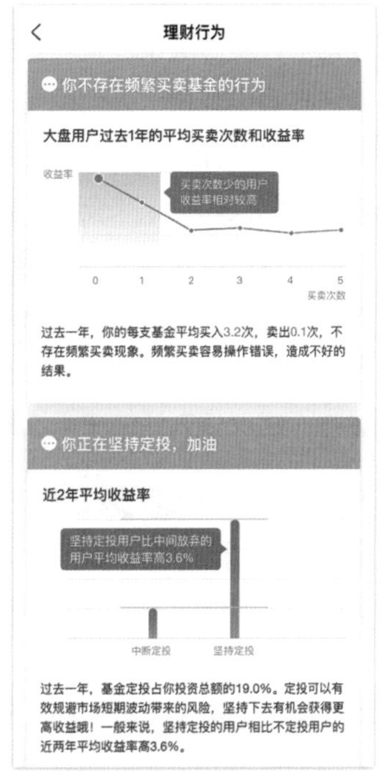

图 4-28 支付宝理财体检功能

人类喜欢自我评价。我们常常回顾所做的事情并评价自己在过程中的表现，复盘能够总结经验教训，为将来提供参考。不过，这种后见之明也容易受认知偏差的影响。

反常识

我们更容易去评估决策的结果，而忽略制定决策的过程。

当错误决定导致糟糕的结果时，我们更有可能自我批评。如果结果还不错，我们大概就不会反思决策过程。这是决策评估中的结果偏见现象：人们倾向于根据结果而不是流程本身的质量来评估决策。[19] 好的决策不能仅用结果来衡量，因为有时候运气等因素可能起很大的作用。如果过分看重结果，而不去分析决策背后的过程，就容易在将来重蹈覆辙。你想提高决策的质量吗？建议你去评估决策过程是否合理。

那么，什么是合理的决策呢？合理意味着综合考虑所有相关的目标和准则，而不是被直觉牵着走。理性决策也包括在各种情形下，尽可能不偏不倚地收集信息，不仅要验证那些支持原先假设的事实证据，还要检验那些不符合直觉和经验的事实。在评估决策质量时，需要更多回顾决策是如何发生的：

- 是什么促使我们做出决定？
- 那时我们有什么信息或缺少什么信息？
- 我们可以遵循更好的流程来做出决定吗？
- 我们可以咨询其他人吗？
- 我们做出的决定是否必要？

思考决策过程中发生了什么，可以更加客观、完整地评估过程和结果，帮助我们在将来做出更好的决策。

4.3.5 容错

人总会犯错误。有些错误微不足道，只会带来暂时的不便；有些错误可能比较严重，很难纠正。作为产品设计者，我们关心如何理解人的局限，以及如何运用合理的设计来减少错误。

差错有两大类：失误和错误。如果目标正确，但行动没有合理地完成，这属于失误。如果目标和计划根本就不对，就会发生错误。[8]

犯错的原因有很多，最常见的是要求人们在任务中做违背自然规律的事情。譬如，在数小时内始终保持高度注意，或者同时进行多个相互干扰的活动。另外，我们在设计过程中很少考虑因为时间压力导致的差错，因为我们总是假设用户会在一个相对正常、理想的情境中使用产品。

日常生活中出现的差错大多属于失误。比如你去 ATM 取钱，取完钱走出银行，才想起银行卡还留在 ATM 里忘了拿。于是匆忙赶回去找，幸好它还在卡槽里。等走出银行，又觉得有点不对劲——手机怎么不在手上了。你一拍脑袋想起找银行卡的时候把手机放在 ATM 的键盘上了，于是又冲回去找手机……这些失误大都是由于记忆中断引起的，因此我们可以在设计中想办法减少失误，比如简化操作步骤以降低认知负荷、每一步都设置醒目的提示，更好的办法是杜绝失误——让 ATM 出钞之前先退回银行卡。

在数字产品界面设计中，需要考虑用户可能会出现哪些失误。有些失误是注意力不集中导致的，有些失误是由于忽略变化引起的：如果用户的高频操作已经非常熟练甚至自动化了，这时候某些背景条件发生改变，很难引起用户注意，就可能导致失误。对输入类的操作，可以根据输入的数值及时提醒，或者不允许输入超出正常范围的数值。比如，用富途牛牛 App 进行交易，如果用户输入的买入价格低于或高于当前价格一定幅度，就会显示价格偏离的百分比，提醒用户注意，如图 4-29 所示。

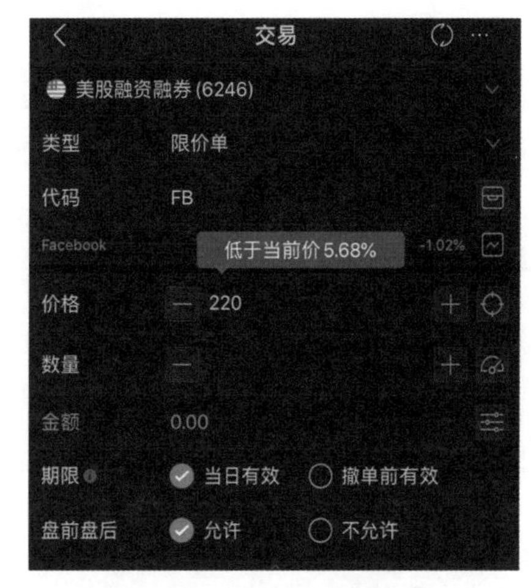

图 4-29　富途牛牛 App 的美股交易页面

和失误相比，错误就要复杂一些，它可以分为三类：

- 违反规则：犯错者已经分析了情况，但决定采取不正确的行动。

- 缺乏知识：由于不正确或不完善的知识，问题被误判。
- 记忆失效：在目标、计划或评价阶段有所遗漏。

可能出现错误，意味着存在设计机会点。在决策支持系统的设计中，我们更关心如何包容错误，通过容错提高最终决策的效果。

- 违反规则的错误，可能是错误地理解了问题、采用了错误的规则，或是规则正确但对结果的评估不正确。设计师应该怎么做？——设计师可以提供尽可能多的信息和反馈，用图形等直观的方式展示现状。但要注意平衡，否则信息太多会加重认知负荷，导致用户难以迅速获得全局判断。
- 缺乏知识的错误，常常出现在人们遇到未知的状况、要使用一些新设备，或者在完成一个熟悉的任务中遇到异常状态时。大多数情况可以借助适当的概念模型来解决问题。“心理模型”小节曾经讨论过。心理模型通常是不准确、不稳定的，它可能与系统的实现方式大相径庭。如果用户经常出现某个错误，可以分析一下是否因为用户具有某种心理模型，然后想办法帮助用户纠正这个模型。
- 记忆失效，典型的情况如任务被打断后的操作错误，比如在填写表格时接了个电话，接完电话你没有注意到刚才有一个单元格还没填完就继续往下输入，等到提交的时候才发现有遗漏。

设计小贴士

比处理错误更重要的，是如何预防错误。

很多错误的根源，是在该提示用户采取行动的时候没有这样做，而是按照系统的默认规则自动处理了。所以需要权衡要不要让用户在某些关键节点介入，以免积累“决策债”，最后导致用户要花更多时间来处理错误。比如，用图片管理软件 Eagle 导入图片时，软件会自动检测图片是否已经存在，并且显示两张图片的信息对比，让用户识别是否为重复文件，然后决定要不要导入，如图 4-30 所示。

图 4-30　图片管理软件 Eagle 导入重复文件的提示

另外，检查清单也是预防错误的工具，特别是针对失误和记忆失效。在多任务、目标复杂甚至会有很多中断的状况下，使用检查清单尤其有用。除了提供信息、知识和各种外部工具，另外一种容错的思路是支持从错误中恢复。

计算机不犯错，不需要撤销。撤销是人专用的功能。在应用的所有功能中，撤销最不应该按照其构造方法（即模型）来建模，而应该贴近用户的心理模型。[9]

用户通常不认为自己会犯错，至少不希望犯错后受到责备。决策本身就包含不确定性，人们不断尝试、调整、触及界限。一个好的决策支持系统，会允许决策者探索，并且帮助他们达成目标。允许撤销是鼓励尝试的最佳方法之一。除了可以从非预期状态中恢复过来，撤销还提供了一个纯粹心理意义上的重要价值：让人感到安全可控。撤销并不能真正帮助用户做出决策、实现目标，但是能防止意外将用户的努力毁于一旦。撤销虽好，但是很多决策并不允许从头再来，例如购物。虽然很多商家允许无理由退换货，但是运费仍然需要买家承担。运费险的出现解决了这个问题（如图 4-31 所示）。它像是给交易双方提供了一个撤销机会，当用户决策失误或者双方陷入退换纠纷时，运费险提供补偿，这相当于间接撤销了交易。

诺曼总结了思考和支持差错的原则，更多关于错误的精彩讨论，建议阅读《设计心理学 1：日常的设计》。

图 4-31 退货运费险

设计小贴士

思考和支持差错的原则 [8]

- 了解差错的根本原因，通过设计尽量减少这些诱因。
- 进行合理性检验。检查操作行为是否能够通过一般性常识的测试。
- 设计出可以撤销操作的功能——允许“返回”之前操作，或者如果操作不能“返回”，则应增加该操作的难度。
- 让人们易于发现一定会出的差错，以便纠正。
- 不要把操作看成是一种差错；相反，要帮助操作者正确地完成动作。

犯错不可避免，而人们总能找到更多包容错误的方法。我想，这不仅是身为设计师自带的乐观期许，更是这个身份所肩负的责任。

4.4 为改变行为而设计

4.4.1 行为设计

十多年前，身为一名 Windows 重度用户，我刚刚开始使用 Mac 系统，至今仍然记得当时的不适感：找不到开始菜单，没有剪切功能，窗口不能最大化，用不了网银，大部分经常使用的软件都找不到对应的 Mac 版本……到了今天，如果让我重新使用 Windows 系统，我也会感觉很不适应：没有 Airdrop 和 Time Machine，应用菜单栏不在同一个地方，要忍受 Office 软件烦冗的界面，要安装杀毒软件……

要改变多年来的习惯当然很痛苦，而要改变现在的状况、养成新的习惯，同样不简单。

心理学家研究了“如何”和“多久”才能养成一个习惯。在实验中，被试每天要固定吃、喝某种食物或做一些活动，记录下这些行为并坚持 12 周。[20] 结果显示，人们养成习惯平均需要 66 天，但也会因具体情况而浮动，短则 18 天左右，长则需要 250 多天。行为越复杂，人们就越难养成习惯，例如，培养每天运动的习惯，明显就比饭后吃水果的习惯需要花费更多的时间。

反常识

行动本身就是一种改变。

耶鲁大学的社会学家做了一个实验：说服学生去打疫苗。他组织了一百多个学生，向他们宣传打疫苗的重要性。接着，学生们得到指示要去学校的医疗中心免费接种疫苗。宣传结束一个月后，只有 3% 的学生去打疫苗。之后，他对另外一组学生重复了这个实验，第二次实验只做了两个小改变：学生们会拿到一张校园地图，上面标记了医疗中心的位置（其实大家都知道医疗中心在哪里）。另外，工作人员会询问学生们具体什么时间去打疫苗，然后记录下来。这两个小小的改变，却使实验结果大不相同：28% 的学生去打了疫苗，几乎是第一组人数的 10 倍。[21] 地图是打针这一未来行为的触发物，让学生们说出打疫苗的时间，他们就将模糊的想法（我应该去打疫苗）变成了具体的想法（我何时去打疫苗）。

最近这些年，数字产品越来越关注如何引导和改变用户的行为：如何从坐着不动，到每天跟着 App 健身；如何从不买保险，到每月愿意支付一定的医疗保险费用；如何把刷微博的时间变成练习冥想的时间，等等。关于行为引导的研究和方法也逐渐为大家所熟悉。

行为设计（behavioural design）是设计的一个子类，它关注设计如何塑造或影响人的行为。我们都做过非理性的决策：嘴上说一套，实际做着另一套；不愿做重要的决定；总是做一些明知道会后悔的事情，比如不为退休储蓄，喝太多酒，在电脑前坐太久……这样的事情数不胜数。行为设计希望融合行为科学、行为改变理论与用户洞察，设计出激发积极行为变化的流程，对用户和社会行为产生潜移默化的积极影响。行为设计已经广泛运用于营造可持续、安全的社会环境以及预防犯罪等领域。需要特别强调的是，**行为设计旨在帮助人们去做他们已经想做的事情，而不是操纵人心，蛊惑人们去做违背自身利益的事情。**

英国政府于 2010 年成立了一个行为洞察小组（The Behavioural Insights Team），它致力于将行为科学应用于政策干预和公共服务领域，并取得了巨大成功。其中一个经典案例是帮助英国国家卫生局每年获得 100 000 多次器官捐赠。过去的民意调查显示，90% 的人支持器官捐赠，但实际登记的人却不到三分之一。行为洞察小组重新设计了政府网站上登记器官捐献的网页，并测试了不同的说服策略，包括前景理论、互惠、社会认同、承诺等（如图 4-32 所示），以确定哪种策略效果最佳。测试结果发现，使用互惠的劝导策略效果最好，它让器官捐赠登记数量大大增加了。

为了让设计影响行为改变，业界已经开发了一系列理论、指南和工具，其中比较有影响的理论包括劝导式设计、审慎设计、嵌入式设计、干预设计等。

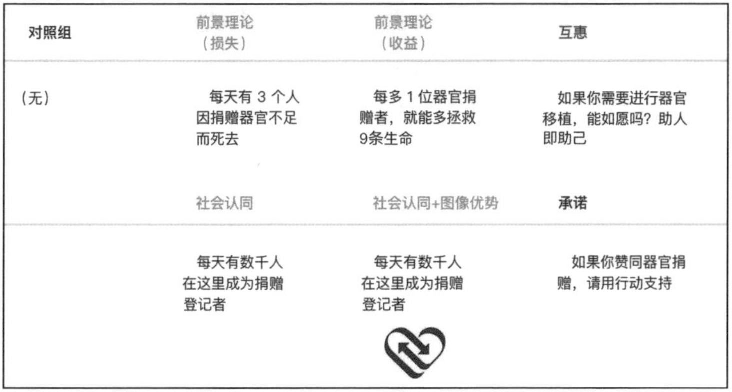

对照组	前景理论（损失）	前景理论（收益）	互惠
（无）	每天有 3 个人因捐赠器官不足而死去	每多 1 位器官捐赠者，就能多拯救9条生命	如果你需要进行器官移植，能如愿吗？助人即助己
	社会认同	社会认同+图像优势	承诺
	每天有数千人在这里成为捐赠登记者	每天有数千人在这里成为捐赠登记者	如果你赞同器官捐赠，请用行动支持

图 4-32　行为洞察小组在 A/B 测试中使用的原理和文案
资料来源：https://firststeps.behaviourkit.com/

劝导式设计的目标是通过产品或服务来影响人的行为，该设计常用于电子商务、组织管理和公共卫生领域，也可以用于需要目标群体长期参与的领域。劝导式设计从不同学科汲取理论基础并形成了特有的框架，来帮助设计师做出合适的设计决策。这些理论可以分为影响行为的个人因素理论、社会因素理论和影响行为改变的因素理论三类，感兴趣的读者可以根据表 4-8 中的标注，在书末找到对应的文献。

表 4-8　劝导式设计相关的理论

影响行为的个人因素	影响行为的社会因素	影响行为改变的因素
前因 – 行为 – 后果模型 [22]	社会认知理论对自我调节的影响 [23]	助推理论 [24]
双过程理论（系统 1 和系统 2）[3]	社会认知理论（SCT）[23]	COM-B 模型和行为改变轮理论 [25]
认知失调理论 [26]	社会生态模式（SEM）[27]	MAP 模型 [28]
计划行为理论 [29]	社会认同理论 [30]	

4.4.2　反思上瘾模型

如果你研究过行为设计、劝导式技术，想必听说过上瘾（Hooked）模型。上瘾模型的提出者尼尔·埃亚尔（Nir Eyal）在书中介绍道：

多年的研究心血和实战经验最终帮助我创建了这套“上瘾模型”，一个供各大公司开发习惯养成类产品的四阶段模型。通过这个让用户对产品欲罢不能的连续循环模型，公司无须花费巨额广告费用，也不必发动强大的信息攻势，就能使用户在不知不觉中依赖上你的产品，成为这一产品忠实的回头客。[31]

每个 Hook（钩子）都由四个部分组成：触发，行动，奖赏，投入。[31]

触发是促使人做出某种举动的诱因。触发之后是行动，即对某种回报心怀期待时做出的举动。变化的奖赏可以激发人们对某个事物的强烈渴望。投入有助于提高用户以后再次进入上瘾循环的概率。

这一套简单易行的分析框架很快被大家接受，互联网行业的从业者也非常推崇这个模型，纷纷用它来分析如何提高产品的用户黏性。在浏览器中随手一搜就能看到大量类似的文章标题：

基于“上瘾模型”的分析：券商 App 如何才能让用户“上瘾”？

如何使用上瘾模型，让用户 pick 你

如何将上瘾模型应用于社交产品？

以潮自拍为例，五分钟带你理解 HOOK 上瘾模型

解密：拼多多是如何玩转上瘾模型的？

从 Hooked 用户激励模型，全面分析“王者荣耀”为什么让你上瘾

其中一位作者在文章开头道出了心声：

每个产品经理都梦想用户能够像上瘾一样爱上自己的产品。如此，产品经理们不费吹灰之力就可以获得持续的用户活跃。

不费吹灰之力就可以获得持续的用户活跃？这真的是我们做产品的初心吗？当我们心心念念想要去操纵用户的行为时，自己是不是也身处在其他产品的操纵之中？

上瘾模型提出，一个产品是否能让用户形成习惯、变得上瘾，取决于两个主要因素：使用频率和感知效用。使用频率就是行为发生的频率，感知效用是指与其他替代解决方法相比，行为是否有用和吸引人。这种分析思路没什么错，问题出在本末倒置地使用这个模型来达成

目标，而**不再思考产品的价值到底是什么，产品与用户的关系应该如何建立和发展**。如果我们都以用户上瘾为目标，那么低频的需求怎么办？还会有好的旅游产品、好的装修产品、好的政务服务产品吗？

上瘾模型让人容易联想到行为主义的条件反射理论，“刺激－反应”是曾经盛行的行为强化公式。20 世纪 50 年代后，行为主义心理学因极端和简单化的方法论受到质疑，它由于忽略人的主动性而逐渐被人本主义和认知主义取代。上瘾模型其实算不上是行为主义理论的延伸，它甚至不是学术领域的成果，因为没有相关的研究来验证它的有效性，但这并不影响它的流行与成功。上瘾模型的强大之处，不在于它能从底层解释人的行为，而在于它提供了一个灵活的框架，看似可以解释各种产品的机制以及成功原因。王者荣耀也好，拼多多也好，这些成功案例里的用户行为，很容易与上瘾模型一一对应，这让这个公式显得很实用。

上瘾模型的确提供了好用的思考工具，行为设计也确实能影响甚至操纵人。这就更需要我们审慎看待，并且回归初心去思考设计的目的。

我在上一节曾经强调过，行为设计旨在帮助人们去做他们想做的事情，而不是操纵人心，蛊惑人们去做违背自身利益的事情。行为设计的研究者也基于此提出了一些伦理准则：

- 不要强迫或胁迫人们去做他们不愿意做的事情。
- 不要替人做决定。把关键决策的选择时刻还给人们。
- 不要隐瞒。让干预措施清晰透明。
- 不要误导。给予人们正确、准确的信息，使他们能够做出明智的选择。
- 不要不尊重。要尊重人们的隐私、时间和尊严。
- 不要只关注一个人。看看项目对其他人和社会的影响。
- 不要把人们锁定在一个新的行动或决定上。总是提供其他选择。

能力越大，责任也越大。

上瘾模型的提出者埃亚尔也意识到行为设计是一把双刃剑，既可以用来诱导他人做出他们并不希望做的事情，也可以帮助自己摆脱外界的不良影响。2019年，埃亚尔出版了他的新书《不可打扰：不分心的行为科学与习惯训练》，在这本书里他把成瘾研究运用在个人管理上面，希望帮助人们管理注意力并且过上自己想要的生活。

4.4.3 如何促成行动

这一节我们来重点介绍行为设计中经典的MAP模型。

斯坦福大学教授B.J.福格总结了行为的三个要素及其相互之间的关系，并提炼为MAP模型㊀：[28, 32]

- 动机（Motivation）是做出某个行为的驱动力——人们有足够的动力吗？
- 能力（Ability）是完成这个行为的能力——人们有能力这样做吗？
- 提示（Prompts）是引发这个行为的提示——是否应该提醒他们开始行动？

当MAP的三个要素——动机、能力和提示，在同一时刻共同作用，行为就会发生（如图4-33所示）。设计产品和服务时优化这些因素，可以让设计者在不采用强迫或欺骗等消极策略的情况下，引导用户实现预期行为。

当动机和能力的组合超过激活阈值时，提示将促使一个人行动。如果低于激活阈值，提示则不会触发行为。在MAP模型中，动机和能力之间具有补偿关系，如果动机很高，就算能力较低也能触发行为，反之亦然。这一关系由图4-34中的行动曲线表示。

借助MAP模型，产品设计师可以找出影响和说服的差距，探索可能阻碍行动的因素。下面我们依次解释模型的三要素：动机、能力和提示。

㊀ 该模型早期被称为MAT，T指Trigger。福格在后来将Trigger替换为Prompts，模型也随之改为MAP。

B = M A P

Behavior	Motivation	Ability	Prompts
行为	动机	能力	提示
	感觉：愉悦/痛苦	时间，金钱	火花
	期望：希望/恐惧	体力劳动，认知资源	促进器
	归属：认可/排斥	社交偏差，日常活动	信号

图 4-33　B = MAP

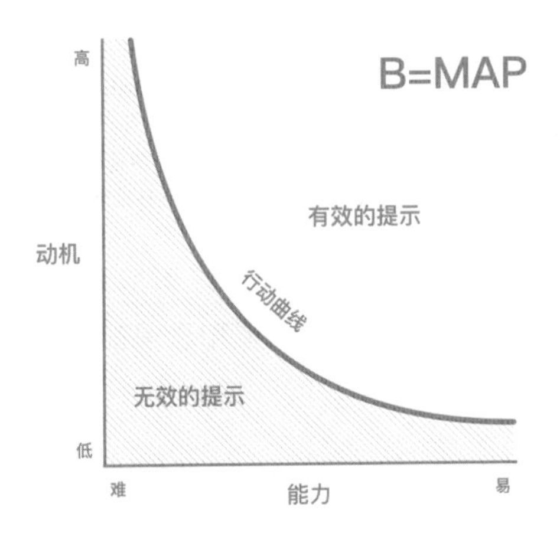

图 4-34　MAP 模型
资料来源：FOGG B J. Tiny habits: the small changes that change everything[M]. Boston : Houghton Mifflin Harcourt，2019。根据原图重绘

动机

MAP 模型包含了三类核心动机：感觉（身体）、期望（情感）和归属（社会）动机，它们是激励行动的潜在动力。

（1）**感觉动机**：我们寻求快乐并回避痛苦，痛苦可以像快乐一样激励人。

- 成就：我们愿意做那些有意义的、可以获得认可的事情。
- 完成：我们都有让事情完整 / 完成的冲动，完成行动本身就是一种奖励。
- 等级：使用级别来传达进度和目标，可以激励人们继续行动。
- 认知失调：经历心理上的冲击和不适时，我们有动力解决冲突、达成和谐。

回顾“认知偏差”小节，从行为经济学角度出发，可以应用几个认知偏差来增强感觉动机：

- 损失厌恶：害怕失去比获得同等价值的

收益更能激励我们。

- 禀赋效应：拥有某种东西时，我们会高估它的价值而不愿意失去它。
- 框架效应：面对收益时，我们规避风险；面对损失时我们反而愿意放手一搏。
- 锚定效应：在做决策时，我们会更多地依赖于最开始获得的信息。
- 现状偏差：我们倾向于接受默认选项，而不是比较实际收益与实际成本。
- 沉没成本：即便已经开始损失，我们还是倾向于继续投入，因为我们难以接受“之前的投资都白费了”。

拿付费订阅的科学教育应用 Brilliant 举例，在订阅期即将结束前，用户会收到续订邮件，提醒用户及时续订就能享受之前的价格，如图 4-35 所示。这让用户感觉之前的价格很优惠（锚定效应），不但强调了续订中断后用户可能面临的损失（厌恶损失、禀赋效应），还聪明地暗示用户会错过未来继续增加的课程（沉没成本）。在简短有力的说明之后，大大的续订按钮写着“ Keep your price”，能够有效激发用户的动机。

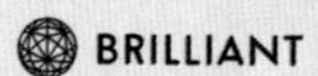

图 4-35　付费订阅的科学教育应用 Brilliant
注：图中英文的大意是 Brilliant 提醒用户订阅即将到期，在 2018 年 10 月 15 日前续订可享受优惠价格，否则将错过未来新增的交互式数学和科学课程。

（2）**期望动机**：我们对好事抱有希望，对坏事心怀恐惧，希望和恐惧都会影响行动。

- 讲故事：故事可以让人们以不同于自己的视角来理解和参与。
- 自治：当感觉事情受自己控制时，我们就会感到自主。
- 好奇心：获得少量有趣的信息后，我们会渴望了解更多。
- 实现目标：能够设定目标的人，通常能取得更大的成就。

（3）**归属动机：**我们寻求社会认可并回避社会排斥。

- 互惠：我们感到有义务在获得某些东西时予以回馈。
- 喜欢：我们希望获得他人的认可和喜爱。
- 社会认同：身处陌生环境中时，我们会假设他人的行为遵循社会规范。
- 地位和声望：我们倾向于调整个人行为，以匹配他人对我们的看法。
- 怀旧：回顾过去拥有的社会关系时，我们会更看重社会关系而轻视其他因素（例如经济成本）。

能力

即使意愿再强烈，如果无法做到一件事情，人们大概率就不会去做。能力是指完成特定行为的容易程度以及所需的技能水平，它与动机同样重要。能力总是和人们掌握的资源相关，例如时间、金钱、注意力等。在 MAP 模型中，能力的关键并不在于是否具备所需的技能，而在于行动是否容易达成。所以，**如果想鼓励新行为，不妨从简化行动来入手。**有六个维度可以使行动变得简单：时间、金钱、体力劳动、认知资源、社交偏差和日常活动。

（1）减少行动所需要的时间，就能让它变得更容易一些。试想一下，你准备在空余时间学习一门设计心理学的课程。如果每天只需要花 10 分钟时间，你会觉得容易完成；但是如果除了看 10 分钟视频，每天还要用半个小时来写作业，那么你可能就会犹豫了。时间充足，行动往往也就不那么困难。同理，想办法简化行动，就能为用户争取更充裕的时间：

1）减少选项：当选项较少时，用户更容易做出决定。

2）个性化：提供量身定制的内容，过滤掉无关的信息。

3）分块：将复杂信息分解为易读、有意义的小块，使用户更容易处理和记忆。

4）捷径：提供比以前更快地实现目标的方法。

5）反馈：在交互时及时反馈，使用户更容易调整行为。

拿语言学习平台 Duolingo 举例，在开始学习之前，用户可以选择难度，难度由每天投入的时间决定（如图 4-36 所示）。普通难度的学习，每天只需要花 10 分钟，这会让用户觉得自己有能力完成，也就更愿意开始行动。

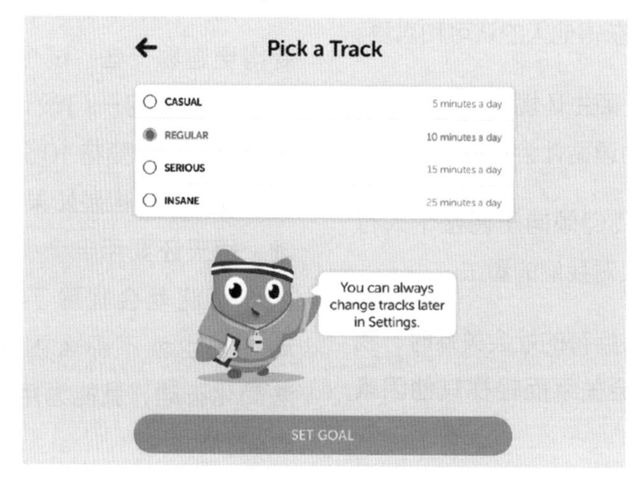

图 4-36　语言学习平台 Duolingo

（2）金钱是有限的资源，它既可以使目标行为变得复杂，又可以简化行为（例如购买会员去除广告）。

（3）减少体力劳动。还记得“别让我运动”小节提到的设备惯性吗？如果能用手头的工具达到目的，我们就不会随便切换工具。

（4）降低认知负荷。人类的认知资源有限，工作记忆容易饱和。如果某个行动需要认真思考，那么它对认知资源的要求就很高。可以使用一些技巧来降低认知负荷，促成行动：

1）启动效应：如果我们最近接收过某一信息，当它再次出现时，我们更加容易认出和接受它。

2）识别而不是回忆：比起从记忆中提

取，我们更善于从列表中识别已经见过的事物。

3）概念隐喻：新的想法或概念与另一个更熟悉的概念联系在一起时，我们更容易理解它。

4）隔离效应：在同类中脱颖而出的事物更容易被记住。

（5）社交偏差（我们不喜欢与众不同）。接受规范并遵循大多数人的意见，可以让事情变得简单，因为这样不需要过多思考。比如，点菜很费神，如果是第一次来到某家店就更让人纠结了，点菜搭配功能可以让用户根据人数参考别人的菜单，让复杂的决策变得简单，如图 4-37 所示。

（6）日常活动（善用习惯的力量）。已经成为习惯的行为很容易再次发生，例如定期在同一家店购买食品，就不必每一次都重新比较和选择，习惯让我们的生活变得简单。

简化并不存在公式，它因人而异，因情境而异。作为设计师，我们应该设法发现用户最稀缺的资源：是时间、金钱还是思考能力？然后有针对性地减少执行目标行为的障碍。**简化行为往往比增加新的动机更能促成行动。**

图 4-37　大众点评 App 的点菜搭配功能

提示

提示是一种行动信号，它告诉人们是时候行动了。信号有很多形式，比如号召性用语、通知、提示等。如果与某个人初次见面，他走近你并伸出手，这就是一个信号——他想和你握手。如果没有适当的提示作为触发器，即使动机和能力都很高，行为也不会发生。提示的时机也很关键。好的提示通常具有三个特征：能引起注意，在情境中有意义，时机正确。在MAP模型中，提示又可以分为三类：火花、促进器和信号。[32]

（1）火花：火花类的触发器与某种动机相结合，例如社会认同或追求成就，适用于有能力但缺乏动力的情况。比如，Duolingo在用户完成若干次课程以后，邀请用户参与连续7天的挑战（如图4-38所示）。这时候用户已经显示了一定的能力，Duolingo用更多的奖励来激发用户的行动。这个火花提示使7日留存增加了14%。[33]

（2）促进器：促进器能够简化行动，它对有动机但缺乏能力的行动更加有效。例如亚马逊提供的一键下单。

（3）信号：当人们准备好了，既有动力又有能力，只需要一个信号告诉他们何时行动。比如，多抓鱼支持提前锁定某一本书，当书到货时，用户会收到提醒，如图4-39所示。

图4-38　Duolingo的挑战邀请

图4-39　多抓鱼二手书订阅到货提醒

福格强调了提示的重要性，他认为行为设计师的工作，就是在激发人积极前进的道路上设置重要的触发器。

行为改变的设计是产品设计师面临的难题

之一，也是设计师洞悉人性的课堂。想要弥补“知”与“行”的差距，设计师需要基于用户真实的行为来设计。不妨先从自己的行为改变开始试验吧！

4.5 为新手、中间用户和专家设计

4.5.1 新手和专家有什么不同

每个产品都会面向不同类型的用户，有一种常见的分类方法，是按照用户对产品的熟悉程度，将用户分为新手、专家和中间用户。这种视角认为人们可以在指导下提升技能水平，我们可以有针对性地满足不同类型用户的需要，并且设定新手向专家成长的路径。

在教育和运筹学研究领域，有一个经典的模型描述了新手到专家的转变历程，它就是德雷弗斯技能习得模型（以下简称德雷弗斯模型）。1980 年加州大学伯克利分校为美国空军科学研究办公室撰写了研究报告，该报告总结了学习者如何通过指导和练习来获得技能，并提出从新手到专家要经过五个阶段：新手、高级新手、胜任者、精通者和专家。[34]

为了便于理解，英国教育专家迈克尔·伊劳特（Michael Eraut）总结了德雷弗斯技能习得模型中五个阶段的特点，如表 4-9 所示：

表 4-9　德雷弗斯技能习得模型中五个阶段的特点

阶　段	特　点	概　述
新手	严格遵守规则或计划； 难以感知情境； 无法酌情判断	新手需要一份指令清单
高阶新手	依赖基于属性或不同方面的行动准则； 情境感知依然有限； 分开处理工作中涉及的不同方面，并且给予同等重要性	高阶新手看不到全局
胜任者	能应对较复杂的信息或活动； 能从长期目标的角度审视行动； 有意识地制订计划； 将流程标准化和常规化	胜任者可以解决问题

（续）

阶　段	特　点	概　述
精通者	从整体把握全局，而不是分而治之； 能判断情境中最重要的事； 感知情境与正常模式的差别； 决策越来越轻松； 使用原则指导行动，其含义因情况而异	精通者可以自我纠正
专家	不再依赖规则、行动准则、原则； 基于深刻、内隐的直觉把握情境； 出现新情况或发生问题才使用分析法； 看到未来的可能性	专家凭直觉工作

资料来源：ERAUT M. Developing professional knowledge and competence[M]. London：Falmer Press，1994。根据原表重制

新手缺少经验，不知道自己的做法是对是错，这时候他们学习的热情不高，他们更迫切的诉求是立刻实现目标。所以，如果有一份清晰简明的行动清单，新手会觉得很安心。随着经验增加，新手可以独自完成任务，开始形成一些原则，这时候他们对情境的理解还很有限。如果没有更多经验，在解决问题时他们不太清楚应该关注哪些细节。

伴随技能不断提升，胜任者和精通者开始掌握全局思维，了解更宏观的概念框架。他们会反思以前的经验并持续自我改进，并可以在不同情境中灵活运用规则和经验。

专家是各个领域信息和知识的主要来源。他们经验丰富，总是不断地寻找问题的最优解，可以根据情境灵活应用这些经验。专家知道哪些是无关紧要的细节，哪些是成事的关键，非常擅长做有针对性的特征匹配。

以上是理解新手和专家的基本框架。不过具体到某个产品，还是需要根据实际情况去定义谁是新手，谁是专家。

数字产品的设计目标既不应该特意迎合新手们（因为他们不会永远是新手），也不能一味取悦专家用户。我们需要着眼于永久的中间用户，花费时间将产品设计得强大并易于使用。当然也要在不影响最广大中间用户的前提下，照顾新手和专家用户的需求。

——库伯

库伯认为，应该考虑如何为不同技能水平的用户提供适合的设计。对于新手用户，要让他们迅速而轻松地成为中间用户；一部分中间用户会成长为专家用户，设计师要尽可能扫除这个过程中的障碍；最重要的是，保证大部分中间用户在使用和探索时有愉快的体验（如图 4-40 所示）。

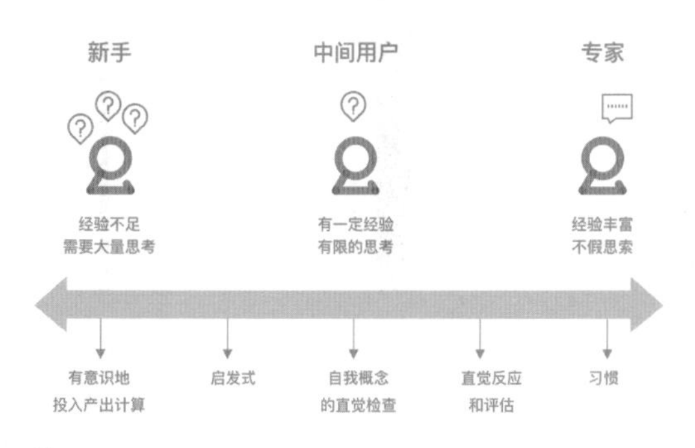

图 4-40　新手、中间用户和专家

当我们着手思考一个产品的设计时，需要先明确哪一类用户是大多数。他们与产品的关系如何？使用产品的频率如何？如果使用频率较低、用户是特殊人群或者在公共场合使用，例如银行的取号机、博物馆的互动装置、商场的导览机、供残障人士使用的设备等，就应该优先考虑新手用户。

用户是否能熟练使用产品，与他们已有的心理模型有关（参见“心理模型”小节）。专家一般比新手有更精炼、准确、灵活的心理模型，更容易在各种心理模型之间转换。在构建产品的概念时，要考虑专家和新手之间的差别，并且询问专家如何形成心理模型，然后思考如何借助专家的经验帮助新手逐渐形成适合的心理模型。专家和新手的另一个差异在于问题归类分组。新手倾向于根据表面特征分组，例如两者共有的标签；专家们则会根据更深层次的理解、概念相似性来分组。

新手用户看重易于学习的友好设计，而专家用户喜欢更强大的高级功能。刚开始接触产品的新手，倾向于使用直接的、熟悉的功能，他们会迁移其他类似产品的使用经验。在初期摸索时，新手会借助最显眼的工具或提示，例如翻看菜单和工具栏，这样能快速了解产品都有哪些功能。而专家在使用菜单时，却可能因重复简单的操作而产生挫折感。为了解决这个问题，大多数桌面端的工具类产品会提供功能快捷键。这样，专家用户可以快速操作，如果回忆不起来再去查看菜单。

移动端产品无法这么做，而是需要从场景、功能、内容、流程等方面去细分，提供不一样的功能界面和流程（如图 4-41 所示）。

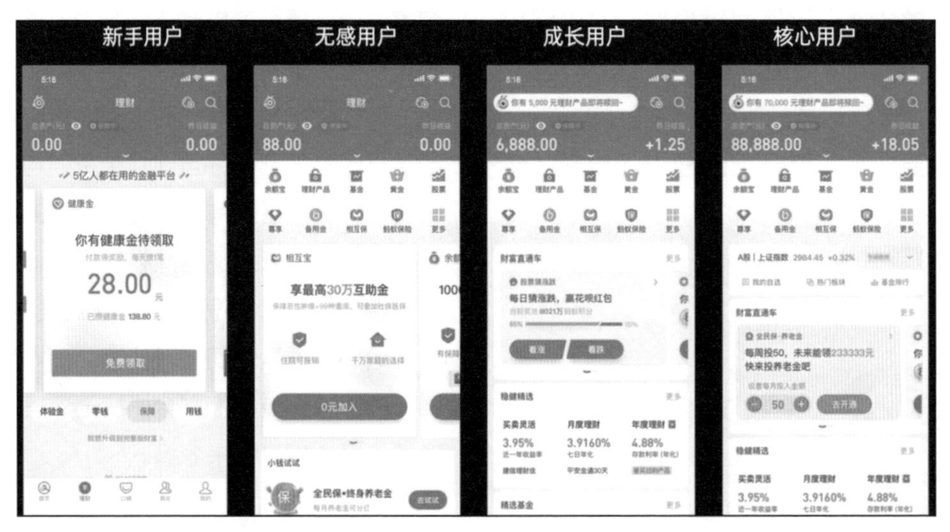

图 4-41　支付宝 App 的理财首页的不同用户版本
资料来源：Ucan 公开课 2020

如果想要衡量一个产品是否满足新手用户、中间用户、专家用户的需求，易学性是一个不错的选择。易学性指某件事情是否容易学习，它是可用性常用的评估维度之一。[35] 易学性的评估结果通常是用户的学习曲线，该曲线描绘了用户需要多少时间和努力才能熟练使用并最终成为专家，换句话说，用户能有效地完成任务之前需要重复多少次。这对于需要高频访问的复杂应用来说尤其适用。易学性有三个主要指标：

- 首次使用的难易程度：第一次使用某个功能有多容易？对于那些大部分用户都只使用一次的产品来说，这个维度最重要。
- 学习曲线的陡峭程度：需要多少次重复才能高效完成任务？这对于那些会多次使用的用户来说尤其重要。如果人们觉得自己正在进步，并且越来越得心应手，就容易坚持下去。

- 效率饱和点（efficiency of the ultimate plateau）：一旦用户学会如何使用，他们能够达到的效率有多高？这对于那些需要长期使用该系统的人（专家用户）来说更加重要。

这三个维度分别适合评估对新手用户、中间用户、专家用户是否友好。理想情况下，产品最好在所有方面都表现良好。不过实践中还是需要根据产品目标、资源、时间成本等来综合权衡，优先针对核心用户群做好优化。

4.5.2　为新手设计

从前，有一个富人，他为自己的一个坏习惯烦恼不已——总是在打开保险柜后忘记锁上。有人告诉他一个秘诀：每次离开保险柜之前，打出降龙十八掌其中一式的动作，就不会忘记锁门了。后来，富人在锁保险柜之前，必须要打一套降龙十八掌，才能安心离开。

笑话归笑话，这个方法确实管用。记住降龙十八掌，并不比记得锁保险柜更加容易，但它能大大强化锁保险柜的记忆。这种现象体现了心理学中的“启动效应”。

启动效应

启动效应是指，如果我们以前受到过某一种刺激的影响，之后对同类刺激的知觉和加工就更容易。打个比方，如果你在深夜刚看完一部恐怖电影，就容易在家里听到吓人的嘎吱作响的声音。在信息加工过程中，知觉判断往往基于过去的经验，比如看到红灯要停下来。这类经验存在于长时记忆中，潜移默化地影响着人们的行为。这就是为什么当人们听到诸如“善良”之类的字眼时，会觉得周围的人更为仁慈；如果闻到清洁剂的气味，人们会回想起更多与清洁有关的活动，并且在吃脆饼干的时候注意不撒得满地都是。下面这个实验告诉我们：仅仅是你所读过的东西，也会影响你的行为。[36]

研究者让学生用给定的几个词组成句子。在第一组的测试中，学生要组合的是表达攻击性的词语，类似“打扰”“唐突”和“咄咄逼人”。第二组则要组合“谦恭”“礼貌”等词语。第三组是对照组，他们组合的是“准备”“锻炼”等中性词语。学生们在完成任务后，要去隔壁实验室领取下一个任务。事实上这也是实验的一部分：

当每个学生走到另一个实验室时，实验主持人都在和其他人交谈，而不去理会正在等待的学生，这样可以测试出每个学生在打断谈话前有多少耐心。结果如下：

- “礼貌组”的平均等待时间为 9.3 分钟；
- 中性词语的对照组平均等了 8.7 分钟；
- “无礼组”平均只等了 5.4 分钟。

超过 80% 的“礼貌组”的学生排队等了 10 分钟，而只有 35% 的“无礼组”选择留下来等待。研究结束后，“礼貌组”的学生们也无法解释为什么他们等了这么久。这背后正是启动效应在发挥作用。

人类的大脑天生就有一种尽快做出决定，以此消除怀疑及不确定的倾向。当外部没有模式可供使用时，大脑就会自己创建一个模式。启动效应对程序记忆的影响尤为显著。当我们熟练掌握一种技能后，在不消耗认知资源的情况下也能完成得很好，比如每天上班都用 App 打车的用户，可以在非常短的时间内下意识地完成操作。

在设计数字产品时，我们应该尊重一个现实：新手用户只是我们产品的新手，但不会是所有产品的新手。人们如何使用其他产品，决定了他们如何使用你的产品。引发人们下意识的行为和反应，通常是促使用户快速做出决定的有效捷径。所以，设计常见功能时必须考虑用户的经验，要提前去了解他们已经熟练使用哪些产品，有哪些具体的使用习惯。另外，可以想象用户会如何把经验迁移过来，利用他们已经熟悉的记忆线索，帮助他们回忆起过去经验中的相关部分，以便用于当前的操作。

学习的幂律

把信息从工作记忆转移到长时记忆中，就是学习或训练的过程。学过的东西容不容易回想起来？这取决于激活记忆或练习的次数、信息的新近度以及学过的东西与当前情境的相关程度。[37] 俗话说，熟能生巧，重复越多就越容易记住。最近回忆过的事物，比很久没有回忆的事物更容易处理（你还记得一年级语文老师的名字吗）。另外，如果情境丰富，则回忆更容易，比如，我在公园里看到了一种叫不出名字的植物，这让我想起上一次朋友教我用 App 识别植物的情形，这回我就知道要怎么做了。

如果想让人们尽快掌握新的知识，重复很重要，这是由学习的规律决定的。1981年，卡耐基梅隆大学认知科学家艾伦·纽厄尔分析了一个实验中各种任务的反应时间，得到的不同任务的学习曲线形状非常相似：呈幂律分布，以对数比例绘制时接近一条直线。[38]

学习的幂律说明，执行一项任务所需的时间，随着该任务重复次数的增加而减少。我们能熟练使用每天在工作中出现的概念和方法，但是很难记住高中数学公式，这是因为我们没有机会经常使用。越多地练习或使用，就越有可能记住，也能更快地从记忆中提取。如果你要给某人发微信消息，可以选择打字，也可以用语音，或对Siri说“给xx发微信”。这些解决方案在记忆中相互竞争，最常用的方案往往会再次被选中，如果你极少用Siri发送微信消息，那这一次大概率也不会这样做。

帮助新手用户学习

新手容易在开始使用产品时产生挫败感。没人希望自己永远是新手，而好的产品会缩短这一过程。如果只是向用户显示教程，帮助其实不大。新手需要一些指示，但并不想了解背后的原理。更有效的做法是让界面的表现模型更接近用户的心理模型，用户的学习成本就会低很多——用户可能想不起到底应该使用哪个命令来完成任务，但是能由任务和操作之间的关系猜到接下来该怎么做。

设计小贴士

在新手阶段，帮助用户轻松、快速地重复完成核心的操作，是较好的学习方式。

我们需要搞清楚哪些是新手用户应该尽快熟练掌握的操作，用户完成这些操作时会遇到什么障碍，如何去除这些障碍，如何在关键步骤针对性地提示。这种引导应持续集中在新手用户关注的问题上，避免出现在那些只有中间用户和专家用户才关心的问题中。而新手用户一旦成为中间用户，之前的帮助反而会变成妨碍。所以，帮助信息不应该一直停留在界面中，如果用户不再需要，就可以让它消失。

识别容易回忆难，对新手用户来说更是如此，毕竟他们还缺乏经验，自然也就没有什么记忆。用诺曼的话来说，回忆是“存储在头脑中的知识”，而识别则是“存储在外界的知识”。[8] 一切都应该简单直接，最好是直接展示有限的选项，让用户点选即可。

打破常规？请三思

熟悉通常是好事，它让我们能够借鉴过去的经验，无须付出太多努力即可快速决策。熟悉来之不易，它是经由多次重复获得的，它意味着用户已经投入了大量的时间和精力，所以他们并不喜欢界面的变化——轻车熟路的感觉消失了。如果你的产品有大量的新手用户，更应该谨慎对待创新，尤其是突破常规界面的创新，例如不提供返回按钮而只能靠手势操作。创新的成本总是高昂的：对于用户而言，他们需要学习一种新模式；对于设计师来说，需要提供额外的指引来帮助用户学习。比如，星巴克 App 门店位置地图页面的右上角有一个过滤器（即图中“Filter”）功能，但是它的位置和样式太像搜索框旁边的提交按钮（如图 4-42 所示）。最开始我以为它只是搜索栏的一部分，没有意识到它提供了过滤功能。即使使用了过滤器左边的搜索功能，我还是没有注意到过滤器的存在，而是一直疑惑怎么就不能过滤搜索结果呢？

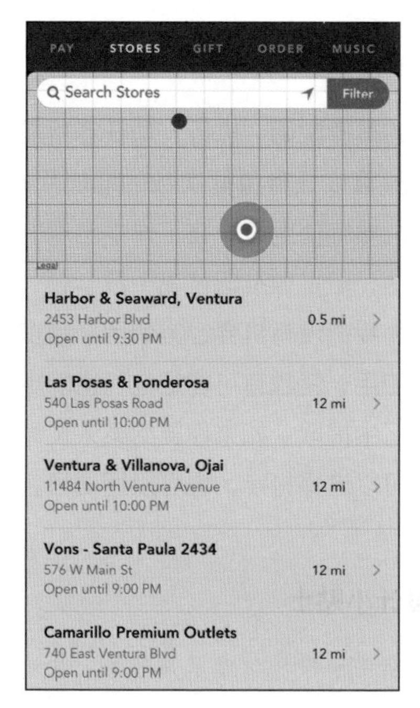

图 4-42　星巴克 App 门店位置地图页面

一般来说，那些拥有大量用户的产品（比如 iOS 和 Android 系统）可以负担得起这一类创新，因为用户的使用频率很高，意味着有很多练习的机会。如果你真的想做一些与众不同的设计，请先问问自己：用户是否愿意一次又一次尝试新设计，是否有条件频繁地使用新设计，或者有其他办法加快学习速度？创新之路曲折且昂贵，请三思。

4.5.3 为专家设计

我常去小区附近的一家饺子店，这家店虽然只有十几个座位，可是生意不错，中午和晚上用餐时段基本都满座。这家店的老板娘总是热情招呼着客人，在我看来，她有着不可思议的好记性：她能一个一个记住刚来的客人坐在哪里，点了饺子、汤面还是其他，饺子要什么馅料的、要多少个、加不加汤、要不要打包、付了钱没有……可是我却从来没有看她拿一个小本子记下客人要点的东西，对她来说一切都已成竹在胸，她基本没出过什么差错。她是如何做到的呢？真的是记忆力特别好吗？

老板娘的神技，有赖于另一种熟练应用长时记忆存储信息的机制：长时工作记忆。[39]在第 3 章中，我们知道工作记忆中的信息只能保持几秒，而长时工作记忆中的信息保持的时间更长，只要暂时激活提取线索就可以获取到。如果只靠工作记忆，那么要记住订餐顺序的老板娘难免会出错。

反常识

长时工作记忆，是区分专家与一般人的重要能力。专家通常以组块而不是单个项目来组织外部的信息输入，并存储在工作记忆中，在专业活动时能调用更大容量的工作记忆。

20 世纪 70 年代，学术领域开始研究国际象棋大师如何快速记住棋子的位置并准确回忆。[40]当国际象棋大师看到别人棋局的 10～20 个棋子时，用 5 分钟便能够记住大约 2/3 棋子的位置。而那些刚刚开始学习国际象棋的人，只能记住大约 4 个棋子的位置。不过，如果大师和新手看到的都是随机摆放棋子的棋盘，他们的表现并没有太大差别。研究者认为，资深的棋手一眼就能够辨别出棋子的规律，他们依据的不仅仅是棋子的位置，更重要的是棋子之间的关系，这些信息会打包成一个一个“组块”。大师经过多年的训练，已经在棋局中见过大量“组块”，因此他们能快速编码棋子的位置并存入长时记忆，并且按一定层级结构形成了心理表征。所以他们既能着眼全局，又可以把注意力集中在具体的招法上。[41] 这种情况是否也适用于其他专业领域呢？

在一项人机界面如何影响程序员效率的研究中，[42] 研究者让专家程序员和新手程序员分别查看一段程序，并记录下他们的眼动情况。程序有三种展示形式：可运行的顺序、随机组块、随机行。结果是，当程序以可运行的顺序和随机组块的形式呈现时，专家程序员每看一眼能比新手编码更多行程序。说明专家按组块存储信息，而新手仅能编码单行程序。如果换成随机展示的代码行，专家和新手并没有明显区别。

你是否还记得第 3 章的一个类比：工作记忆好比容量非常有限的内存，长时记忆则像容量很大的硬盘。新手工作时，主要靠不稳定、算力极其有限的工作记忆。而专家的秘密武器是长时工作记忆，就像同时使用内存和硬盘频繁做数据交换：工作记忆的目标激活了存储在长时记忆中的信息，从而加快信息的存储和提取。费尔南德・戈贝特（Fernand Gobet）和加里・克拉克森（Gray Clarkson）在组块理论的基础上提出了模板理论，**专家可以将频繁遇到的组块发展成更抽象的结构——模板**，便于信息更快地编码到长时记忆中。[43] 专家因为拥有更多长时工作记忆结构——好比在工作记忆和长时记忆之间修建了高速公路网——可以调用更多认知资源来处理复杂任务。而新手面对陌生情境时，缺少这些结构，只能受限于工作记忆的实时计算。

当然，使用数字产品的一般用户，不会也不必要达到象棋大师、资深程序员那样的专家水平。能够成为专家的用户毕竟是少数，为什么还要考虑如何为专家设计呢？因为很多产品的早期成功，是获得了领域内专业人士的认可，产品的口碑才快速扩散开来。面向垂直领域的专业型、工具型产品更是如此，比如剪辑和调色软件 DaVinci Resolve，电子音乐工作站

Ableton Live 等。专家的选择能够对其他潜在顾客产生影响。许多时候，当新手考虑选择使用哪个产品时，会更加信赖专家的意见。另外，随着用户使用各种产品的时间和经验不断增加，会有越来越多的用户成为精通者甚至专家，产品应该考虑适应他们的需求。

专家用户会持续而积极地学习，了解产品的工作原理，时不时寻找和尝试高级功能。他们已经精通主要功能，所以并不觉得复杂，他们也比中间用户或新手用户更喜欢高密度的信息。效率对他们来说至关重要，他们甚至希望所有常用功能都有快捷方式。比如，使用三维设计软件 Blender, 可以自定义软件内几乎所有功能的快捷键，如图 4-43 所示。

图 4-43　三维设计软件 Blender 的快捷键设置界面

“容错”小节曾经提到过如何对待用户使用过程中的差错，差错可以分为失误和错误。诺曼指出，失误有一个看起来荒谬但很有趣的特点，就是与新手相比，越是熟练的人失误越多。[8] 这是为什么呢？因为产生失误的常见原因是注意力不集中。专家已经能够操作自如，靠下意识来完成动作；而新手不得不认真对待，反而较少产生失误。如何帮助专家纠正失误，也是值得思考的有趣话题。

随着服务于企业、专业领域的 B 端产品的发展，面向专业用户和专家用户的设计会越来越重要。专家用户往往熟知某个领域的专业知识，这时就需要设计师们深入到具体情境中去理解他们的需求和行为。这一小节仅仅是抛砖引玉，希望对大家有所帮助。

4.5.4 帮助中间用户学习

大多数用户既不是新手，也不会成为专家，他们是中间用户。我们在设计时常常忘记这一点，总是为极端情况考虑更多，比如为新手提供引导、帮助专家处理罕见情况。而且我们对自家的产品非常熟悉，本身就是专家用户，所以会不自觉地按照专家用户的需要去思考。于是，中间用户成了“沉默的大多数”。

让我们来想一想，中间用户有什么特点？他们希望常用功能出现在界面的显著位置，能快速进入高频的任务流程，因为他们已经清楚产品能干什么、怎么干，不需要产品反复解释。他们不太关心没有用过的功能，而且只有在必要时才会需要帮助——帮助信息最好容易找到，但是不必展示出来占用空间，比如点开问号小图标可以查看更多说明。

使用 Office 软件的经验告诉我们，就算我们使用某个软件很多年，也不会了解它的大部分功能。用户几乎总是只关注眼前，一旦掌握了能解决手头问题的方法，就没必要继续探索界面中的其他功能，操作水平也许就一直维持现状。如果想鼓励用户继续探索，设计师们需要了解哪些认知负荷阻碍了用户学习：[37]

- 固有负荷：指学习任务的心理负荷。例如学习使用三维建模软件，会比学习绘制图表的软件要复杂，因为前者涉及更多的空间参数，以及材质、节点、灯光、运动等知识的综合运用，这需要理解大量的背景知识。一个任务的固有负荷越高，操作时需要的认知资源越多，剩下的可用资源就越少。

- 恰当负荷：指学习任务本身需要的资源。例如学习三维软件时，可以不理解灯光的原理，但要会使用相关功能实现想要的灯光效果。在练习时不追求完美，牺牲一点效果，以便思考、理解和记住那些完成任务所必需的知识和策略，结果会更好。
- 外部认知负荷：指需要的资源来源于外部，它与固有负荷和恰当负荷抢夺资源，会阻碍学习，例如糟糕的界面设计。

良好的引导策略需要最小化外部负荷，减少固有负荷，尽可能分配资源给恰当负荷。减少固有负荷的方法包括简化任务、部分任务训练法、分散练习、提供多媒体指导、及时反馈、预防错误等。在设计数字产品时，具体的做法包括：

- 提高可用性：操作越简单，用户就越有可能学会。
- 精简功能：突出重点。每增加一个功能都会使其他功能更难被发现和学习。比如，PPT 简化工具栏功能区以后（如图 4-44 所示），用户更容易找到最常用的功能。

图 4-44 PPT 的工具栏简化功能区

- 增强可供性（affordance）：让关键功能直接可见，界面本身能暗示可以做什么以及应该如何做。
- 拆分步骤：分解复杂的任务，并在重新整合前单独训练每个步骤。比如，Unity 将教程拆分成多个单元（如图 4-45 所示），让用户可以分步学习，降低负担。
- 预览：让用户在实际操作之前看到结果，例如将鼠标悬停在字体样式上可以预览应用后的效果。
- 帮助和反馈：在用户使用过程中即时提供反馈和帮助，例如在错误提示中提供解决问题的方法。
- 容错：出现错误时不会产生严重后果，而是可以轻松恢复。

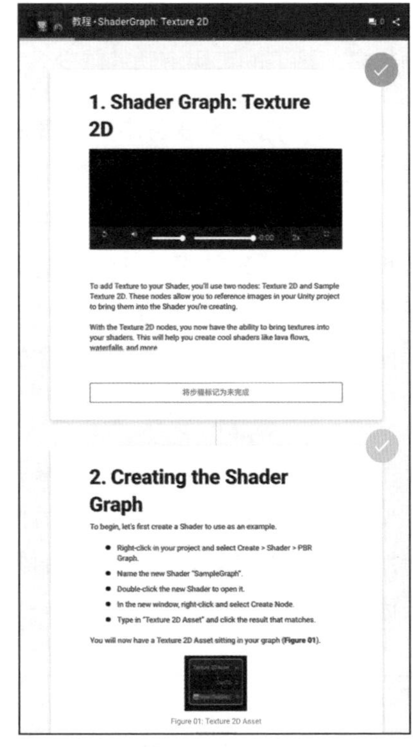

图 4-45 Unity 官网教程

设计小贴士

鼓励用户学习的三个原则：降低认知负荷，鼓励尝试和练习，给出反馈和示范。

这些其实就是经验丰富的老师和教练们早已沉淀下来的教学方法，也是好的产品设计应该遵循的准则。

小结

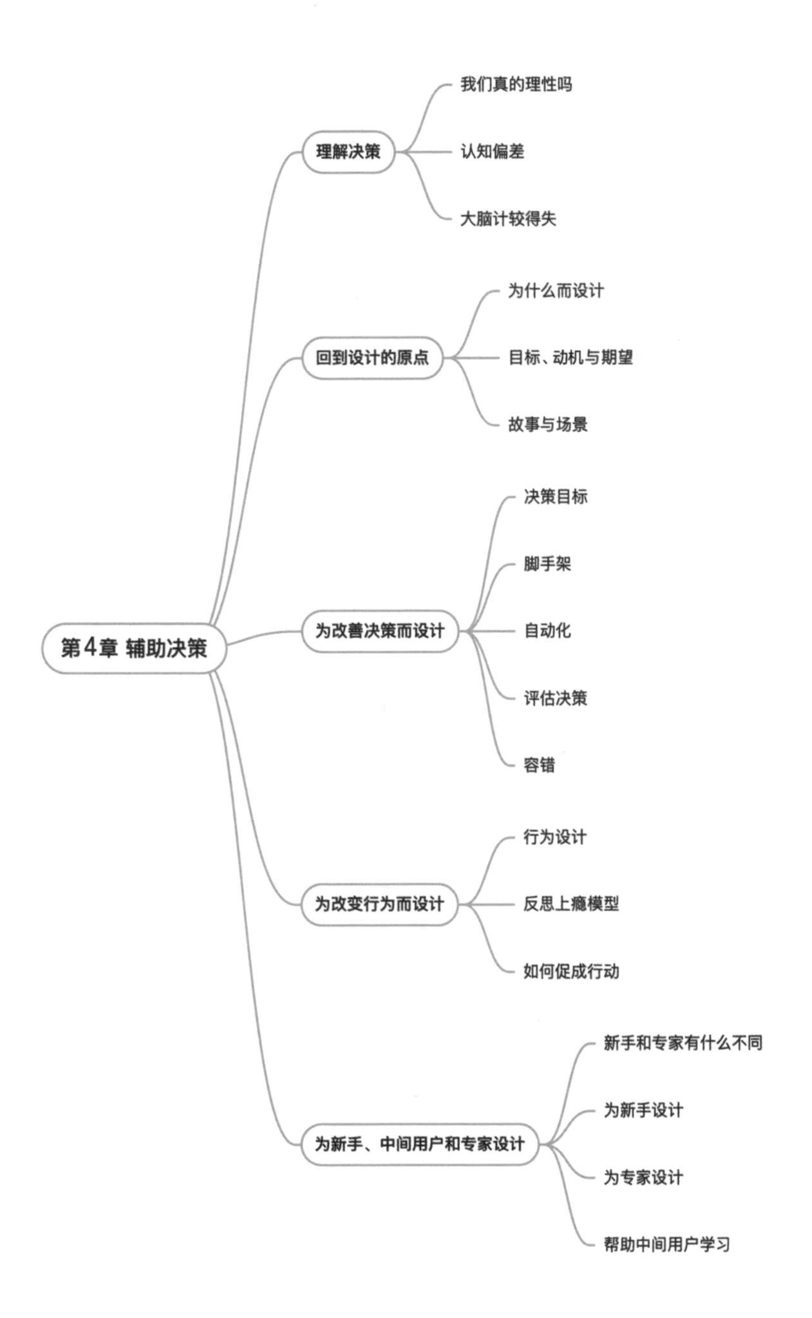
第4章 辅助决策
理解决策
我们真的理性吗
认知偏差
大脑计较得失
回到设计的原点
为什么而设计
目标、动机与期望
故事与场景
为改善决策而设计
决策目标
脚手架
自动化
评估决策
容错
为改变行为而设计
行为设计
反思上瘾模型
如何促成行动
为新手、中间用户和专家设计
新手和专家有什么不同
为新手设计
为专家设计
帮助中间用户学习

小结

这一章的重点是理解人的决策行为，思考数字产品可以如何影响决策，如何帮助用户更好地决策。

我们如何做决策，受到大脑处理信息方式的影响。决策属于复杂的认知任务，需要充分的信息、充裕的时间、充足的认知资源。人之所以不擅长决策，除了信息缺失和不确定性，认知超载是主要原因：当可以利用的信息超过了认知负荷的上限，加上时间受限，人们会倾向于使用简化的启发式。这导致了一个反常识的现象：人们通常只寻求足够好的解决方案，而不会去寻找最好的、绝对合适的方案。

认知偏差也会影响人们所做的大多数决定，并导致非理性行为。比如：可得性偏差表明人们基于最容易从记忆中提取的信息做判断；稀缺性影响人们评估事物本身的价值；锚定效应表明人们过于依赖起始值，所做的估计会大幅偏离实际。前景理论则告诉我们，人们对亏损的反应比对收益强烈得多，损失厌恶的心理普遍存在。在产品设计中，正向应用包括强化用户对收益可能性的感知，反向应用的例子是提高用户的迁移成本和损失。

在日常工作中，关注人始终是设计师世界观的根基，而理解和分析用户，必然要回答用户为何使用产品，并且设计出可以支持用户的行为、隐含假设、心理模型的产品。这是以目标为导向的设计思路。用户调研让我们有机会深入了解用户的目标、动机与期望，并且借助概念故事、启动故事、使用故事三个绝佳的模板讲述出来，增强对用户的理解和共情。

理解了决策的基本机制后，我们逐一介绍了改善决策的方法：提供认知脚手架，包括汇总信息、模板、知识库、可调整的基础选项等；根据系统的能力和用户的信任水平，将某些决策环节自动化；展示更直观的结果评估；区分失误和错误，减少、避免出错，或者让系统可以很快从错误中恢复。

从更宏观的视角看待决策，尤其是那些人们难以主动做出但是很重要的决策，我们介绍了行为设计的多种方法和模型。行为设计关注人们的行为，人们如何做决定，有哪些因素影响人们做决定，以及影响是如何发生的。其中 MAP 模型最为经典——借助三种动机（感觉、期望、归属）、六种能力（时间、金钱、体力劳动、认知资源、社交偏差、日常活动）、三种提示（火花、促进器、信号），就可以大大提高行动的可能性。

最后，我们还分别讨论了如何为新手用户、中间用户和专家用户提供适合的设计。对于新手用户，要让他们迅速而轻松地成为中间用户；为专家用户提供更多组块式的信息，效率对他们来说至关重要；对于“沉默的大多数”的中间用户，保证他们在使用和探索时有愉快的体验。从新手到专家的过程很复杂，有三个学习的原则需要牢记：降低认知负荷，鼓励尝试和练习，给出反馈和示范。

第5章

营造关系

设计的本质是处理关系。商业模式也好，产品价值也罢，抑或是营收、活跃度、市场占有率、GMV、ARPU、LTV 等这些令人眼花缭乱的数据，最终反映的不过是产品与用户 / 客户之间的关系：是萍水相逢的利益交换，是互薅羊毛的零和游戏，还是互惠互信的共同成长？我们终将进入万物互联的时代，但是互联不等于互信，关系仍然需要用心地建立和发展。数字产品始终要服务于人，那么要如何建立起产品与人之间长久、良性的关系，又应该如何帮助人们去处理与他人的关系，是本章尝试讨论的话题。

5.1 营造产品与用户的关系

5.1.1 产品如人

设计始终关乎人。

界面不只是二维平面，交互不只是操作和反馈，产品不只是功能，品牌不只是 Logo——它们都是关系的载体。人使用产品，产品满足人的需求，关系就这样建立起来。用户持续使用，产品不断迭代，关系会继续演变。前面的章节已经讨论过本能层次和行为层次的设计，现在让我们进入反思层去思考：如何营造产品与人的长期关系。我们总是能看到很多产品无论外观多漂亮，功能多丰富，它们也不可能成为人们生活中的符号象征。而那些成功的产品则满足了用户的目标和动机，甚至超越了实用性目的，与用户产生了个人或文化层面上的深度联结，这样的产品就更有可能引发意义感，和用户形成长期的互动关系并让用户对品牌保持忠诚。

经营关系谈何容易。现代社会中，信息爆炸，服务过剩，注意力稀缺。数字产品很多时候就像一个个时间和内容的黑洞，以吸入更多用户参与为目的，而不是着眼于培养一种长期而健康的关系。这难免让人感到不被尊重，有时候我们甚至需要提防操纵和欺诈，以至于“克制”竟然成了互联网产品的宝贵品质。

人各有异，如果了解一个人的脾性，我们就会知道该怎样和他相处。产品也有各自的 DNA。使用微信时，我们预期它总是高效全能、稳重可靠，发出的信息对方马上能收到，在公众号和朋友圈能拓展自己的所见所思。人与人的沟通、信息与人的联结是最重要的，微信本身隐藏在这些交流的背后。使用 B 站时我们的预期则大不相同：想看到大千世界无所不包的内容，想看到来自各行各业的 UP 主各显神通……

产品与用户的关系，随着每一次的互动而发展演变。有时候我们受到广告、朋友或公众人物的影响，对某些产品期待满满，但是在使用过程中却发现这些产品和自己的想象完全不一样。有些产品则始终安静地陪伴，并不主动发起什么事情。有时候我们只是好奇地随手一试，经年累月却也成了忠实用户。

真正成功的产品，不仅能满足用户的需求，提供令人愉悦的体验，还能不停地变化成长，与用户建立长期的关系，加深用户的信任，长久陪伴用户。思考人与产品的关系，依然是要回到人本身。人不会用机器的思维去理解机器，人只能以同类的思维去理解其他人——我们是社会性的动物，而且擅长于此。

人类总是想把事物拟人化，把人类的情感和信仰投射到所有事物上。一方面，拟人化的回应可以给产品使用者带来极大的快乐和喜悦。……但是，当行为受到挫败时，系统开始产生反抗情绪，拒绝正常行事，结果就会产生负面影响，譬如生气甚至是愤怒。这时，我们就会埋怨产品。为人与产品之间设计出愉悦、有效的互动的原理，跟在人与人之间建立愉悦、有效的互动如出一辙。

——唐纳德・诺曼

产品和品牌的人格化是这些年的大势所趋。产品不应该只是一堆冰冷、机械的功能的堆砌，一旦它被赋予人格和鲜明的个性特点，表现出自己的情绪反应和独到见解，就更容易产生亲和力，与用户像熟人一样互动起来。

为产品赋予人格

人格是指一系列复杂的具有跨时间、跨情境特点的独特心理品质，它会影响个体的行为模式。[1] 如何描述人格特征，是人格心理学的核心问题，大五人格是其中最为成熟的模型（如图 5-1 所示）。

图 5-1 大五人格特质

每个人都不相同，能用来描述人格特征的词更是多如繁星。可以想象，要找到统一的测量维度，非常困难。那么心理学家是如何对人格分类的呢？研究者会收集并制作出详细的人格词表，使用多因子分析方法，从大量描述性格的词汇中聚类。学者们持续研究了许多年，虽然关于人格分类有多少个维度以及如何命名，一直有争议，不过人格词表聚类后有五类因子（它们的英文首字母连起来是“OCEAN”）反复出现，如表 5-1 所示，许多研究都验证过，[2-4] 这意味着大五人格理论逐渐成熟。

表 5-1 大五人格描述

类别	维度	典型描述
开放性	幻想 – 务实、变化 – 守旧、自主 – 顺从	刨根问底、兴趣广泛、不拘一格、开拓创新
尽责性	有序 – 无序、细心 – 粗心、自律 – 放纵	有条理、勤奋自律、准时细心、锲而不舍
外向性	外向 – 内向、娱乐 – 严肃、激情 – 含蓄	喜好社交、活跃健谈、乐观有趣、重情重义
宜人性	热情 – 无情、信赖 – 怀疑、宽容 – 报复	诚实信任、乐于助人、宽宏大量、个性直率
情绪稳定性 / 神经质	烦恼 – 平静、紧张 – 放松、忧郁 – 陶醉	焦虑压抑、自我冲动、脆弱紧张、忧郁悲伤

你了解自己的大五人格特质吗？不妨测一测：https://openpsychometrics.org/tests/IPIP-BFFM/。

1997年珍妮弗·阿克（Jennifer Aaker）借鉴大五人格，尝试总结出商业品牌个性的维度。研究发现美国文化背景下的品牌个性体系包括5大维度，20个次级维度和42个品牌个性特征。5大维度分别为真诚（Sincerity）、刺激（Excitement）、胜任（Competence）、教养（Sophistication）和强韧（Ruggedness）。[5]比如，真诚的代表品牌有佳能、亚马逊等，刺激的代表品牌有特斯拉、耐克等，而英特尔、Google则是胜任的代表品牌。

后来，市场营销领域基于卡尔·荣格（Carl Jung）的集体无意识和原型（archetypes）理论将品牌分类，扩充形成了12种品牌原型（如表5-2所示），这12种原型广泛应用于品牌和营销中。[6]原型将人性注入品牌的使命、愿景和价值观中，生动描绘了人们的行为和沟通方式，使品牌能够在竞争中脱颖而出。如果产品个性符合某种原型特质，产品就更容易与消费者的潜意识沟通，唤起他们对品牌的认同，深化品牌意义。

表5-2　12种品牌原型

大类	原型	定义	特点	代表
秩序	创造者（creator）	用灵感创新，为创意注入活力	拒绝模仿，看重创造力，渴望创造价值的东西，绝不墨守成规	特斯拉、喜茶、宜家、乐高、索尼、戴森
	照顾者（caregiver）	照顾别人	提供保护和安全保障，对他人尽心尽力；想关怀、服务他人，让人产生安全感	宝洁、方太、海底捞、舒肤佳
	统治者 Ruler	展现领导力	设定规范，王者气派，领导力，给人高高在上的感觉	华为、阿里巴巴、IBM、英特尔、字节跳动
归属	小丑 Jester	打破沉闷，找点乐子	有趣调皮，活在当下，反对一本正经	M&M's巧克力豆、海尔兄弟
	凡夫俗子 Regular Guy/Gal	坚持做自己，追求自我	典型的务实主义者，耐得住十年磨一剑的寂寞；追求脚踏实地，不眼高手低，一步一个脚印走	优衣库、椰树、海澜之家、良品铺子、王老吉、益力多
	情人 Lover	发现爱、营造爱，也善于关爱别人	充满热情，具有性感和浪漫色彩，就好像时刻在撩你，想和你谈恋爱	卡地亚、爱马仕、迪奥、Tiffany、江小白、德芙

（续）

大类	原型	定义	特点	代表
自由	英雄 Hero	像英雄一样，勇敢和有担当	有坚定的意志，相信有志者事竟成，不怕困难勇往直前	Keep、联邦快递
	革命者 Outlaw	为打破规则而生	拒绝单一的生活，不被外界设限、颠覆自我；有主见，打破常规，愿意去不断地尝鲜	苹果、B 站、Supreme、哈雷
	魔法师 Magician	蜕变，让梦想成真	拥有巨大能量，神奇、魔幻的力量；善于营造仪式感、文化感	星巴克、奥利奥、钟薛高、脉动、万事达卡
独立	天真者 Innocent	天真无邪，保持和信仰某一种想象力	乐观、自信、善良，容易赢得无数消费者的好感	迪士尼、麦当劳、旺仔、娃哈哈、三只松鼠
	探险家 Explorer	时刻保持独立	如同探险家具有探索的精神，不安于现状，喜欢探索未知和挑战极限，追求不断超越自我	Timberland、华为、Jeep
	智者 Sage	沉浸在知识的海洋里	一直勇敢探索真理，追求真知灼见的事实派，期望走近事实的真相	诚品书店、Kindle、知乎、得到

想知道某个品牌的原型吗？不妨测一测：https://visionone.co.uk/brand-archetypes/brand-archetype-quiz/。

这 12 种原型，按照归属 - 自我实现、稳定 - 征服这四种动机来划分，又可以分为四类，如图 5-2 所示。

原型基于消费者潜意识中的共性内容所构建，是消费者心中最根本的欲望和动机的外在体现——我们通常所说的人性的具象化表现。

要思考产品与用户的关系，为产品赋予生命、注入人格，品牌原型是一个很好的开始。你设计的产品，拥有哪几类原型特质呢？

5.1.2 数字产品的礼仪

与他人交往时，我们都怀有一定的期待，也会尽可能让自己的行为符合社会规范，比如要守时、得到帮助应该表示感谢等。如果希望用户喜欢我们设计的产品，那么它也理应表现得像一个举止得体的人。在日常互动中，我们很容易能够感觉到对方是否关心他人。比如，对方尊重自己的意愿吗？会无缘无故让别人等待吗？对方做一些决策之前是否会询问意见？面对数字产品，我们的这种敏感度并不会降低。产品表现得越有人情味，产品与用户的沟通过程会越顺畅，良好的关系也就会慢慢建立起来。

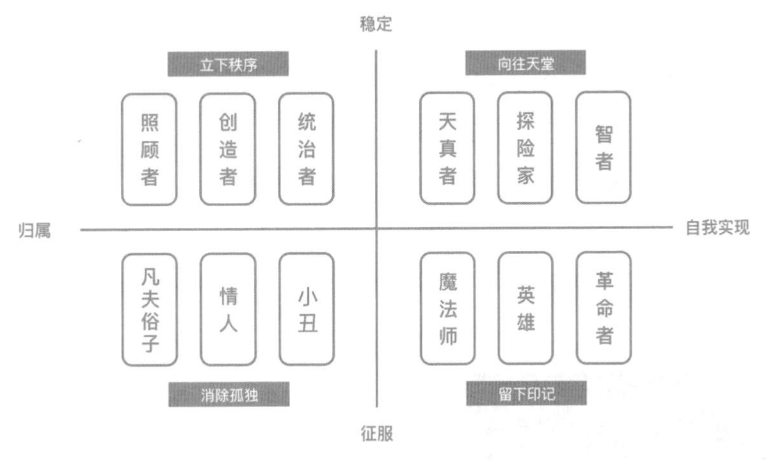

图 5-2 品牌 12 种原型的分类

总的来说，富有人性的产品设计，应该是“体贴”的。体贴意味着心里始终想着他人的需要。体贴的软件最关心的是用户的目标和需求，其次才是产品的功能。

设计小贴士

用户体验设计专家列举了数字产品应该具备的礼仪：[7]

关心用户喜好，恭顺，乐于助人；

有常识，有判断力，预见需求，尽责；

不会因为自己的问题增加用户的负担；

及时通知，敏锐，自信，不问过多的问题；

即使失败也不失风度，知道何时应该调整规则；

承担责任，帮助用户避免犯错。

下面选取其中一些礼仪举例说明。

1）关心用户喜好。体贴的朋友总是记得你的喜好，他认识你越久，就越了解你。每个人都希望得到个性化的照顾。比如，iOS 系统会根据用户常用的 App 和功能自动推荐，帮助用户更快完成例行的任务（如图 5-3 所示）。例如我经常会使用 15 分钟的倒计时，就可以从 Siri 建议中一键开启常用的计时功能，而不必找到 App 然后进入对应的功能再设置。

图 5-3 iOS 搜索建议

2）预见需求。没有人喜欢被强行推销，但是如果在自己正需要的时候，产品已经准备好选项，就会让人感觉贴心。比如，京东根据用户的购买历史和商品本身被消费的频次等信息，推荐常购清单，供用户快速下单，如图 5-4 所示。

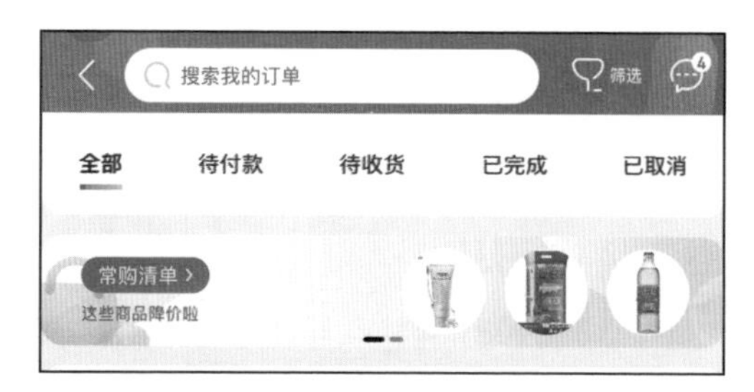

图 5-4 京东推荐常购清单

3）尽责。一个尽责的人会从各方面来考虑如何把事情做得妥帖，例如一个理财顾问不只是帮助客户完成操作，而是要收集各方面的信息，提供有关财富增值的各种选择，并且让客户理解这些选择。数字产品如果多想一些，也许能更好地完成任务。比如，用文件同步应用 Onedrive 批量删除文件会收到提醒，如图 5-5 所示。除了删除文件时的提醒，Onedrive 还允许用户撤销删除操作，很贴心。但是它可以做得更好——虽然可以撤销，但是它没有展示文件信息帮助用户判断这到底是不是一个错误，反而让人感到困惑和紧张。

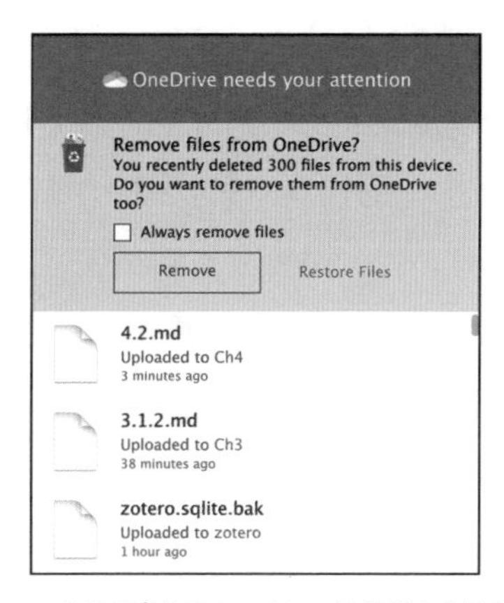

图 5-5　文件同步应用 Onedrive 批量删除文件提醒
注：图中上半部分的英文大意是 Onedrive 提醒用户留意删除文件的操作，并询问用户是确定删除还是恢复刚刚删掉的 300 多个文件。

4）不问过多的问题。有时候产品想要提供更好的服务，需要询问用户一些信息。研究发现，当人们得到一个理由时，他们更有可能认为这些要求是合理的并予以回应。[8] 说明为什么产品必须收集某些信息，虽然对设计者来说不言自明，但对用户可能并非显而易见，所以产品应该礼貌地发出请求。比如“请填写邮政编码，以确定所在地区是否提供服务”。

5）知道何时应该调整规则。人可以随时根据情境灵活调整规则或做事情的方法。例如，双十一订单激增，商家可以通宵打包发货；有客户抱怨和投诉时，客服可以安抚并根据诉求灵活处理。在现实世界中，意外时常发生，而应对意外的灵活性正是很多数字产品所缺乏的。如果功能灵活性不足，则需要用一些规则和运营机制来补充。比如，在一次出行中，因为遇上了强台风，我必须临时取消预订。按照平台规则，超过一定时间后是不允许取消的，而 Airbnb 客服非常快速地响应并且满足了退款的要求（如图 5-6 所示），这让因为行程临时中断已经很郁闷的我感到宽慰。

5.1.3　积累信任

想象一下，你正在回家的路上，有一个陌生人走上前来，问你附近的地铁站怎么走，你十有八九会不假思索地告诉他。如果他问你要手机号码，你可能会开始警惕。如果他开口就向你借钱，你大概扭头就走了。陌生人之间建立联结，需要跨越最初的怀疑并建立信任，这非常好理解，可是放在数字产品的情境中，我们好像会忘记这个常识。

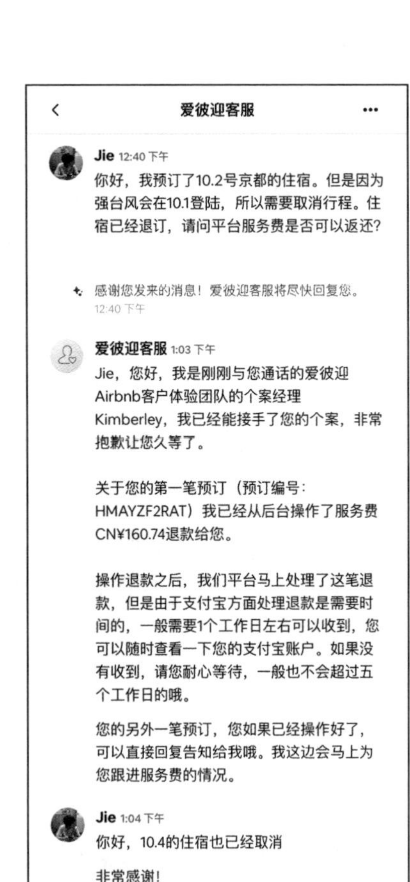

图 5-6 Airbnb 快速应对旅行计划中的意外

社会学、心理学、经济学、管理与组织科学等都致力于研究信任。心理学研究主要以社会个体的心理为基础，从心理事件、人格特质和行为等入手，认为信任是相信他人会做出符合我们预期的事情。建立信任的前提是熟悉，而熟悉又来自对世界如何运转以及他人行事方式的理解，这并非朝夕之功。另外，信任也是社会影响力的组成部分，我们更容易影响或说服那些信任自己的人。这对市场营销和品牌很重要，信任经常用于预测他人对行为的接受程度。

我们在这一节要谈的并不是人与人之间的信任，而是人如何在与产品的互动过程中发展出信任。互联网真正稀缺的不是流量，而是注意力和信任。今天，用户的使用行为越来越碎片化，选择成本高、切换成本低，产品想要与用户建立信任和长期关系更加困难了。面对激烈的竞争，产品应该如何获得用户的信任，经营好与用户长期的关系呢？

信任是随着人们使用产品获得预期的结果，感受到真诚而不是被欺瞒，在长期互动过程中慢慢建立起来的关系。每次互动都是建立信任的新机会，信任需要慢慢累积，而一次不守信的行为就可以将其摧毁。

设计小贴士

一般来说，设计可以从 4 个方面营造信任感：[9]

- 设计质量：专业的外观让人感觉很踏实。例如清晰的导航，可以传达出对客户的尊重。
- 信息透明：主动公开对用户重要的信息。例如，在用户下单前就显示运费，而不是等到下单后才出现。
- 详尽、准确、最新的内容：与业务相关的详尽信息传递出专业和权威的感觉，而杂乱无章的内容是劣质服务的信号。
- 可跳转的内外部链接：链接到外部显得更加透明和自信，用户很多时候会看重第三方网站的评价。

多年来，尽管设计模式和趋势随着时间不断变化，但人类的行为却依然如故，影响质量感知的依然是上面列举的这些因素，将来也不会有很大改变。

信任金字塔

信任金字塔是 Nielsen Norman Group 提出的一个模型，它和马斯洛的需求层次类似——需要先满足较基础的需求，然后才能满足更高层次的需求。在关系中，无论是与陌生人还是与产品建立信任，都需要循序渐进——首先建立基本的信任，逐步减少怀疑和不适感，然后才开始更深入地交互，提升到高级别的信任。这种关系随着信任和承诺的不同阶段而演变，依次经历 5 个级别，如图 5-7 所示。

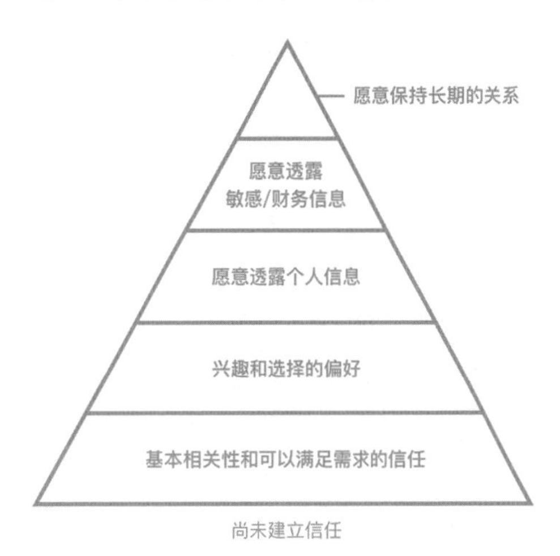

图 5-7　信任金字塔
资料来源：https://www.nngroup.com/articles/commitment_levels/。根据原图重绘

每个信任级别对应不同的用户考量（如表 5-3 所示）。照顾到这些考量，将更有可能获得用户的信任，并向下一个阶段发展。

表 5-3　不同信任级别的用户考量

信任级别	用户的考量
基本相关性和可以满足需求的信任	这个产品可以实现我的目标吗，它提供的信息是否可信
兴趣和选择的偏好	我是否选择使用此产品来完成任务，此产品比其他选择好吗
愿意透露个人信息	该产品是否值得我花时间和精力来注册并使用，我是否愿意提供个人信息
愿意透露敏感 / 财务信息	我是否相信产品会保护我的隐私（信用卡、地址等），值得冒险吗
愿意保持长期的关系	我是否愿意与该产品建立持续的联系（例如订阅服务）

这些考量常常是隐性的，大多数用户不会意识到自己的信任级别。一开始，怀疑总是多于信任。尽管有时可以借助口碑或评论之类的外部因素来消除这些怀疑，但产品必须在各个级别满足用户的需求来逐步赢得信任。参照信任金字塔，我们可以反思在产品与用户的互动中，产品是否会提出一些超越当前信任级别的要求。如果无视信任建立的基础和阶段，过快索要个人信息或承诺，用户就容易感到不适而离开。比如，在用户刚刚开始浏览网站时，就弹出登录注册界面要求注册。这好比向陌生人询问名字和电话号码。例如，某网站在用户浏览不到 1 分钟时就弹出登录对话框（如图 5-8 所示），在关闭后继续浏览，对话框会再次跳出。对刚刚开始使用这个网站的用户来说，他们和产品仍处于尚未建立信任关系的状态。但是如此快的登录要求假定人们已经准备好接受信任金字塔中的三级请求（个人信息）。

图 5-8　某网站弹出登录对话框

提高可信度

2002 年，斯坦福大学的团队做了一个实验：研究者让被试查看一批网站，然后投票选出最可信的网站并解释原因。依据投票结果，研究者总结出了显著性解释理论，认为人们以网站的突出属性来评估其可信度。[10] 这个理论有两个关键组成部分：显著性和解释。显著性指的是站点中那些突出的、引人注意的关键元素。解释是指人们如何判断这些因素。例如，一个五颜六色的动画横幅广告很吸引注意，但人们可能会因为它而不信任该网站。

影响显著性的因素有：

- 用户参与度：用户的积极性以及行动的可能性。
- 网站的主题：网站是否拥有突出和鲜明的主题。
- 任务：搜索信息，浏览、对比、购买产品等，任务会影响用户的注意力和可能注意到的东西。
- 用户体验：不同类型的用户（例如新手用户和专家用户）的需求是否都得到满足。
- 个体差异：人们的文化水平、年龄、背景知识等。

解释受以下因素影响：

- 预设：文化、经验、认知偏差、个人经历等会影响用户对页面元素的理解。
- 技能 / 知识：用户拥有关于某个主题的知识和能力水平。
- 情境：用户的期望，环境、情境规范等。

虽然这些只是影响可信度的部分因素，但足以启发我们思考如何优化产品的视觉设计。例如，在页面上哪些元素最突出？这个元素与其他元素的对比度如何？突出的元素是否会增加信任？用户会如何解读突出的元素？当前的设计在多大程度上满足了用户的期望？设计是否会让用户产生负面的解释？怎样让设计产生积极的解释？积极的解释不一定是微笑的图标或让人心情愉悦的图片，直入主题和明确无误的图片也是积极的解释元素（如图 5-9 所示）。

图 5-9　Airbnb 提供的安全清单和指南
资料来源：https://ixdc.org/act/3/schedule/410

在设计产品的过程中就让用户参与进来，倾听他们的反馈和感受，可以帮助我们确定设计是否传达了正确的信息，这是增加信任的好办法。

所有的设计，最终都是为了关系。信任，就是建立持久关系的第一步。

5.1.4　激发积极情绪

好的设计，不仅要满足用户对功能的需求，更要触及用户的情感，产生积极体验。可是，我们真的理解情绪和情感吗？哪些又是积极的情绪体验呢？

情绪是外界事物作用于自身时产生的生理、心理反应。它是直接的和应激的，随情境而生，转瞬即逝，再遇到某个情境时又会被激发出来。情感则相对长久和稳定。人类的情绪丰富多变，情绪的分类方法有很多，其中有趣的一种是心理学家罗伯特·普拉切克（Robert Plutchik）提出的情绪轮（如图 5-10 所示），它以精巧细致的方式来呈现不同的情绪形式、强度及其相对关系。普拉切克在 1980 年第一次发表锥状模型（3D）和轮状模型（2D）来描述情绪的关联程度，他提出了八种成对情绪：快乐与悲伤、生气与恐惧、信任与厌恶、惊讶与期待。此外，他的模型将情绪轮盘和颜色轮盘结合起来，用不同颜色来表示主要情绪，不同的情绪又可以混合形成新的情绪。

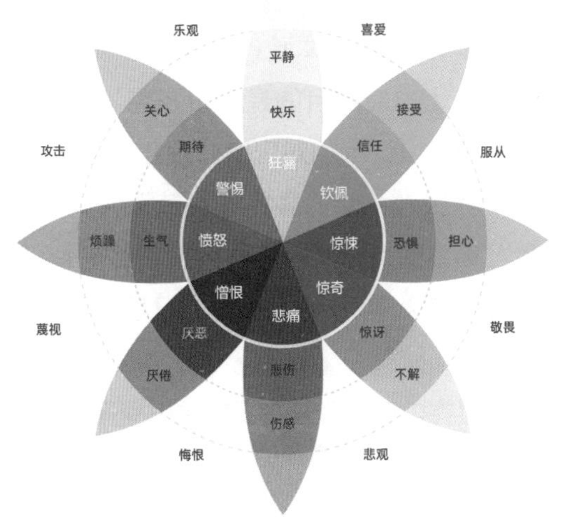

图 5-10 普拉切克的情绪轮盘

这个模型包含三个维度：

- 颜色：八种情绪以颜色区分，每一种颜色包含一组相似的情绪，例如，狂喜、快乐、平静是一组情绪。主要情绪位于第二圈。两种主要情绪的混合得到色彩更为柔和的情绪。
- 层次：圆圈中心的情绪更强烈，颜色饱和度也更高。外层的色彩饱和度降低，情绪的强度也降低。
- 关系：处于对角位置的是相反的情绪。主要情绪混合时，情绪之间的空间形成新的情绪，例如“快乐”和“信任”混合生成“喜爱”。

这个模型可以帮助我们厘清各种情绪之间错综复杂的关系，就像调色板一样，这个模型结合不同的情绪来创造不同层次的情绪反馈，从而加强用户在使用产品时的情感共鸣。

情绪轮中主要的积极情绪包括期待、快乐、信任。人类天生就有好奇心，诱人的图像、标题文案和内容可以激发起用户的期待，引导用户开始与产品互动。在使用过程中能让人们感受到快乐，意味着还有下次——想想那些在迪士尼乐园尽兴而归的游客，他们已经开始盼望再次入园了。而总是稀缺的信任，可以通过品牌背书、意见领袖、权威评论和第三方认证来建立。

在情绪轮之前，更为经典的情感模型是

1974 年提出的 PAD 情感模型，它定义了情感观测的三个维度：[11]

- P 代表愉悦度，即情感的积极或消极程度，喜欢或不喜欢程度，这个维度体现了情感的本质。
- A 代表激活度，表示个体的神经生理激活水平和警觉性，与能量的激活程度有关。
- D 代表优势度，表示主体对情景和他人的主观控制程度，用以区分情感状态是由个体主观发出的还是受客观环境影响产生的。

这个模型最初来自环境心理学的研究，后来它的应用范围逐渐扩展。在消费者市场营销领域，研究者经常使用 PAD 情绪量表测量消费者对营销刺激物的情感反应，例如，顾客对购物环境、商场促销、商场陈列的情感反应。

PAD 情感模型可以充分地表达和量化人类情感，所以它成了情感计算研究的基础。最近几年，随着语音技术的发展，在语音交互的场景下，设计师需要开始去考虑如何响应用户的情感反应。这时候可以借助 PAD 情感模型去构建人工情感计算模型，映射不同的情感表现，比如用户使用语音交互时，正面回应对应开心正向的情感，执行失败对应委屈抱歉的情感等。

说到丰富的情绪体验，就不得不提到游戏。游戏的最终目的是给玩家带来快乐，所以游戏设计师们对玩家心理和需求的研究非常深入，他们最擅长营造沉浸体验、激发丰富的情绪反应。研究者曾经总结了游戏中的八种乐趣：感官、幻想、叙事、挑战、团队关系、探索、表达和服从。[12] 而不同类型的玩家追求的乐趣也不同：[13]

- 成就家：想要完成游戏目标，主要乐趣源于挑战。
- 探险家：想要了解游戏的方方面面，主要乐趣源于探索。
- 社交达人：对与人们之间的关系更感兴趣，主要寻求团队合作的乐趣。
- 杀手：喜欢竞争并击败其他人，乐趣在于对他人的影响力。

当然，大部分的数字产品都不是游戏，也

不具备游戏中那些引人入胜的元素和沉浸环境，无法直接将游戏的做法套用过来。我并不是鼓励所有产品都采用游戏化设计的思路，植入游戏元素（点数、勋章、排行榜）来提升使用乐趣。应该向游戏借鉴的做法是，先去了解来使用产品的用户，在什么情境下会体验到哪些情绪，然后用顺应用户心智的做法来引导和激发积极情绪。请看下面两个例子。

在设计产品时，我们擅长把事物变为“已知”，总是尽力消除困惑、歧义和理解障碍。但是如果产品的核心用户属于探险家类型，那么满足好奇心是他们重要的动机，这时候可以考虑如何营造“未知”，增加不确定性和趣味性，以鼓励用户更深入地参与。关于好奇心的研究指出，当人们感觉有知识空缺时，就会变得好奇。好奇的程度，与特定信息是否能填补信息差有关。在一个心理学实验中，被试要完成拼图游戏，如果他们得到的是整体图案中的一部分，而不是完全随机的拼图块，就会对游戏更投入，产生更多的交互行为。[14]如果想让用户好奇，那就让他们意识到有一些他们感兴趣但又暂时不知道的信息吧。比如，全历史是一个有趣的历史知识平台，其中有一个引发人好奇心的功能叫 AB 路径，只要输入任意两个人名，就能看到他们的关系路径，如图 5-11 所示。

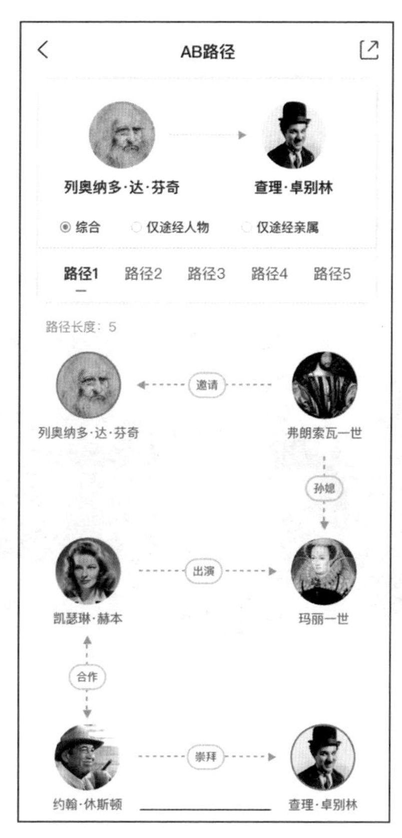

图 5-11　全历史 App 的 AB 路径功能

社交类的产品以用户关系为核心，需要鼓励用户之间的交往。即刻是一个资讯和兴趣社区，在年轻人中人气很高。在这里用户能够以兴趣开启对话、获得共鸣，获得被看见和认可的存在感。虽然经历了长时间的下架，可是大家依然默默支持和等待它的回归。这种魅力从何而来呢？

一直以来，即刻在建立社区认同感、加强人与人之间的联结方面下了很多功夫，它可以满足社交用户寻求群体参与的乐趣。比如图 5-12 中呈现的社区独有的“面即打卡”社交仪式：交换即刻名片以及名片合照。

图 5-12　面即打卡
资料来源：https://www.digitaling.com/articles/309889.html

如果在线下多人“面基”的话，还可以出动“面即打卡”工具——将所有人的手机连在一起，就可以生成滚动弹幕，如图 5-13 所示：

图 5-13　“面即打卡”滚动弹幕
资料来源：https://www.digitaling.com/articles/309889.html

面即打卡的滚动弹幕一出现，用户的期待、快乐、信任、惊讶等情绪油然而生，这些情绪又加强了用户之间的情感联结，大家会为这一共同身份而感到亲近、自豪。我想，这就是让人愿意等候回归的产品的魅力吧。

5.1.5　改善关系的关键时刻

体验旅程和触点

人际交往是持续发生的，关系经由多次互动得以建立和变化。数字产品的特点是永远在线，产品能提供的功能和服务越来越丰富，并且已经渗透到许多线下场景。这意味着用户会在多个不同场景中与产品互动，产品与用户的关系有了更多持续变化的可能。对于一个长流程的服务，可以借助用户体验旅程图来梳理整个过程（如图 5-14 所示）。

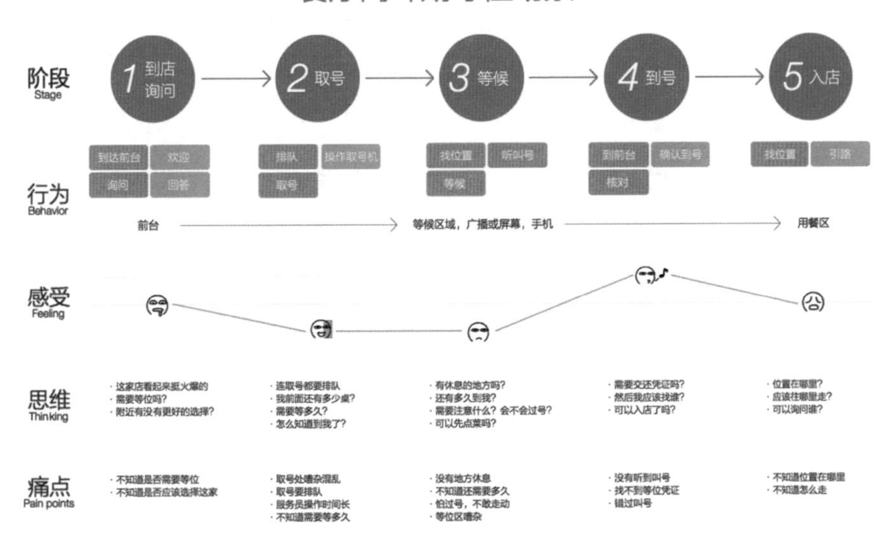

图 5-14　顾客在餐厅高峰期等位时的体验旅程图

体验旅程图非常直观地展示出用户实现目标所经历的过程。它一般以流程或时间轴为主线，涵盖场景中和人相关的要素，包括用户的行为、感受、思维等，还可以包含每一个行为对应的服务形式、设备、渠道、反馈的数据 / 内容、系统响应方式等。旅程图结合了讲故事和可视化这两种强大的工具，可以帮助团队快速理解和满足客户需求，它经常被用于优化整体的服务体验。

亚朵酒店是这几年快速崛起的酒店品牌。亚朵在设计服务蓝图时，总结出客人从第一次入住到再次入住过程中的十二个关键节点：

节点 1，预订；

节点 2，走进大堂的那一刻；

节点 3，看到房间的第一眼；

节点 4，酒店和客人联系，提供服务咨询

的那一刻；

节点 5，吃早餐的那一刻；

节点 6，在酒店等人或者等车，需要有个地方待一下的那一刻；

节点 7，中午或者晚上想吃夜宵的那一刻；

节点 8，离店的那一刻；

节点 9，离店之后点评的那一刻；

节点 10，第二次想起亚朵酒店的那一刻；

节点 11，要向朋友推广和介绍的那一刻；

节点 12，第二次再预订的那一刻

比如，其中一个体验高峰是退房离店的时候，服务员会送上一瓶矿泉水，如果是冬天就会送一瓶温热的矿泉水，并起名“别友甘泉”。这个小小的细节让许多顾客留下深刻的印象，增加了他们日后回忆时的积极评价。

复杂的长流程服务，其挑战在于如何保证服务在整个流程中顺畅地“流动”，并持续产生愉悦的体验。借助体验旅程图，我们可以从全局视角来分析产品与用户之间的种种互动，这些互动可能发生在人与不同的环境、设备平台、服务人员之间。众多环节当中，哪些是关键节点，哪些一直被忽视，哪些有较大的改善空间——做完细致的体验走查，往往可以发现大量的设计机会。

设计小贴士

选取体验的关键节点（又叫体验触点）后将其打磨到极致，是成功产品的秘诀。有四个节点尤其值得注意：体验开始时，体验高峰，体验低谷，体验结束时。

第一印象

让用户在第一次接触产品时就有一个好印象。如果你购买过苹果公司的产品，一定还记得第一次开箱时的体验吧？最初印象决定了产品的感知价值（而不是实际价值），它也是信任和忠诚度的基础，决定了用户是否继续使用。

光环效应是一种社会心理学现象，指人

们对A的感觉转移到B上从而产生偏见。比如看见一个样貌出众，衣着和举止都很得体的人，会认为他是一个好人。光环效应最早由爱德华·桑代克（Edward Thorndike）提出，他在实证研究中发现，当人们根据一系列特征来评估他人时，对某一个特征的负面认知会拉低其他特征的得分。[15]光环效应可以说是一把双刃剑：

- 如果你喜欢某个人 / 事 / 物的一个方面，就会爱屋及乌。
- 如果你不喜欢某个人 / 事 / 物的一个方面，就会对它更加挑剔。

光环效应让我们“以偏概全”，迅速做出判断。如果用户喜欢产品的某个方面，就会认为产品更有价值。相反，如果在某个网站上有特别糟糕的体验，他们就会离开，即使网站后来提升了用户体验，用户还是会持负面评价。光环效应容易导致认知偏差。比如，当你问别人某个App好不好用时，他可能会说：“很好用，我喜欢它的设计。”好看并不意味着容易使用，但判断是否美观往往比判断易用性简单得多。

要给用户留下好的第一印象，关键并不是强调产品很有品质，而是要让人觉得“这就是我需要的”——产品的整体感觉应该符合用户的预期。比如，网站的视觉设计要匹配产品的服务水平，让用户形成正确的第一印象。香港快运（如图5-15a所示）提供廉价航空服务，设计使用鲜艳的色彩、平易近人的图片和文案，并且充分展示了优惠信息，这对想买到实惠机票的旅客来说很有吸引力。而国泰航空（如图5-15b所示）是五星航空公司，并不强调价格优惠，它的整体设计更精致、专业、柔和，从而传递出优质服务的印象。

高峰体验

没有人会忘记高峰体验，它是我们在游戏通关时站在世界之巅的感觉，是我们在微信群抢红包获得手气最佳时的窃喜，也是所有产品可遇不可求的核心竞争力。令人愉快的高峰时刻包含4种因素：欣喜、认知、荣耀、联结。[16]

欣喜即制造惊喜，给对方超乎寻常的感受。制造惊喜有三个方法：提升感官享受、增加刺激性、打破脚本。比如，微信表情雨（如图5-16所示）总是能让人感到惊喜，把原来单薄的文字转化成有仪式感的刷屏，大大加强了情感表达的效果。

a）香港快运　　b）国泰航空

图 5-15　航空服务网站

图 5-16　微信表情雨

又比如，用 Spotify 播放《星球大战》的专辑，播放进度条会变成一把发光的剑，如图 5-17 所示。

第二个因素是认知，即让人获得洞见，发现自己原来没有意识到的信息。例如，全历史 App“知识树”的栏目梳理了很多大时间跨度的专题，比如百年诺奖、漫威简史、互联网 50 年等（如图 5-18 所示），大大提高了历史知识获取的效率。

第三个因素是荣耀，它来自认可，来自达成里程碑或者关键时刻的优秀表现。让用户产生荣耀感的秘诀是通过反馈、里程碑和仪式感让用户经常获得成就感。比如在微信、微博中每发一条状态，就有可能收获回复和点赞，吸引新的粉丝。哪怕是一个小小的赞，也能给人带来被认可的感觉。又比如小米在 MIUI 的第一个正式版本里，把 100 名种子用户的论坛 ID 写在了开机页面上，这些让用户感受到成就感的时刻就是他们的荣耀时刻。

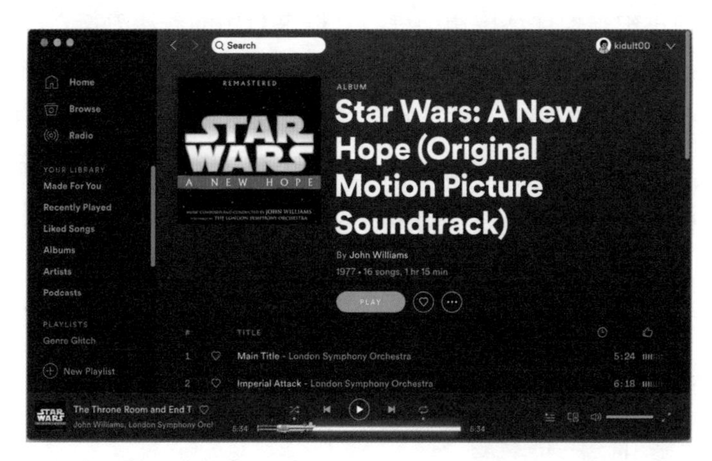

图 5-17 Spotify 播放《星球大战》的专辑

图 5-18 全历史 App“知识树”的栏目

第四个因素是联结，即和他人联系在一起，共享美好或痛苦时刻。比如，豆瓣小组的盖楼计划把小组组织成楼层集中展示，组内豆友可以商量要如何装修，小组之间可以串门交流，如图 5-19 所示。这种可以对应到现实生活的交流联系的感觉，让很多小组变得活跃，也吸引了更多用户加入。

图 5-19　豆瓣小组的盖楼计划

挫折时刻

另一个改善关系的时机是经历体验低谷的时刻，尤其是出现错误和意外的时候。遇到错误本来就令人不快，如果错误的说明还显得严厉和晦涩，则会雪上加霜。除了提供有用的解决办法，产品还要缓和用户的消极情绪，让用户在错误面前放松下来。比如，Chrome 浏览器在无网络时的小游戏（如图 5-20 所示）既转移了用户的焦虑情绪，又让等待时间显得不那么长。

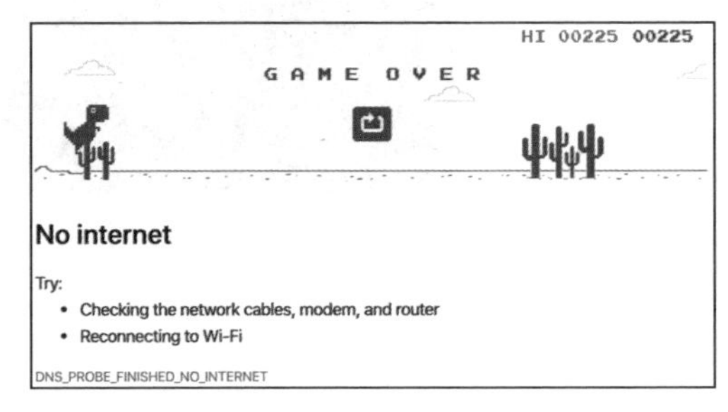

图 5-20　Chrome 浏览器在无网络时的小游戏

终峰效应

如果你去过迪士尼乐园，一天下来可能大部分时间都在排队，真正游玩项目的时间很少。但是日后回想起来，印象深刻的还是那些精彩刺激的瞬间。人类的记忆很少能够完整而准确地记录所发生的事件，它更像是一系列的快照。

反常识

大脑会根据记忆中最突出的时刻，形成对过去的整体印象。

一次经历中那些情绪最强烈的部分（峰值）以及结束的部分，在很大程度上决定了我们对这次经历的记忆。这种影响人们回忆过去事件的认知偏差，在心理学上叫作终峰效应。峰值效应这一概念的提出始于行为经济学家卡尼曼的老搭档特沃斯基的研究，并由卡尼曼和其他学者完善。[17] 在实验中，被试需要把手放在一盆冷水中，完成三轮低温忍耐任务：

- 第一轮：被试的一只手放进 14℃的冷水中保持 60 秒。
- 第二轮：被试的另一只手放进 14℃的冷水中 60 秒，然后继续保持 30 秒，水温在这 30 秒内提升至 15℃。
- 第三轮：选择重复第一回合还是第二回合。

哪一轮让人觉得没那么难受呢？合理的选择应该是第一轮，毕竟不舒服的总时间更短。但是结果却出人意料：32 位被试中有 22 位在第三轮选择了重复第二轮的实验。在多数被试的记忆中，第一轮中保持 60 秒的实验条件比第二轮中一共保持 90 秒的实验条件更痛苦。也就是说，在最后的痛苦程度，比痛苦的总时长更能影响人们的选择。临近结束时的一个小小的变化，竟然改变了人们对整个过程的看法。实验结果说明，结束环节的感受占有压倒性的权重，感受的峰值也很重要，而其他环节可以忽略不计。

当我们回忆起过去的事件时，记忆首先迅速激活事情的结局。终峰效应告诉我们，微小的变化能对人们的回忆产生很大影响。在设计界面和体验时，要格外注意核心体验中的峰值时刻和结束时刻。在一次成功的交互结束后，一行恰到好处的结束文案、一个图标或者一个生动的插图，可以提升结果的体验并让用户记忆深刻。比如，Duolingo 在用户连续答对问题时会有即时的反馈（如图 5-21 所示），完成每一个单元时都有额外的奖励，这会让用户在结束时更有成就感，不但从整体感受上降低了学习难度，而且能够激励用户继续学习。

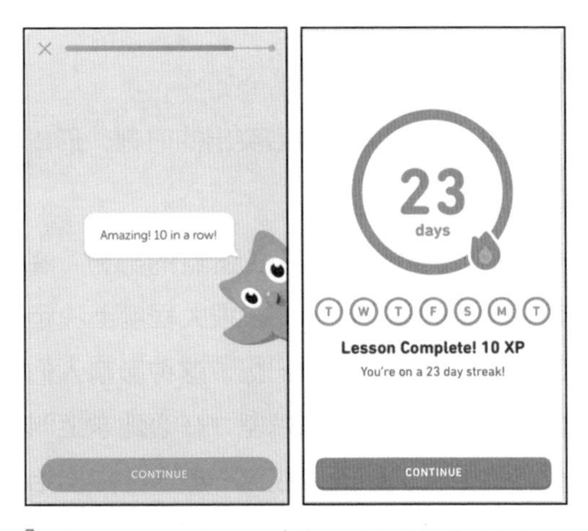

图 5-21　Duolingo 以有趣和对话式的界面鼓励用户完成课程

最后的印象往往更持久。如果你留意一些等待界面中的进度条，往往会发现进度条在中段进展缓慢，但到了最后会突然加速。这也是利用了终峰效应的设计，用户看到最后加速的进度条，会留下速度很快的印象，从而降低了等待过程中负面情绪的影响。

5.2　营造用户之间的关系

5.2.1　可能自我与印象管理

在许多社交场合，结识他人的第一个环节往往是：自我介绍。在朋友聚会上，在公司入职时，在加入一个微信群后，你会如何介绍自己？

与他人建立关系，建立怎样的关系，很大程度上会受到我们如何看待自己的影响。自我概念包括关于自身的记忆和评价，最想成为的理想自我、预期要扮演的自我，对自己的积极或消极评价，以及别人怎么看待自己的信念。[1] 它是动态变化的，能够引发、解释、组织、调节内心及人际活动。自我概念既包括我们是什么样子，也包括可能自我（possible selves）：可能成为什么人，想成为什么人，害怕成为什么人。

可能自我是希望、恐惧、目标和威胁的认知成分，它们赋予了动态的、具体的自我以形式、意义、组织和方向。

——黑兹尔·马库斯（Hazel Markus）、保拉·S. 纽瑞尔斯（Paula S. Nurius）

在现实生活中，人们在和家人、朋友、老板、同事交往时需要保持一致，自我会被限制在一定范围内。想突破这些限制、获得新的经验并不容易，互联网则给社会关系带来了新的可能。[18] 在网络上人们可以创造一个新身份去宣泄被压抑的自我。扮演这些可能自我，往往让我们更接近自己的内心，能激发更多的自我认同。

“目标、动机与期望”小节提到过目标的三个层次：体验目标、行为目标和长期目标。长期目标反映了用户的动机、个人期待、深层次的驱动力和自我形象。成功的产品和品牌，要么映照出用户现在是什么样的人，要么让用户更接近可能自我。能与用户建立长久关系的产品，大都致力于帮助用户实现长期目标。

设计小贴士

一般来说，如果是带有公共、社交、展示属性的产品（比如手机、手表），往往会把品牌塑造成消费者的理想人格，消费者通过产品向外界展示形象。如果是自己使用的产品（比如智能音箱），则会把品牌塑造成消费者的现实人格，通过产品向自己展示形象。

举例来说，手机是展示理想自我的产品。小米手机在初期主打性价比，消费者的现实自我特征是精打细算、务实。但是这样会形成低价、低品质的负面形象。所以小米塑造的品牌形象是这部分消费者的理想人格——发烧友，理念是“为发烧而生”——用小米手机，并不是因为没钱买更贵的手机，而是因为热爱。

个人经营自我的形象，常常是为了满足对外展示的需要，最典型的是人们在社交平台上有意或无意的印象管理。在社会学和社会心理学中，印象管理是一种自我展示策略，即通过调节或者控制社会互动中的信息来影响他人的看法，尤其是对个人形象的认知。[19, 20] 印象管理包括两个过程：印象激励和印象建构。印象激励是指人们被鼓励去控制他人如何看待自己；印象建构是指明确知道想给他人留下什么样的印象并创造出来，不仅包括个人的特质，还包括态度、地位、身体状态和兴趣等。[20]

在一项社交网站印象管理的研究中，研究者认为相比自尊和外向程度，自我效能感与印象管理的关系更密切。自我效能感是对自身能力和完成某项任务效果的自我感觉。[21] 它对行为有着“自我实现的预言”般的影响：只有认为自己有能力完成某事，才会努力去做。使用社交产品时，自我效能感会影响好友数量、主页信息详细程度、个人照片风格。[22] 总的来说，自我效能感高的人有更多好友，个人信息更丰富，内容相对轻松活泼。此外，他们的个人照片会更加奔放，很多来自聚会场景或者是摆拍。

反常识

内外向并不太影响人们在社交网络上发布多少内容。不过外向的人确实会用更大胆的照片展现形象，自我介绍也更丰富。

研究者得出结论：那些觉得自己有能力展示自己的人，会在社交网络中抓住机会展示自己。他们更愿意用大胆的方式展示自己、更多地提及自己，面对风险时也感到很自在。

另外一项研究则探究了年轻女性消费者为什么爱发自拍——首要动机是印象管理（即对外展示幸福感和外貌）以及提升自尊。[23]

研究者访谈了一批发自拍照片的女性，她们的动机并不完全一致。有些人希望传达的形象与自我认知一致：

我认为每个人都有一个期望被看待的形

象。我有一个关于我是谁的想法，希望别人也是这样看待我。

有些人是为了表达理想自我的形象。其中一位用户这样说：

很多时候我展现出来的是我想成为的样子，或者是我希望别人怎么看我。这更多的是我为自己创造的形象。

一些用户发布并不真实的自拍，它们比实际的自我更有魅力：

对我来说，我努力让自己的生活看起来比实际生活更有魅力。比如说，我要去这个很酷的地方吃早午餐，我要做这个做那个，即使这并不完全真实。

这些用户承认，相比于在社交媒体上分享的自拍和其他内容，自己的真实生活更平凡，但是这不妨碍她们向别人描绘一个不准确的形象。在研究中，用户一致认为快乐是发自拍的动机，她们希望通过自拍来展示自己的高光时刻，虽然实际上不一定快乐。自拍的另一个动机是为了展示美貌和积极的自我形象，当她们喜欢自己的样子时，就会发自拍。

有了可能自我和印象管理的视角，我们现在可以更好地理解用户为什么需要展示自我。如果产品涉及用户自我形象的建立和展示，比如需要设计个人主页，我们如何做得更好呢？拿豆瓣 App 举例，豆瓣 App 的书影音档案用丰富而沉浸的方式展示了用户的阅读、观影、听音乐活动（如图 5-22 所示）。对于使用豆瓣多年的用户来说，能展示出这一份精神资产，既满足了用户展示自我的需要，又加深了用户与平台的情感联系。

并不是所有产品都像社交平台一样需要展示理想的可能自我。首先还是要去理解用户，理解用户与产品的关系，确定产品要帮助用户塑造什么样的人格和自我形象。比如，类似 LinkedIn 的职业社交平台，和一般的社交平台相比，用户的展示需求有什么不同？在类似 B 站的创作平台呢？在类似即刻的兴趣圈子呢？随着用户的使用时间增加，在平台上积累的资产多起来，产品又应该如何帮助用户呈现最佳的自我呢？这些问题，邀请大家一起来思考。

图 5-22　豆瓣 App 的书影音档案

5.2.2　我们都是社会性动物

任天堂老牌游戏“动物之森”系列第七款《集合啦！动物森友会》(以下简称《动物森友会》，如图 5-23 所示）在 2020 年 3 月发售，短短几天时间就形成了社交飓风，一度在各大媒体和社交网站上被刷屏。

图 5-23 《动物森友会》海报
资料来源：https://www.nintendo.com/

游戏设定于无人岛背景下，玩家可以和动物邻居进行互动，并发掘利用岛上的物产，例如树、石头、昆虫、鱼，甚至化石。岛上的物产均可交易，探索小岛的过程还可以积攒里程，钱和里程可以用来扩建房子，兑换如衣服、家具、特色装饰之类的奖励，玩家可以按自己的想法改造这座岛，实现独属自己的桃源生活方式。

《动物森友会》的风靡，也恰好是新冠疫情期间社交受阻的一个爆发式出口。这个神奇的虚拟空间完全由玩家创造，每个人只是其中小小的一部分。由社交关系层层叠加形成的整个动森世界，才是奇迹所在。《动物森友会》的魅力，源于它构建了一套超越现实的社会规则，驱动着用户不断创造和分享，很快就在各大社交媒体上形成了发布攻略和截图、交流和分享的潮流。

《动物森友会》中大部分游戏规则都是为了鼓励社交而创造的：

- 你需要同小动物多聊天，才能增进你们之间的感情，进而可以互赠物品。
- 你可以通过渡渡鸟给岛上村民写心意卡，给见过面的好友送礼物，给未来的自己留言。
- 你需要日常关心每一位岛民的生活，去聊天和互赠礼物。
- 如果你的朋友没有钱、进度又慢，你可以把自己岛上的水果摇下来送给他。
- 加好友的前提是需要在游戏当中见面。
- 成为特别好友之后，你可以砍他岛上的树，用他的工作台建设岛屿。
- 想拥有别人设计的东西，在征得主人同意之后摸一下它，然后就可以订购了。
- ……

正如动物森友会这个名字所揭示的，我们都是社会性动物，社交本身就是一个巨大的游戏，它有很多或显性或潜在的规则，也有数不清的玩家和形形色色的互动交往。

如果你对人类社交的规律感兴趣，一定会接触到一个概念：邓巴数字。它是一个人能维持的紧密人际关系的数量上限，约为150人。[24] 邓巴认为，在人类演化的进程中有两个关键要素：大脑容量和时间分配模型。大脑的进化其实代表了更为复杂的社会性的进化。社会群体规模越大意味着社会越复杂，个体所能够管理的关系数量受限于社会行为复杂度，社会行为复杂度取决于认知能力，而认知能力又和大脑容量有关。于是，大脑新皮质的处理能力决定了社交圈人数的上限，我们甚至可以从大脑的容量推断出社会群体的大小。在邓巴的理论中，通过代入现代人类的新皮质比例，用猿类的等式推算出来的群体大小是150人左右。不过，这150人的群体在社交意义上并不均等，而是以情感亲疏和社交质量分成若干圈层：亲密朋友（5人）、最要好的朋友（15人）、好朋友（50人）、朋友

（150 人）、相识（500 人）和面熟但可能叫不出名字的人（1500 人）。150 以外的圈层大都是随机认识的人，很少有亲友（如图 5-24 所示）。

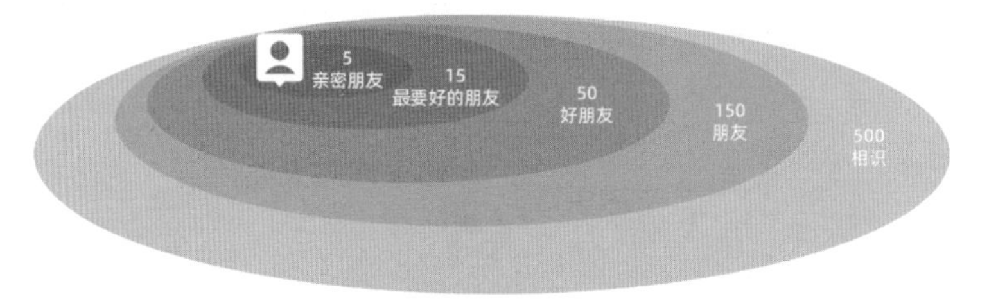

图 5-24　邓巴数字的社交范围

在社交网络发达的今天，很多人的通讯录里面远远不止 150 个联系人。邓巴数字失效了吗？并没有，可以维持紧密关系的人数依然是 150 左右，但是社交网络的圈子极大扩展了，人们在数以千计的人际网络中，以弱连接的方式交往。我们还是会把精力集中在最重要的关系上，这是我们获得感情以及各种支持的主要来源。同时我们也会保持和其他人的关系（弱连接），从中获得不同形式的支持。

无论是在真实世界还是在网络中，他人对我们的影响无处不在。Nielsen Norman Group 开展了一项大型的网络行为研究，总结出用户在网上搜寻信息时的主要社交互动类型，[25] 如表 5-4 所示。

表 5-4　社交互动类型

分　类	定　义
合作	在寻求信息或决策过程中与他人一起合作，每个人在最终决定中都有发言权
询问	向某人询问更多信息，但他在最终决定中没有发言权
获知	通过在线方式被他人告知
分享	告诉其他人
执行	基于社会互动做出行动
没有互动	没有涉及社交互动

资料来源：LIU F. How information-seeking behavior has changed in 22 years[EB/OL].（2020-01-26）[2022-9-14]. https://www.nngroup.com/articles/information-seeking-behavior-changes/。根据原表重制

当然，这只是一小部分的社交互动，是用户自己明确意识到的。除此以外，还存在大量隐性的社会和社交因素，潜移默化地影响着每一个人。比如，荷兰皇家航空网

站的首页设计综合运用了多种社交说服技术如框架效应、期望、社会认同、承诺一致性等（如图 5-25 所示）。认知偏差和社会影响无处不在，只是我们没有意识到。

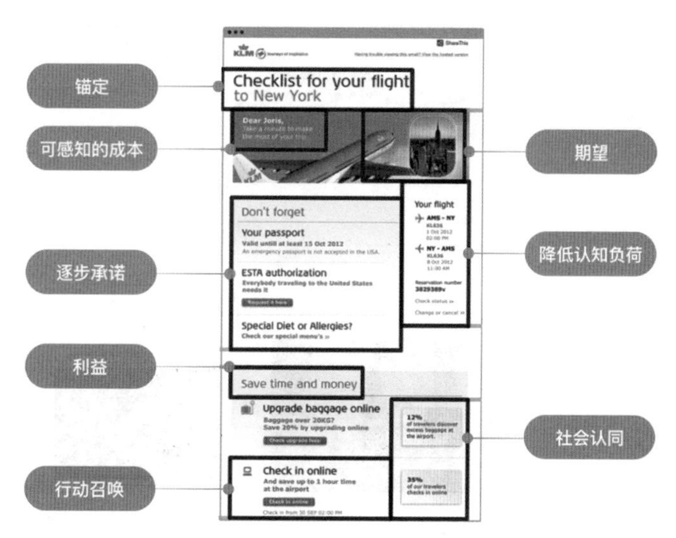

图 5-25　荷兰皇家航空网站的首页设计

当我们对自己没有把握的时候，当情况不明确的时候，当不确定因素占主导地位的时候，我们最容易把别人的行为看成是正确的并接受它。认为一个想法正确的人越多，这个想法就越正确。

——罗伯特 · B. 西奥迪尼（Robert B. Cialdini）

从很小的时候开始，我们就尝试模仿他人的行为。我们表达的话语、采取的行动以及喜欢或不喜欢的事物，通常来自观察周围环境的人们如何选择和行事。社会认同（social proof）是一种心理和社会现象，人们倾向于认为他人比自己更加了解情况，他人的行为也总是合理的。所以在自己不熟悉的领域，人们会参考过来人的行为。因为我们希望“正确”行事，包括是否购买，确定应该去哪里，说什么、对谁说等。总的来说，情境越是陌生、参与的人越多时，社会认同的作用就越大。用户评价是最常见的社会认同的运用。举个例子，App Store 如何在海量的选择中挑选出最好的？答案在图 5-26 中显而易见：评分和排名被放在了最显眼的位置，帮助用户参考其他人的评价并选择。

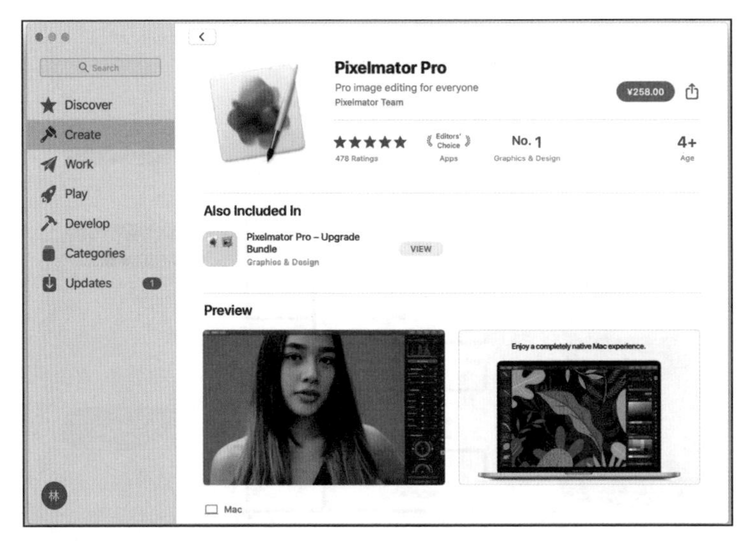

图 5-26　App Store 应用详情页

再比如，Keep App 在“免费获取计划”按钮上方轮播其他用户获取训练计划的通知（如图 5-27 所示），营造出大家都在获取计划的氛围，促使用户也开始行动。

社会认同背后反映的是心理学中“从众”的概念，指人们采纳其他群体成员的行为和意见的倾向。[1] 社会心理学家一直在研究两种导致从众的因素：第一种是信息影响过程，即人们希望不出差错，知道特定情境下应该如何反应；第二种是规范影响过程，即人们希望被别人喜欢、接受、支持。

在数字产品语境中，通过信息影响用户的决策的做法，几乎已经渗透到所有商业属性的产品中。当用户难以做出决定时，这些微妙的信息可以发挥很大的作用，使体验更加愉悦。每当我们进入一家新的餐厅，总是习惯打开点评类的 App，看大家都推荐的菜式。我们更容易被商家推荐的“爆款”所吸引，当发现身边的朋友都买了某个“爆款”，就会忍不住去了解和购买。而电商平台也会不遗余力地反复暗示：很多人喜欢这个，很多重要的人喜欢这个，很多像你一样的人喜欢这个，你的朋友喜欢这个，你一定也喜欢这个……比如，在什么值得买 App 推荐列表页面，值得买的商品由用户投票“值”或“不值”产生，“值”的比例成为最重要的参考（如图 5-28 所示）。在挑选商品成本如此之高的今天，用户更愿意相信群众雪亮的眼睛。

图 5-27　Keep App 训练计划页面

图 5-28　什么值得买 App 推荐列表

再比如，微信的搜索结果会标记阅读量高、好友已关注的结果（如图 5-29 所示）。这也是社会认同的典型应用，通过社交关系提高搜索结果的相关性和准确率。

图 5-29　微信的搜索结果

5.2.3　比较与竞争

有一个笑话也许你听过：

一个徒步旅行者从背包中拿出一双跑鞋，另一个旅行者看到觉得好奇，就问："为什么要穿上跑鞋？你不可能比一只熊跑得还快。"正在穿鞋的旅行者说："我不需要跑得比熊快，我只需要跑得比你快。"

每个人都有认识自己的需要，在缺乏客观标准的情况下，很多对自己的认知要通过社会比较来获得。在现实生活中，自我感觉良好或者不好，取决于和谁比较，周围的人会帮我们建立高大或矮小、聪明或愚蠢、富有或贫穷的标准。我们不断和他人比较，并思考自己为何不同，来明确自己和外部世界的关系。

社会比较理论由美国社会心理学家利昂·费斯汀格（Leon Festinger）提出，是指个体在缺乏客观标准的情况下，以他人为比较的尺度进行自我评价。[25] 社会比较的一个重要特点是：**相似度越高，越可能进行比较**。比如，我们比姚明矮，一点儿也不会觉得自卑，但如果比自己的朋友矮一点，可能会不开心。我们在追求目标和成功时，通常会与水平相当或者更优的同辈比较，而不会与那些比我们差的人相比。如果在一个社群中总是与少数几个非常成功的同辈相比，这种向上比较会让人们感到有压力。

在互联网产品中，随处可见的排行榜就是社会比较的运用（如图 5-30 所示）。

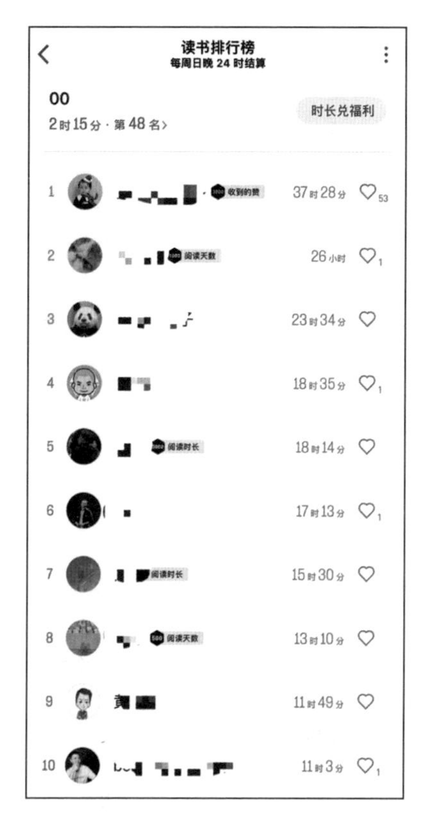

图 5-30 微信读书排行榜

又比如，微信拼手气红包（如图 5-31 所示）最大的乐趣是看谁抢得最多，手气最佳的人偷着乐，抢到最少的人求安慰。

而经常在朋友圈刷屏的年度账单、趣味测试结果，背后也反映出无所不在的社交需求，其中也包含了社会比较的成分。比如，网易云音乐的测试“你的荣格心理原型”H5（如图 5-32 所示）曾刷屏朋友圈。测试结果一共有 12 种不同的人格原型，每种人格原型都有自己的特点，用户测试并分享后就在不知不觉中完成了社会比较。很多人都会去朋友圈看看朋友们是哪一种人格原型，都有什么性格特点。

图 5-31 微信拼手气红包

图 5-32 网易云音乐的测试

当人们选择较为优秀的群体进行比较时，就产生了向上社会比较，目的在于获取优秀群体的认同感、归属感。向上比较常用在产品运营的冷启动中，通过营造一种优质、稀缺的产品氛围（比如在推广前期需要邀请码才能注册），让更多的用户产生自我驱动力，在产品中寻找群体认同感。这是结合了稀缺原理和社会比较的心理，提高用户对产品价值的感知，并且激励他们积极推广和贡献内容。

当人们趋向于选择较差的个体或环境去比较，从而提升自我优越感时，就是在进行向下社会比较。向下比较的目的在于获得积极感受，但是需要特别注意比较的群体范围和比较区间，如果运用得当，也可以达到较好的效果。比如，支付宝在收益明细界面展示用户今年来的收益以及在本省用户中的排名（如图 5-33 所示）。但是收益水平浮动较大，如果连平均值都没有达到，反而会打击用户的信心。

图 5-33 支付宝的基金产品收益明细展示

再比如，知乎会总结过去一周的数据表现，展示作者表现最突出的成绩，用向下比较的方式“超过了 xx% 的同级创作者”激励用户继续进行高质量的创作（如图 5-34 所示）。

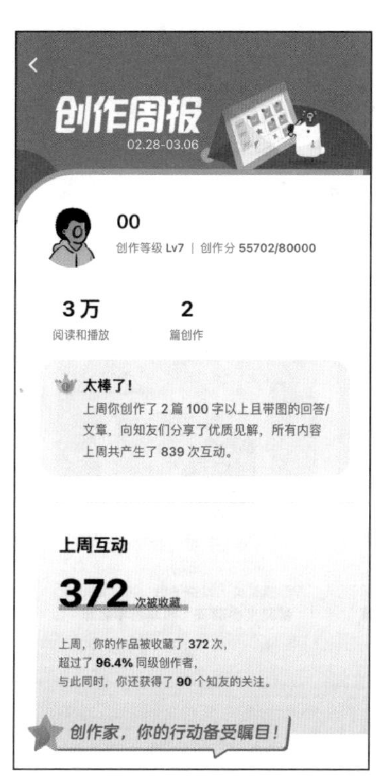

图 5-34 知乎创作周报

5.2.4 分享与互惠

人们为什么分享

2011 年，《纽约时报》客户洞察团队做了一项研究——关于人们为何在社交媒体分享内容——研究列出了分享的五个主要动机：[26]

- 帮助和影响：人们希望传递有价值的内容，丰富他人的生活。
- 自我表达：人们通过分享内容定义自己，让他人更好地了解自己是谁以及在乎什么。
- 联系和谈资：人们希望发展和促进关系，与他人保持联系。
- 参与感：人们喜欢评论和参与其中的感觉。
- 代言：人们希望传播他们所相信的东西。

"我很喜欢收到评论，我发了很多信息，朋友们纷纷转发，因为它非常有用。这让我感到很有价值。"一位受访者这样说。

设计小贴士

当我们考虑要在产品中提供哪些内容时，也许应该花更多精力思考这些内容如何帮助用户与他人互动，而不仅仅是用户是否感兴趣。

研究者发现，如果内容能够引起敬畏、愤怒、焦虑、恐惧、悲伤、幽默或惊奇之类的高唤起情感的机会越多，其被反复分享甚至病毒性传播的机会就越大。[27] 比如，公益活动能激发用户的多种分享动机（如帮助、自我表达、参与感等）。腾讯公益举办的一次活动（如图 5-35 所示）在社交媒体刷屏后很快完成募捐目标，捐款人数超过 580 万人。

图 5-35 腾讯公益一元购“小朋友”画廊活动

《纽约时报》的研究还定义了五种在线共享者的角色：

- 利他主义者：他们乐于助人、可靠、有思想，消息灵通，而且关心他人。
- 潮人：有创意、年轻、受欢迎、身份感强，更多活跃在 Instagram 和 Snapchat 等新社交平台上。
- 选择者：足智多谋，深思熟虑，小心翼翼。只向特定的群体分享，不希望得到大众的关注。
- 连接者：他们有创意、放松、深思熟虑、足智多谋，最容易发起计划。
- 话题制造者：感觉自己很有力量、容易对事物有反应、经常寻求确认。他们渴望与周围的人保持互动，经常通过让人们谈论高调的话题来寻求关注。

在策划运营活动和分享主题时，是不是可以依据目标受众的角色做一些有针对性的设计呢？

互惠

在社会心理学中，互惠是一种社会规范，它是指以积极行动来回应积极行动，促进持续的交流和关系。这很好理解，当某人为你做了些事情，你也应该为他做些事情。互惠意味着在回应友善行为时，人们经常表现出善良、合作的一面；反之，在回应敌意时，绝不手软。互惠行动与利他行动的不同之处在于：互惠始于他人的行动，互惠规范促使我们帮助那些曾经帮助过自己的人；而利他则是无条件的馈赠行为，不期望得到回报。[28]

在互联网产品中，互惠原理的应用可以说是无处不在：免费试用、赠送小礼品、第二件半价、申请优惠、包邮、买一送一、全额赔款、分期付款等。但是这些手段，大都是为了让用户尝到使用产品的甜头，鼓励他们继续使用。而真正将互惠原理运用于增进用户之间关系的成功案例并不多。

我们先来看一个“成功”的反例。在LinkedIn上面，你可能经常会收到某人的联系邀请。你会以为那个人郑重其事地邀请你，但实际上，大多数用户可能只是无意识地点击确认了系统推荐的联系人列表。LinkedIn利用了人们认为有必要接受熟人的邀请并有所回馈这一心理——在你接受邀请之后，系统会让你再邀请4个可能的联系人（如图5-36所示）。

图5-36　LinkedIn推荐可能认识的人

这些年已经被各种平台滥用的社交裂变分享，其背后也是互惠原理。很多抽奖裂变活动让中奖者获益，成为口碑传播者，再让他们带动更多的人参与并购买。团购和拼团更是经久不衰的模式（如图5-37所示），很多产品会给“团长”更多的优惠或权利，激励他们去扩散和组织团购活动。

图 5-37　拼多多的拼团裂变

又比如，在支付宝蚂蚁森林里，好友既可以收取你的能量，也可以替你收取能量（如图 5-38 所示）。竞争与互惠并存，能够增进好友之间的互动和情感联结，也提高了用户的活跃度。

图 5-38　支付宝蚂蚁森林

小结

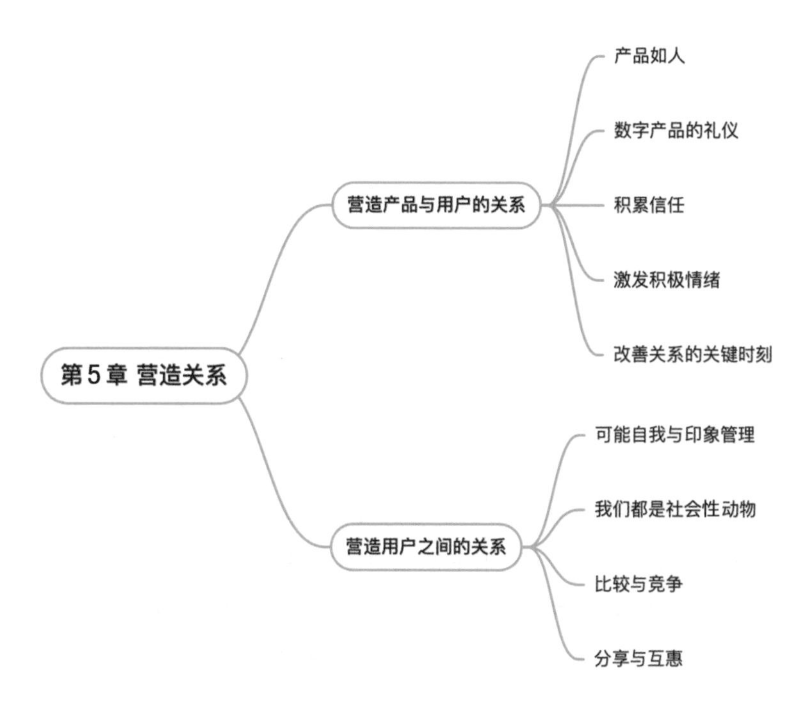
第5章 营造关系
营造产品与用户的关系
产品如人
数字产品的礼仪
积累信任
激发积极情绪
改善关系的关键时刻
营造用户之间的关系
可能自我与印象管理
我们都是社会性动物
比较与竞争
分享与互惠

小结

数字产品始终要服务于人，那么如何建立起产品与人之间长久、良性的关系，又应该如何帮助人们去处理与他人的关系，是本章讨论的话题。

界面不只是二维平面，交互不只是操作和反馈，产品不只是功能，品牌不只是Logo——它们都是关系的载体。成功的产品，不仅满足需求，提供令人愉悦的体验，还能不断地变化成长，与用户建立长期的关系。为产品注入人格，是这几年的大势所趋。大五人格模型为我们提供了描述产品人格的基本框架，我们还可以参考 12 种品牌原型为产品赋予生动的个性描述。

人性化的产品设计，应该是“体贴”的，心里始终想着他人的需要。数字产品应该懂得礼仪，举止得体，比如关心用户的喜好、主动预测需求、不问过多问题等。如此经过长期互动，就能积累信任。信任金字塔将信任水平分为五个层级，对应不同的需求和顾虑。我们可以反思在产品与用户的互动中，产品是否会提出一些超越当前信任层次的要求。如果无视信任建立的基础和阶段，过快索要个人信息或承诺，用户就容易感到不适而离开。

好的设计，不仅要满足功能上的需求，更要触及用户的情感，让用户产生积极体验。情绪研究有趣而庞杂，这一章介绍了用于情绪分类的情绪轮模型，以及用于情感测度的 PAD 情感模型。在产品中引导和激发积极情绪，可以多借鉴游戏的做法，比如营造未知的感觉激发好奇心，又比如创造社交仪式感来增强联结。

对于复杂、长流程的服务，可以借助用户体验旅程图来梳理所有的体验触点，然后选取关键触点并将其打磨到极致。有四个节点尤其值得注意：体验开始时，体验高峰，体验低谷，体验结束时。相信文中的案例能给你很多启发。

讨论完产品与人的关系，我们继续探讨如何增进用户间的关系。与他人建立关系，建立怎样的关系，很大程度上受到我们如何看待自己的影响。可能自我理论可以作为理解用户社交需求的起点。成功的产品和品牌，要么映照出现实，要么让用户更接近可能自我。印象管理的相关研究，则帮助我们思考个人经营自我形象的动机和策略，以及优化个人主页的思路。

进化心理学和邓巴数字告诉我们，人类的社交圈一般在 150 人左右，按亲疏远近可以分为几个圈层。在社交网络发达的时代，人们的弱连接极大扩展，网络上的社交互动集中表现为合作、询问、获知、分享等类型，也越来越多受到社会认同心理的影响，依赖于他人的评分、评论等社交属性数据。除了社会认同，社会比较也渗透在网络平台上，形式包括排行榜、等级勋章、测试结果等，向上比较能激发动力，向下比较则能提升优越感，两者都是满足心理需求的常用方法。

最后我们讨论了分享和互惠行为。分享的动机包括帮助和影响、自我表达、联系、参与感以及代言。当我们考虑要在产品中提供哪些内容时，也许应该更多思考这些内容如何帮助用户与他人互动，而不仅仅是用户是否感兴趣。

社会心理学还有很多有趣的研究，能给我们带来新鲜视角和启发，这一章仅仅是冰山一角，希望能激发大家的兴趣，共同参与学习和讨论。

致谢

这本书终于和大家见面了。对我来说，这是一本迟来的书。书中的很多知识和观点，多年前我就想过要总结和表达，却一直没有行动，直到三年前疫情来袭才开始动笔。初稿很快完成，但因为一些波折，直到今年疫情结束才全部修改完成。无论是现实层面还是心理层面，这本书都是对一个阶段的总结和告别。

这本书的主题看似是数字产品，实则是“人心”。在书中我反复叨念：“无论技术如何演变，都会围绕‘人’来展开。设计好的产品，离不开对人的观察和理解。”今天，人工智能的发展一日千里，如何理解科技对人的影响、如何运用新技术服务于人，变得尤为重要。这本书希望回到人的视角，重新理解数字产品设计。我深信，无论数字世界如何更迭，始终要处理这几大课题：传递信息，引导行动，辅助决策，营造关系。如果能深入“人心”，我们一定可以让更多产品为人们的生活带来价值。

三年时光并不短暂，在此需要诚挚地感谢许多人。感谢阳志平老师，如果不是他提出选题并鼓励催促，我可能永远也不会踏出第一步。这本书能收录到阳老师创办的开智文库，我倍感荣幸，感谢王薇老师帮助我完成了很多出版流程。从 2014 年关注“心智工具箱”公众号开始，阳老师就是我在认知科学、心理学等许多学科中的引路人，是我最敬佩的老师。阳老师创办的开智社群里有许多和我志同道合的小伙伴，他们是我的智囊团和后援团，给了我源源不断的灵感和力量。

感谢机械工业出版社的向睿洋老师和曹颖老师。向老师帮助我确定了选题方向，精当的建议让这本书更上一层楼。曹老师认真细致地编辑全书，帮助我打磨了很多细节，大大提升了阅读体验。还要感谢电子工业出版社的李影老师给了我非常多启发和帮助。

感谢阅读书稿后给我详细反馈和建议的同行朋友刘杰、铧仔、陈嘉。特别感谢刘杰，她既是产品经理，又有工程学和心理学的专业训练，在整个修改过程中一直支持和鼓励我。很多章节她都是第一个读者，让我收获了及时的反馈和继续前行的力量。

感谢薛志荣为这本书写推荐序。志荣出版了三本高质量的专业书，一直是我的学习榜样。感谢同行师友张佳佳、吴宁、C7210 和 Beforweb 社群等的鼎力推荐。

感谢我的家人和挚爱，她们给予我无限的鼓励和理解；感谢关注“设计极客 00”公众号的读者，还有书稿策划时加入微信群的朋友，群里的催更和支持让我心存敬畏又倍感温暖；感谢每一位关注这本书写作和出版的朋友；最后，感谢每一位读者，你们的阅读和反馈，能让这本书延续生命力。

处在技术变革的十字路口，展望未来，世界将会发生天翻地覆的变化。但，人性如常且幽微，其中的秘密依然需要不断探寻。让我们一起深入“人心”，观照他人与自己，重新理解和定义人机关系，共创未来吧！

参考文献

第 1 章

[1] NIELSEN J. Trust or bust: communicating trustworthiness in web design[EB/OL].（1999-03-06）[2022-09-14]. https://www.nngroup.com/articles/communicating-trustworthiness/.

[2] 加洛蒂 . 认知心理学：认知科学与你的生活：原书第 5 版 [M]. 吴国宏，等译 . 北京：机械工业出版社，2016.

[3] 孙远波 . 人因工程基础与设计 [M]. 北京：北京理工大学出版社，2010.

[4] WICKENS C D，HOLLANDS J G，BANBURY S，et al. Engineering psychology and human performance[M]. New York：Psychology Press，2015.

[5] NIELSEN J. 可用性工程 [M]. 刘正捷，等译 . 北京：机械工业出版社，2004.

[6] 迈尔斯 . 社会心理学：第 11 版 [M]. 侯玉波，乐国安，张智勇，等译 . 北京：人民邮电出版社，2016.

[7] 马奇 . 经验的疆界 [M]. 丁丹，译 . 北京：东方出版社，2011.

[8] 诺曼 . 设计心理学 3：情感化设计 [M]. 何笑梅，欧秋杏，译 . 北京：中信出版社，2015.

[9] 斯坦诺维奇 . 超越智商：为什么聪明人也会做蠢事 [M]. 张斌，译 . 北京：机械工业出版社，2015.

第 2 章

[1] O'REGAN J K. Solving the "real" mysteries of visual perception: the world as an outside memory[J]. Canadian journal of psychology，1992，46(3)：461-488.

[2] The global state of digital in July 2022 | part one - We Are Social China[EB/OL].（2022-07-26）[2022-09-14]. https://wearesocial.com/cn/blog/

2022/07/the-global-state-of-digital-in-july-2022-part-one/.

[3] MEEKER M. Internet trends 2019[EB/OL].（2019-06-11）[2022-09-14]. https://www.bondcap.com/reports/it19.

[4] SIMON H A. Designing organizations for an information-rich world[J]. International library of critical writings in economics，1996，70：187-202.

[5] 威肯斯．人因工程学导论 [M]. 张侃，等译．上海：华东师范大学出版社，2007.

[6] 施夫曼．感觉与知觉：第 5 版 [M]. 李乐山，等译．西安：西安交通大学出版社，2014.

[7] 维尔．设计中的视觉思维 [M]. 陈媛，译．北京：机械工业出版社，2009.

[8] WELSH T N，CHUA R，WEEKS D J，et al. Perceptual-motor interaction: some implications for HCI[M]//SEARS A, JACKO J A. The human-computer interaction handbook: fundamentals, evolving technologies and emerging applications. 2nd. Boca Raton：CRC Press，2007：53-68.

[9] WICKENS C D，HOLLANDS J G，BANBURY S，et al. Engineering psychology and human performance[M]. New York：Psychology Press，2015.

[10] WICKENS C D. Noticing events in the visual workplace: the SEEV and NSEEV models[M]//HOFFMAN R R, HANCOCK P A, SCERBO M W, et al. The cambridge handbook of applied perception research. Cambridge：Cambridge University Press，2015：749-768.

[11] RENSINK R A. Change detection[J]. Annual review of psychology，2002，53(1)：245-277.

[12] ROSENHOLTZ R,LI Y,NAKANO L. Measuring visual clutter[J]. Journal of vision，2007，7(2)：17.

[13] 陈为，沈则潜，陶煜波．数据可视化 [M]. 2 版．北京：电子工业出版社，2019.

[14] MILLER G A. The magical number seven, plus or minus two: some limits on our capacity for processing information[J]. Psychological review，1956，63(2)：81-97.

[15] COWAN N. The magical number 4 in short-term memory: a reconsideration of mental storage capacity[J]. Behavioral and brain sciences，2001，24(1)：87-114.

[16] 伊拉姆 . 设计几何学 [M]. 沈亦楠，赵志勇，译 . 上海：上海人民美术出版社，2018.

[17] WARE C. Information visualization: perception for design[M]. San Francisco：Morgan Kaufmann，2019.

[18] 时岩玲 . AP 心理学 [M]. 北京：中国人民大学出版社，2014.

[19] 朝仓直巳 . 艺术 · 设计的色彩构成：修订版 [M]. 赵郧安，译 . 南京：江苏凤凰科学技术出版社，2018.

[20] PAPADOPOULOS K S，GOUDIRAS D B. Accessibility assistance for visually-impaired people in digital texts[J]. British journal of visual impairment，2005，23(2)：75-83.

[21] PIEPENBROCK C，MAYR S，MUND I，et al. Positive display polarity is advantageous for both younger and older adults[J]. Ergonomics，2013，56(7)：1116-1124.

[22] SCHARFF L V，AHUMADA A J. Why is light text harder to read than dark text?[J]. Journal of vision，2005，5(8)：812.

[23] ISHERWOOD S，MCDOUGALL S，CURRY M B. Icon identification in context: the changing role of icon characteristics with user experience[J]. Human factors，2007，49(3)：465-476.

[24] 诺曼 . 设计心理学 3：情感化设计 [M]. 何笑梅，欧秋杏，译 . 北京：中信出版社，2015.

第 3 章

[1] 加洛蒂 . 认知心理学：认知科学与你的生活：原书第 5 版 [M]. 吴国宏，等译 . 北京：机械工业出版社，2016.

[2] CARD S K. The psychology of human-computer interaction[M]. London：CRC Press，1983.

[3] WICKENS C D，HOLLANDS J G，BANBURY S，et al. Engineering psychology and human performance[M]. New York：Psychology Press，2015.

[4] MILLER G A. The magical number seven, plus or minus two: some limits on our capacity for processing information[J]. Psychological Review，1956，63(2)：81-97.

[5] BADDELEY A D，HITCH G. Working memory[J]. Psychology of learning and motivation，1974，8：47-89.

[6] BADDELEY A D, EYSENCK M W. Memory[M]. New York: Psychology Press, 2014.

[7] BADDELEY A D, HITCH G J, ALLEN R J. Working memory and binding in sentence recall[J]. Journal of memory and language, 2009, 61(3): 438-456.

[8] BADDELEY A D, CHINCOTTA D, ADLAM A. Working memory and the control of action: evidence from task switching[J]. Journal of experimental psychology: general, 2001, 130(4): 641.

[9] COWAN N. The magical number 4 in short-term memory: a reconsideration of mental storage capacity[J]. Behavioral and brain sciences, 2001, 24(1): 87-114.

[10] ANDERSON J R, REDER L M, LEBIERE C. Working memory: activation limitations on retrieval[J]. Cognitive psychology, 1996, 30(3): 221-256.

[11] BENEDETTI G. Basic mental operations which make up mental categories[EB/OL]. [2022-09-14]. http://www.mind-consciousness-language.com.

[12] SWELLER J. Cognitive load during problem solving: effects on learning[J]. Cognitive science, 1988, 12(2): 257-285.

[13] CABEZA R, KAPUR S, CRAIK F I M, et al. Functional neuroanatomy of recall and recognition: a PET study of episodic memory[J]. Journal of cognitive neuroscience, 1997, 9(2): 254-265.

[14] PROCTOR R W, VU K L. Human information processing: an overview for human-computer interaction[M]// SEARS A, JACKO J A. The human-computer interaction handbook: fundamentals, evolving technologies and emerging applications. Mahwah: Lawrence Erlbaum Associates, 2002: 35-51.

[15] HICK W E. On the rate of gain of information[J]. Quarterly journal of experimental psychology, 1952, 4(1): 11-26.

[16] HYMAN R. Stimulus information as a determinant of reaction time[J]. Journal of experimental psychology, 1953, 45(3): 188-196.

[17] JOHNSON J. Designing with the mind in mind: simple guide to understanding user interface design guidelines[M]. 2nd. Waltham, MA：Elsevier，2013.
[18] FITTS P M. The information capacity of the human motor system in controlling the amplitude of movement [J]. Journal of experimental psychology，1954，47(6)：381-391.
[19] ACCOT J，ZHAI S M，BELIN A E. Beyond Fitts'law: models for trajectory-based HCI tasks[C]//CHI' 97: Proceedings of the ACM SIGCHI Conference on Human Factors in Computing Systems. New York：ACM Press，1997：295-302.
[20] BROWN J. Some tests of the decay theory of immediate memory[J]. Quarterly journal of experimental psychology，1958，10(1)：12-21.
[21] 诺曼．设计心理学 3：情感化设计 [M]. 何笑梅，欧秋杏，译．北京：中信出版社，2015.
[22] BERNS G S，MCCLURE S M，PAGNONI G，et al. Predictability modulates human brain response to reward[J]. Journal of neuroscience，2001，21(8)：2793-2798.
[23] SCHÜLL N D. Addiction by design: machine gambling in Las Vegas [M]. Princeton：Princeton University Press，2012.
[24] WANSINK B. Environmental factors that increase the food intake and consumption volume of unknowing consumers[J]. Annual review of nutrition，2004，24(1)：455-479.
[25] NIELSEN J. Response time limits: article by Jakob Nielsen[EB/OL]. (1993-01-01) [2022-09-14]. https://www.nngroup.com/articles/response-times-3-important-limits/.
[26] COOPER A, REIMANN R, CRONIN D, et al. About face: the essentials of interaction design[M]. 4th ed. New York：John Wiley & Sons，2014.
[27] NORMAN D A，DRAPER S W. User centered system design: new perspectives on human-computer interaction[M]. Mahwah：Lawrence Erlbaum Associates，1986.
[28] 诺曼．设计心理学 1：日常的设计 [M]. 小柯，译．北京：中信出版社，2015.
[29] KAPTELININ V，NARDI B A. Acting

with technology: activity theory and interaction design[M]. Cambridge : MIT Press，2009.
[30] CARROLL J M. Making use: scenario-based design of human-computer interactions[M]. Cambridge : MIT Press，2000.
[31] CRAIK K J W. The nature of explanation[M]. Cambridge ： CUP Archive，1952.
[32] 威肯斯．人因工程学导论[M]. 张侃，等译．上海：华东师范大学出版社，2007.
[33] BAILLARGEON R，CAREY S. Core cognition and beyond: the acquisition of physical and numerical knowledge[M]//PAUEN S. Early childhood development and later outcome. Cambridge: Cambridge University Press，2012：33-65.
[34] SAFFER D. Microinteractions: designing with details[M]. Sebastopol : O'Reilly Media，2013.
[35] LIU F. Different information-seeking tasks: behavior patterns and user expectations[EB/OL].（2020-03-24）[2022-09-14]. https://www.nngroup.com/articles/information-seeking-expectations/.
[36] BELKIN N J，MARCHETTI P G，COOL C. BRAQUE: design of an interface to support user interaction in information retrieval[J]. Information processing & management，1993，29(3)：325-344.
[37] PIROLLI P C S. Information foraging [J]. Psychological review，1999，106(4)：643-675.

第 4 章

[1] SIMON H A. Models of man: social and rational[M]. New York : John Wiley & Sons，1957.
[2] 加洛蒂．认知心理学：认知科学与你的生活：原书第 5 版[M]. 吴国宏，等译．北京：机械工业出版社，2016.
[3] 卡尼曼．思考，快与慢[M]. 胡晓姣，李爱民，何梦莹，译．北京：中信出版社，2012.
[4] TVERSKY A，KAHNEMAN D. Judgment under uncertainty: heuristics and biases[J]. Science，1974，185(4157)：1124-1131.
[5] KAHNEMAN D，KNETSCH J L，THALER R H. Experimental tests of the endowment effect and the

Coase theorem[J]. Quasi rational economics，1991，7(8)：167-188.

[6] UCD：用户优先的设计模式[EB/OL].（2021-01-27）[2022-09-14]. https://baike.baidu.com/item/UCD/3666500.

[7] NORMAN D A. Human-centered design considered harmful[J/OL]. Interactions, 2005, 12(4): 14-19 [2022-09-14]. https://dl.acm.org/doi/10.1145/1070960.1070976.

[8] 诺曼 . 设计心理学 1：日常的设计 [M]. 小柯，译 . 北京：中信出版社，2015.

[9] 库伯，莱曼，克罗宁，等 . About Face 4: 交互设计精髓 [M]. 倪卫国，刘松涛，杭敏，等译 . 北京：电子工业出版社，2015.

[10] 切卡莱丽，怀特 . 心理学最佳入门：原书第 2 版 [M]. 周仁来，等译 . 北京：中国人民大学出版社，2014.

[11] YOUNG K，SAVER J L. The neurology of narrative[J]. Substance，2001，30(1)：72-84.

[12] LICHAW D. The user's journey: storymapping products that people love[M]. New York：Rosenfeld Media，2016.

[13] CARROLL J M. Making use: scenario-based design of human-computer interactions[M]. Cambridge：MIT Press，2000.

[14] GALOTTI K M. Making decisions that matter: how people face important life choices[M]. London：Lawrence Erlbaum Associates，2002.

[15] NEWELL A，SIMON H A. Human problem solving[M]. Englewood Cliffs：Prentice-Hall，1972.

[16] GIBBONS P. Scaffolding language, scaffolding learning: teaching English language learners in the mainstream classroom[M]. Portsmouth：Heinemann，2014.

[17] ZACHARY W W. Decision support systems: designing to extend the cognitive limits[M]//HELANDER M G, LANDAVER T K, PRABHU P V. Handbook of human-computer interaction. Amsterdam: North-Holland, 1988：997-1030.

[18] 威肯斯 . 人因工程学导论 [M]. 张侃，等译 . 上海：华东师范大学出版社，2007.

[19] BARON J，HERSHEY J C. Outcome bias in decision evaluation[J]. Journal of personality and social

psychology, 1988, 54(4): 569.
[20] LALLY P, van JAARSVELD C H M, POTTS H W W, et al. How are habits formed: modelling habit formation in the real world[J]. European journal of social psychology, 2010, 40(6): 998-1009.
[21] LEVENTHAL H, SINGER R, JONES S. Effects of fear and specificity of recommendation upon attitudes and behavior[J]. Journal of personality and social psychology, 1965, 2(1): 20.
[22] MILTENBERGER R G. Behavior modification: principles and procedures[M]. Belmont: Cengage Learning, 2012.
[23] BANDURA A. Social cognitive theory of self-regulation[J]. Organizational behavior and human decision processes, 1991, 50(2): 248-287.
[24] THALER R H, SUNSTEIN C R. Nudge: improving decisions about health, wealth, and happiness[M]. New York: Penguin, 2009.
[25] MICHIE S, Van STRALEN M M, WEST R. The behaviour change wheel: a new method for characterising and designing behaviour change interventions[J]. Implementation science, 2011, 6(1): 42.
[26] FESTINGER L. A theory of cognitive dissonance[M]. Redwood: Stanford University Press, 1957.
[27] BRONFENBRENNER U. Ecology of the family as a context for human development: research perspectives[J]. Developmental psychology, 1986, 22(6): 723.
[28] FOGG B J. A behavior model for persuasive design[C]//Persuasive' 09: Proceedings of the 4th International Conference on Persuasive Technology. New York: Association for Computing Machinery, 2009.
[29] AJZEN I. Organizational behavior and human decision processes[J]. Organizational behavior and human decision processes, 1991, 50(2): 179-211.
[30] TAJFEL H, TURNER J C, AUSTIN W G, et al. An integrative theory of intergroup conflict[J]. Organizational identity: a reader, 1979, 56: 65.
[31] EYAL N. Hooked: how to build habit-

forming products[M]. London：Penguin Books Ltd，2014.

[32] FOGG B J. Tiny habits: the small changes that change everything[M]. Boston：Houghton Mifflin Harcourt，2019.

[33] LOH K H. How streaks keep Duolingo learners committed to their language goals[EB/OL].（2017-05-10）[2022-10-18]. https://blog.duolingo.com/how-streaks-keep-duolingo-learners-committed-to-their-language-goals/.

[34] DREYFUS S E，DREYFUS H L. A five-stage model of the mental activities involved in directed skill acquisition[R/OL].（1980-05-21）[2022-09-14]. https://www.researchgate.net/publication/235125013_A_Five-Stage_Model_of_the_Mental_Activities_Involved_in_Directed_Skill_Acquisition.

[35] ALBERT W，TULLIS T. Measuring the user experience: collecting, analyzing, and presenting usability metrics[M]. New York：Morgan Kaufmann Publishers Inc，2013.

[36] BARGH J A，CHEN M，BURROWS L. Automaticity of social behavior: direct effects of trait construct and stereotype activation on action[J]. Journal of personality and social psychology，1996，71(2)：230.

[37] WICKENS C D，HOLLANDS J G，BANBURY S，et al. Engineering psychology and human performance[M]. New York：Psychology Press，2015.

[38] NEWELL A，ROSENBLOOM P S. Mechanisms of skill acquisition and the law of practice[M]//ANDERSON J R. Cognitive skills and their acquisition. Hillsdale：Lawrence Erlbaum Associates，1981：1-55.

[39] ERICSSON K A，KINTSCH W. Long-term working memory[J]. Psychological review, 1995, 102(2): 211-245.

[40] CHASE W G，SIMON H A. Perception in chess[J]. Cognitive psychology，1973，4(1)：55-81.

[41] 艾利克森，普尔. 刻意练习[M]. 王正林，译. 北京：机械工业出版社，2016.

[42] BARFIELD W. Skilled performance

on software as a function of domain expertise and program organization[J]. Perceptual and Motor Skills，1997，85(3_suppl)：1471-1480.

[43] GOBET F C G. Chunks in expert memory: evidence for the magical number four... or is it two?[J]. Memory，2004，12(6)：732-747.

第5章

[1] 格里格，津巴多．心理学与生活[M]. 王垒，王甦，等译．北京：人民邮电出版社，2003.

[2] BARRICK M R，MOUNT M K. The big five personality dimensions and job performance: a meta-analysis[J]. Personnel psychology，1991，44(1)：1-26.

[3] GOLDBERG L R. An alternative "description of personality"：the big-five factor structure[J]. Journal of personality and social psychology，1990，59(6)：1216.

[4] JOHN O P，SRIVASTAVA S. The Big Five trait taxonomy: history, measurement, and theoretical perspectives[M]//PERVIN L A, JOHN O P. Handbook of personality: theory and research. 2nd ed. New York：Guilford Press，1999.

[5] AAKER J L. Dimensions of brand personality[J]. Journal of marketing research，1997，34(3)：347-356.

[6] MARK M, PEARSON C S. The hero and the outlaw: building extraordinary brands through the power of archetypes[M]. New York: McGraw-Hill，2002.

[7] 库伯，莱曼，克罗宁，等．About Face 4: 交互设计精髓[M]. 倪卫国，刘松涛，杭敏，等译．北京：电子工业出版社，2015.

[8] LANGER E，BLANK A，CHANOWITZ B. The mindlessness of ostensibly thoughtful action: the role of "placebic" information in interpersonal interaction[J]. Journal of personality and social psychology，1978，36：635-642.

[9] NIELSEN J. Trust or bust: communicating trustworthiness in web design[EB/OL].（1999-03-06）[2022-09-14]. https://www.nngroup.com/articles/communicating-trustworthiness/.

[10] FOGG B J. Prominence-interpretation theory: explaining how people assess credibility online[C]//CHI EA '03: CHI '03 Extended Abstracts on Human Factors in Computing Systems. New York : Association for Computing Machinery, 2003.

[11] MEHRABIAN A，RUSSELL J A. An approach to environmental psychology[M]. Cambridge : MIT Press，1974.

[12] HUNICKE R，LEBLANC M，ZUBEK R. MDA: a formal approach to game design and game research[C]// Proceedings of the AAAI Workshop on Challenges in Game AI. 2004，4：1722.

[13] BARTLE R A. Designing Virtual Worlds[M]. Berkeley：New Riders，2004.

[14] LOEWENSTEIN G. The psychology of curiosity: a review and reinterpretation[J]. Psychological bulletin，1994，116(1)：75.

[15] THORNDIKE E L. A constant error in psychological ratings[J]. Journal of applied psychology，1920，4(1)：25-29.

[16] Q. 希思，D. 希思 . 行为设计学：打造峰值体验 [M]. 靳婷婷，译 . 北京：中信出版社，2018.

[17] KAHNEMAN D，FREDRICKSON B L，SCHREIBER C A，et al. When more pain is preferred to less: adding a better end[J]. Psychological science，1993，4(6)：401-405.

[18] MCKENNA K Y，BARGH J A. Plan 9 from cyberspace: the implications of the Internet for personality and social psychology[J]. Personality and social psychology review，2000，4(1)：57-75.

[19] GOFFMAN E. The presentation of self in everyday life[M]. New York : Doubleday，1959.

[20] LEARY M R，KOWALSKI R M. Impression management: a literature review and two-component model[J]. Psychological bulletin, 1990, 107(1) : 34.

[21] BANDURA A. Self-efficacy: the exercise of control[M]. New York : Freeman，1997.

[22] KRÄMER N C，WINTER S. Impression management 2.0: the relationship of self-esteem, extra-

version, self-efficacy, and self-presentation within social networking sites[J]. Journal of media psychology, 2008, 20(3): 106-116.

[23] POUNDERS K, KOWALCZYK C M, STOWERS K. Insight into the motivation of selfie postings: impression management and self-esteem[J]. European journal of marketing, 2016, 50(9) : 1879-1892.

[24] DUNBAR R I. Neocortex size as a constraint on group size in primates[J]. Journal of human evolution, 1992, 22(6): 469-493.

[25] FESTINGER L. A theory of social comparison processes[J]. Human relations, 1954, 7(2): 117-140.

[26] The psychology of content sharing online in 2023 [Research][EB/OL]. (2023-02-20) [2023-03-06]. https://foundationinc.co/lab/psychology-sharing-content-online/.

[27] BERGER J, MILKMAN K L. What makes online content viral?[J]. Journal of marketing research, 2012, 49(2): 192-205.

[28] BATSON C D, DUNCAN B D, ACKERMAN P, et al. Is empathic emotion a source of altruistic motivation?[J]. Journal of personality and social psychology, 1981, 40(2): 290.

图片来源

图 2-35。资料来源：阿恩海姆 . 艺术与视知觉 [M]. 滕守尧，译 . 成都：四川人民出版社，2019。根据原图重绘。

图 2-88。资料来源：LEDER H，BELKE B，OEBERST A. A model of aesthetic appreciation and aesthetic judgments[J]. British journal of psychology，2004，95(4)：489-508。根据原图重绘。

图 3-5。资料来源：BADDELEY A D，EYSENCK M W. Memory[M]. New York：Psychology Press，2014。根据原图重绘。

图 4-1。资料来源：WICKENS C D，HOLLANDS J G，BANBURY S，et al. Engineering psychology and human performance[M]. New York：Psychology Press，2015。根据原图重绘。

图 4-5。资料来源：卡尼曼 . 思考，快与慢 [M]. 胡晓姣，李爱民，何梦莹，译 . 北京：中信出版社，2012。根据原图重绘。

图 4-14。资料来源：卢泰宏，杨晓燕 . 消费者行为学：第 8 版 · 中国版 [M]. 北京：中国人民大学出版社，2009。根据原图重绘。

图 4-34。资料来源：FOGG B J. Tiny habits: the small changes that change everything[M]. Boston：Houghton Mifflin Harcourt，2019。根据原图重绘。